豊富な作例で学ぶ
Adobe XD
Webデザイン入門
著者　池原健治、井斉花織、佐々木
田中由花、古堂あ
監修　井水大輔
JN045338
マイナビ
Compass
Web Development
ENTER
call

ご注意

●本書は、Adobe XDのバージョン:37.1を基に執筆しています。

●本書記載の情報は2021年2月現在の確認内容に基づきます。執筆以降にアプリケーション操作や各種サービス内容など、紹介している情報が変更になっている可能性があります。ご了承ください。

●本書に掲載された内容は、情報の提供のみを目的としております。本書の内容に関するいかなる運用については、すべてお客様自身の責任と判断において行ってください。

●本書の制作にあたっては正確な記述につとめましたが、著者や監修者、出版社のいずれも、本書の内容に関してなんらかの保証をするものではなく、内容に関するいかなる運用結果についてもいっさいの責任を負いません。
あらかじめご了承ください。

●本書中の会社名や商品名は、該当する各社の商標または登録商標です。
本書中ではTMおよび®マークは省略させていただいております。

●書籍に関するサンプルファイル、訂正情報や追加情報は以下のWeb サイトで更新させていただきます。
https://book.mynavi.jp/supportsite/detail/9784839975357-XDWeb.html

はじめに

Adobe XDの開発背景

XDは「DESIGN AT THE SPEED OF THOUGHT（思考の速度でデザインする）」を開発理念に、2016年にベータ版、そして2017年に製品版がリリースされたデザインツールです。

アドビXD公式サイト https://www.adobe.com/jp/products/xd.html

シンプルなUIと軽快な操作性が特徴であり、UIデザインに特化した機能とチームでの円滑なコミュニケーションを可能にする共有機能を兼ね揃えており、大規模で長期的なプロジェクトにおいてもデザインの一貫性を実現するために改良が重ねられています。

実際の制作現場では、Webサイトやアプリケーションのデザインはもちろん、ワイヤーフレーム制作や企画段階の資料など幅広い用途で使用されており、いわば制作プロセスをつなぐツールとしても多くのユーザーに支持されています。

XDの導入メリット

多くのデザインツールが存在する中で、XDを導入するメリットは大きく分けて3つあります。

1. 操作が簡単

XDは非常にシンプルで直感的に操作できるため、学習コストが低くデザインツールにはじめて触れる方でも短期間で使いこなせます。また、アドビ公式の動画学習コンテンツが充実しており独学も可能です。

2. 軽くて速い

作業スペースに多くのアートボードを配置してもサクサク動き、実行速度によって作業を邪魔されずストレスなく操作できます。また、ファイル容量が軽いためデータのやりとりもスムーズに行えます。

3. 円滑なコミュニケーション

制作現場において、チーム間でのコミュニケーションコスト（共有にかかる時間や確認待ち状態のアイドルタイム）を少なくし生産性を上げるために「プロトタイプ作成→テスト→検討→修正」のサイクルを素早く回すことはとても重要です。XDの共有機能を活用することでプロジェクトチーム全体の共通認識を作りながら、より質の高いクリエイティブ模索に集中できます。

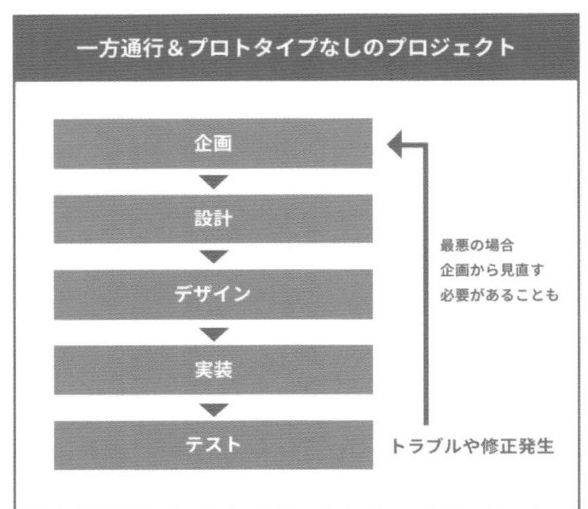

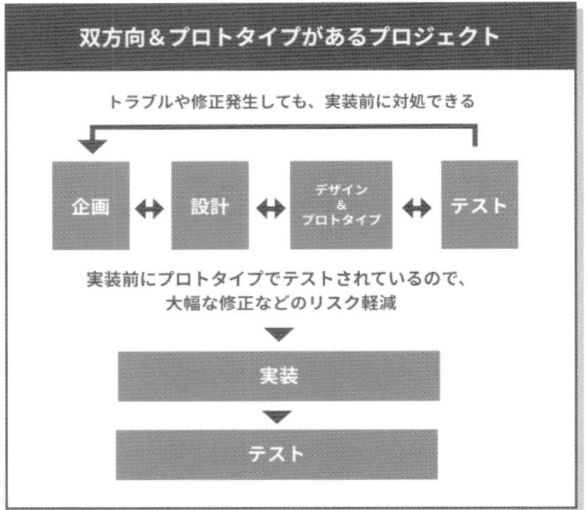

コミュニケーションが一方通行型でプロトタイプを作成せずに進めるプロジェクトでは、実装後のテストで問題が発生した場合にスケジュールや費用コストが膨大にかかるリスクがあります。

XDの特徴

「思考の速度でデザインする」ことを理念として掲げるXDですが、具体的にはどんなことができるのか？　XDの魅力的な機能をご紹介します。

XD の魅力的な機能

1. 効率的なデザイン制作

UIに特化した機能と、より作業効率を上げられる機能が揃っています。

2. 本物に近いプロトタイプ制作

まるでシステム実装したかのような、本物のプロダクトに近い操作性をデザイン段階で制作、テストできます。

3. チームでの共有

デザインのレビューはもちろん、複数のデザイナーでの共同作業など、コミュニケーションに必要な機能が強化されました。

4. プラグインやアプリ連携、UIキットでの機能拡張

作業効率アップやXDの新たな使いみちを拡張できるものまで、200以上のプラグインが存在します(有料プラグインも含みます)。
また、XDですぐに使うことのできる無料のUIキットも数多くリリースされているため、ゼロからパーツを作らなくてもワイヤーフレームやプロトタイプを作ることができます。

無料UIキットとテンプレートの掲載サイトはこちら
https://www.adobe.com/jp/products/xd/features/ui-kits.html

5.Adobe Creative Cloudを活用した連携

Creative CloudではPhotoshop、Illustrator、InDesignからのファイル読み込みや、CCライブラリを活用した素材（アセット）の連携により作業効率をさらに上げられます。また、Adobeアカウントをもっているユーザー同士での連携も強化され、チーム作業を効率化するアップデートにも注力されています。

6. 全国に拠点のあるXDのファンコミュニティ、XDユーザーグループ（以下、XDUG）

XDはアプリケーションの機能だけではなく、全国に拠点のあるファンコミュニティが活発であることも魅力の1つです。

XDUGはアドビ公認のユーザーグループであり、2016年7月にXDの勉強会「Adobe XD workshop & meeting」が東京で開かれたことを皮切りに活動を開始。各地にXDUGが自主的に立ち上がり、日本全国のどこかでXDの勉強会・交流会が行われています。

XDをこれから勉強したい、もっと深く知りたいなど、さまざまなユーザーが集まっているため、XDを通した新たなコミュニケーションの場としてぜひ活用してみてはいかがでしょうか。

XDUG公式サイト　https://xdug.jp/

XDが苦手なこととは？

XDはシンプルな機能で簡単な操作から、デザイナーに限らず幅広い人が使用できるデザインツールである一方で、画像編集や綿密なデザインは苦手分野です。

●XDでできないこと

・画像の補正や加工
・効果を重ねる複雑な作図
・RGB、CMYKのカラーマネージメント

XDがあれば、PhotoshopやIllustratorが不要になるというわけではないため、注意が必要です。
最近ではCCライブラリの連携も強化されているため、それぞれのツールの強みを理解した上で連携して活用することをおすすめします。

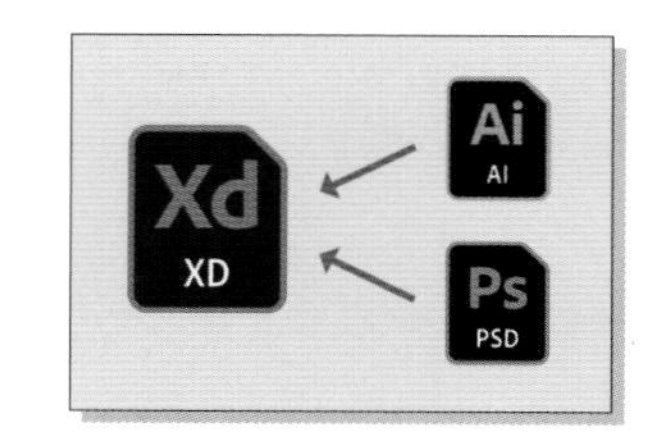

本書の特徴

本書では、XDの基本機能の解説から、手を動かしながら作成できるたくさんのパーツ作例、企画からワイヤーフレームへの落とし込み方、ちょっと未来の使い方まで、実践で役立つ知識だけではなく、XDでより楽しく創作できるような内容を盛り込みました。
XDをはじめて使う方やより深い知識を得たい方はもちろん、ディレクターやプランナーなど、幅広い職種の方にご活用いただけます。

おすすめの活用法

●XDをこれからはじめたい

基本操作から丁寧に解説しているので、まだXDを使用したことのない方は第1章から順番に読み進めていけば基礎から現場での活用法まで習得できます。

●XDの疑問点を解消したい

すでにXDを使っている方でも、逆引き的に使用することで操作方法での疑問点や今まで使用したことがなかった機能を知るきっかけとしても活用できます。

●Webデザイン制作の参考にしたい

XDの機能紹介にとどまらず、業種別のWebサイト制作の流れも解説しています。
実際にXDをプロジェクトに取り入れる場合の事例としてはもちろん、Webデザイン制作の流れの参考としても有用です。

●ワイヤーフレームのベースデータが欲しい

「第5章 業種別に作るWebサイト」では、特典として解説に使用したワイヤーフレームをダウンロードすることができます。XD形式のデータなのですぐに利用可能、ベースとして使用することができます。

本書の構成

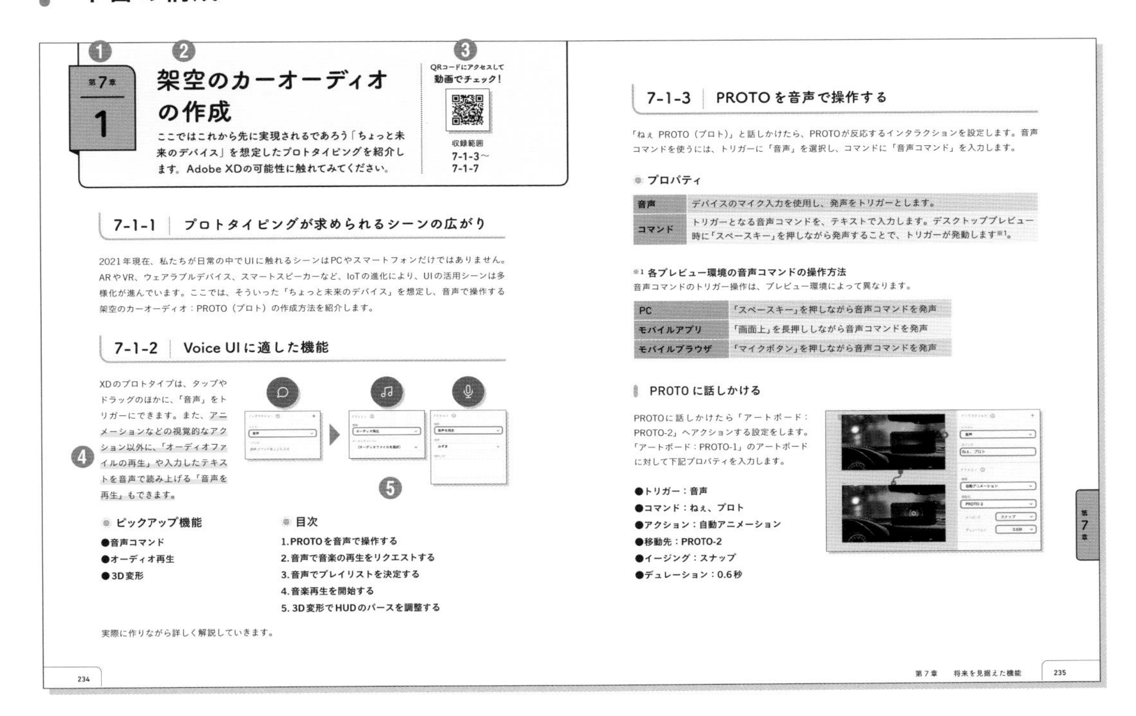

❶ ❷ ❸

第7章 1

架空のカーオーディオの作成

ここではこれから先に実現されるであろう「ちょっと未来のデバイス」を想定したプロトタイピングを紹介します。Adobe XDの可能性に触れてみてください。

QRコードにアクセスして動画でチェック！

収録範囲 7-1-3〜7-1-7

7-1-1 プロトタイピングが求められるシーンの広がり

2021年現在、私たちが日常の中でUIに触れるシーンはPCやスマートフォンだけではありません。ARやVR、ウェアラブルデバイス、スマートスピーカーなど、IoTの進化により、UIの活用シーンは多様化が進んでいます。ここでは、そういった「ちょっと未来のデバイス」を想定し、音声で操作する架空のカーオーディオ：PROTO（プロト）の作成方法を紹介します。

7-1-2 Voice UIに適した機能

❹ XDのプロトタイプは、タップやドラッグのほかに、「音声」をトリガーにできます。また、アニメーションなどの視覚的なアクション以外に、「オーディオファイルの再生」や入力したテキストを音声で読み上げる「音声を再生」もできます。

❺

ピックアップ機能

●音声コマンド
●オーディオ再生
●3D変形

目次

1.PROTOを音声で操作する
2.音声で音楽の再生をリクエストする
3.音声でプレイリストを決定する
4.音楽再生を開始する
5. 3D変形でHUDのパースを調整する

実際に作りながら詳しく解説していきます。

234

7-1-3 PROTOを音声で操作する

「ねぇ PROTO（プロト）」と話しかけたら、PROTOが反応するインタラクションを設定します。音声コマンドを使うには、トリガーに「音声」を選択し、コマンドに「音声コマンド」を入力します。

プロパティ

音声	デバイスのマイク入力を使用し、発声をトリガーとします。
コマンド	トリガーとなる音声コマンドを、テキストで入力します。デスクトッププレビュー時に「スペースキー」を押しながら発声することで、トリガーが発動します※1。

※1 各プレビュー環境の音声コマンドの操作方法
音声コマンドのトリガー操作は、プレビュー環境によって異なります。

PC	「スペースキー」を押しながら音声コマンドを発声
モバイルアプリ	「画面上」を長押ししながら音声コマンドを発声
モバイルブラウザ	「マイクボタン」を押しながら音声コマンドを発声

PROTOに話しかける

PROTOに話しかけたら「アートボード：PROTO-2」へアクションする設定をします。「アートボード：PROTO-1」のアートボードに対して下記プロパティを入力します。

●トリガー：音声
●コマンド：ねぇ、プロト
●アクション：自動アニメーション
●移動先：PROTO-2
●イージング：スナップ
●デュレーション：0.6秒

第7章

第7章 将来を見据えた機能 235

❶ 章番号と、各章の記事番号を示しています。

❷ 記事のタイトルです

❸ QRコードにアクセスすると操作の補足動画を確認できます。
※収録内容は章ごとに異なります。

❹ 重要箇所は黄色のマーカーで示しています。

❺ 解説の補足となる操作画面の図などを掲載しています。

※本文に掲載されているURL、サイト名などすべての情報は2021年2月現在のものです。以降の仕様変更により、掲載情報が実際と異なる場合があります。あらかじめご了承ください。

読者特典

本書では、ご購入いただいた方に以下の特典をご用意しています。

●UIパーツのデータ（XD形式）

「第3章　XD初心者のための作例体験」の解説に使用した一部のUIパーツのデータをXD形式でダウンロードできます。

●ワイヤーフレームのデータ（XD形式）

「第5章 業種別に作るWebサイト」の解説に使用したワイヤーフレームのデータをXD形式でダウンロードできます。

サンプルファイルは「配布素材」の名称で圧縮されています。解凍し使用してください。
https://book.mynavi.jp/supportsite/detail/9784839975357-XDWeb.html

●解説動画

本書で解説する一部の内容は補足動画、完成動画を公開しています。
実際にXDに触れるときの参考としてください。

・2章　https://book.mynavi.jp/xd_design/2/

・3章　3-2　https://book.mynavi.jp/xd_design/3_2/
　　　3-9　https://book.mynavi.jp/xd_design/3_9/
　　　3-12　https://book.mynavi.jp/xd_design/3_12/

・5章　5-2　https://book.mynavi.jp/xd_design/5_2/
　　　5-3　https://book.mynavi.jp/xd_design/5_3/
　　　5-4　https://book.mynavi.jp/xd_design/5_4/
　　　5-5　https://book.mynavi.jp/xd_design/5_5/
　　　5-6　https://book.mynavi.jp/xd_design/5_6/

・7章　https://book.mynavi.jp/xd_design/7/

●注意：本書の特典として配布するデータについては、実際のWeb制作現場でご利用いただいても差し支えありません。お取り扱いのときは必要に応じてアードボードや関連資料などのご用意をお願いします。ただし、編集したUIパーツやワイヤーフレームをネット上に再配布する行為は、営利非営利を問わず固く禁じます。

CONTENTS | もくじ

CONTENTS ｜ もくじ

執筆者

池原 健治（いけはら けんじ）

ゲーム会社のWebデザイナー。デザインからプロトタイピング、コーディングなど、サイト制作全般に携わる。その経験を活かし、Adobe XDユーザーグループや、Adobe MAX Japanなどのクリエイティブイベントで登壇。

Twitter：@kenji_clown5

執筆範囲：3-13、3-14、4-1、4-2、6-1、6-2

井斉 花織（いさい かおり）

有限会社アップルップル／デザイナー。
自社開発CMSの公式テーマや多言語展開含むWebサイトなどのデザイン業務に従事する。Adobe XD ユーザーグループ名古屋の運営をはじめ、Adobe MAX Japanなどの登壇などを通じて活動を展開。

Twitter：@isaikaori

執筆範囲：3-4〜8、5-1、5-6

佐々木 雄平（ささき ゆうへい）

広告代理店デザイナー／フリーランスデザイナー。
CSS Design Awardsをはじめとする複数の受賞歴や日本タイポグラフィ年鑑入選などの実績を持つ。
Adobe XD　ユーザーグループ東京、Creative Cloud 道場で登壇。

Twitter：@by15816785

執筆範囲 3-2、3-9、3-12、5-2、5-3

佐藤 修（さとう おさむ）

アートディレクター／デザイナー。Web制作を中心に、映像・グラフィックなど、さまざまなビジュアルコンセプトの設計・制作を経験。デザインを通して、ビジュアルコミュニケーションの支援に携わる。Adobe XDユーザーグループやAdobe MAX Japanなどに登壇。

Twitter：@OsatoCom

執筆範囲：3-10、3-11、5-4、7-1

田中 由花（たなか ゆか）

Web制作会社デザイナー／フリーランスデザイナー。Adobe XD ユーザーグループ広島の運営に参加し、初心者向けの情報発信と地元デザイナーのコミュニティづくりに取り組む。

Twitter：@shamojiko

執筆範囲 2-1、3-4

古堂 あゆ美（ふるどう あゆみ）

株式会社アンティー・ファクトリー／デザイナー。グラフィック・Web制作を習得し2018年独立。フリーランスとして2年間活動した後、現職の制作会社でWebデザイナーとして従事。現場で制作を行うかたわら、法人研修などで教育にも携わる。

Twitter：@ayumoyashi

執筆範囲：5-5、5-7

緑間 なつみ（みどりま なつみ）

株式会社00（まるまる）／代表兼デザイナー。
「デザインで〇〇する」をコンセプトに制作全般、デザイン思考を活用したワークショップ事業を展開。Adobe XD ユーザーグループ沖縄の運営、Adobe MAX Japanなどの登壇、XD初心者講座の企画開催をおこなっている。

Twitter：@natsumi_512

執筆範囲：はじめに、1-1、3-1

監修者

井水 大輔（いみず だいすけ）

株式会社エスファクトリーの代表兼Webマーケター。企業のWebサイト改善やSNSの運用サポートを行う。そのかたわらウェブ解析士やSNSマネージャーの育成、企業研修などをおこなっている。主な著書は『コンバージョンを上げるWebデザイン改善集』。

Twitter：@ImiDai

1
章

Adobe XDの準備

本章ではAdobe XDの環境構築について解説していきます。ワークスペースに関する簡単な紹介とフォントに関する説明も記載しているので、これからXDに触れる方は本章から確認してください。

第1章

1 Adobe XDの環境構築

XD活用のファーストステップとして、利用プランとダウンロード方法、ワークスペースの基本を理解していきましょう。

1-1-1 XDの料金プラン

XDでは、無料で使用できるスタータープラン、XDのみの有料契約できる単体プラン、Adobe Creative Cloudのすべてのソフトが使用できるコンプリートプラン、3つのプランが用意されています。
有料プランに関しては、毎月ごとの定額制です。
それぞれ使用できる機能が異なるため、自分の用途に合ったプランを選択しましょう。
XDスタータープランでも本書の内容は学習できます。

機能	XDスタータープラン	XD単体プラン	コンプリートプラン
レイアウトとデザインの機能	✓	✓	✓
プロトタイプとアニメーションの機能	✓	✓	✓
共同編集	共有ドキュメントの数、1 追加編集者の数、1	共有ドキュメントと 編集者の数、無制限	共有ドキュメントと 編集者の数、無制限
リンク共有	共有リンクの数、1	共有リンクの数、無制限	共有リンクの数、無制限
書き出しツール	✓	✓	✓
ドキュメント履歴	10日間	30日間	60日間
クラウドストレージ	2GB	100GB	100GB
Creative Cloud ライブラリ	✓	✓	✓
Adobe Fontsの利用	無料プラン 一部のフォントセットのみ	Portfolioプラン 全フォントライブラリ	Portfolioプラン 全フォントライブラリ
Creative Cloudアプリ	XD	XD	20以上のCreative Cloud アプリ、XDを含む

料金とサービス内容の最新情報はアドビ公式サイトをご確認ください。
https://www.adobe.com/jp/products/xd/pricing/individual.html

1-1-2 XDのダウンロード・インストール

XDはアドビ公式サイトからダウンロードできます。
「XDを入手」をクリックし、画面の指示に従いインストールしましょう。
必要なシステム構成、またインスールがうまくいかないなどのトラブルシューティングは、アドビ公式サイトをチェックしてみてください。

https://helpx.adobe.com/jp/xd/get-started.html

1-1-3 XDのワークスペース

インストールが完了したら、実際のアプリケーション画面を確認してみましょう。

開始画面

XDをはじめるときに、複雑で難しい設定はとくに必要ありません。作成したいアートボードのサイズを選択すると、自動的にワークスペース画面に切り替わります。

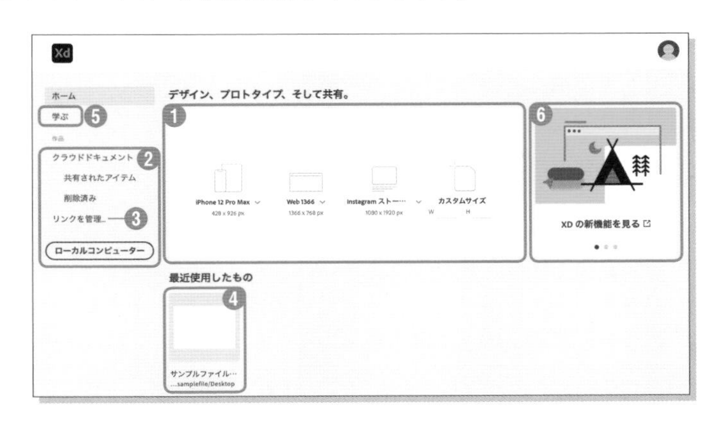

❶**アートボードのサイズ選択：**
スマートフォン、Web、SNS画像、カスタムサイズを指定することができます。
アートボードのサイズはワークスペースでも変更可能です。

❷**ドキュメント管理：**XDの保存場所は、Adobe Creative Cloudに保存する「クラウドドキュメント」と、自分のパソコンに保存する「ローカルドキュメント」の2種類あります。ほかのメンバーと共同で編集を行う場合は、「クラウドドキュメント」にあるデータのみ共同編集機能を使用できます。
※XDスタータープランの場合は、ローカルドキュメントへ保存できないため、注意が必要です。

❸**リンクを管理：**XDの共有モードで発行したリンク(URL)を管理するAdobe Creative Cloudのページに遷移

❹**最近使用したもの：**直近で使用したXDファイルが表示されます。

❺**学ぶ：**アドビ公式の学習コンテンツが表示されます。

❻**アップデート情報や利用ガイド：**アドビ公式サイトでXDの最新アップデート情報や学習ツールなどのお知らせをチェックできます。

ワークスペース

XDのワークスペースは非常にシンプルです。

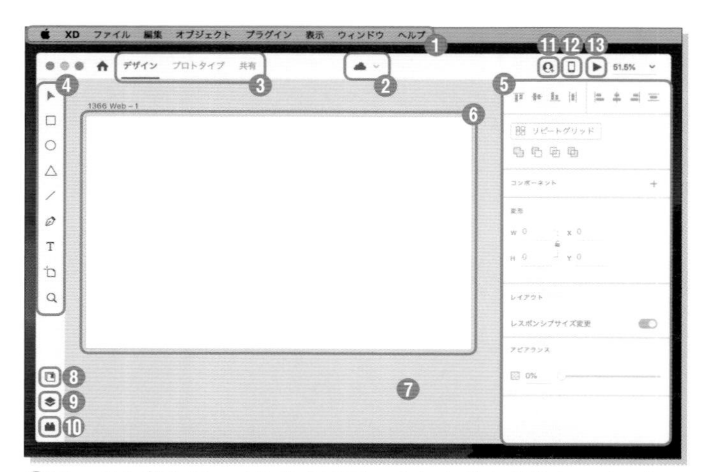

❶**メインメニュー：**表示されているメニュー、またサブメニューにアクセスできます。
XDはほかのアドビ製品と違い、「環境設定」はありません。

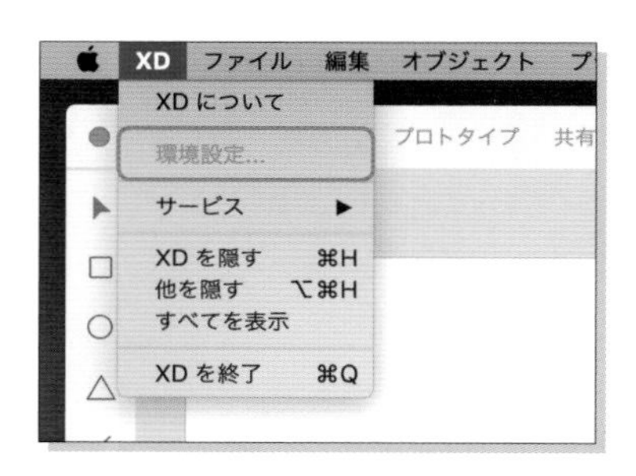

❷**ファイル名：**ファイル名の表示、またクラウドドキュメントの場合はバージョン管理の設定ができます。

❸**モードの切り替え：**「デザイン」「プロトタイプ」「共有」の3つのモードがあり、それぞれプロパティインスペクターが変化し、操作できる内容が異なります。
デザインモード：画像やオブジェクトの配置、テキスト編集、レイアウトなどデザイン制作ができます。
プロトタイプモード：画面遷移やアニメーションなど、インタラクションの設定ができます。
共有モード：共有リンク（URL）の発行、設定を行うことができます。すでに発行したURLの削除はCreative Cloud上で操作する必要がありますが、ここから移動することもできます。

❹**ツールバー：**モードに応じたツールが表示されます。(各ツールの詳細については 第2章参照)

❺**プロパティインスペクター：**選択したオブジェクトとモードに応じた内容が表示されます。

❻**アートボード：**アートボードに配置したオブジェクトはプレビューに表示されます。またアートボードは複数枚配置することができます。

❼**ペーストボード：**アートボード以外のエリアであり、ここに配置したオブジェクトはプレビューに表示されません。

❽**ライブラリ：**CCライブラリで共有された写真などのアセットにアクセスできます。「ドキュメントアセット」を選択すると、自分が現在使用しているドキュメントのアセット（カラー、テキスト、コンポーネント）を設定できます。

❾**レイヤー：**レイヤー内容の確認、名称変更、グループ化、削除、順番の入れ替えができます。

⑩**プラグイン：**プラグインの使用、インストール、管理ができます。

⑪**ドキュメントに招待：**共同編集にAdobeアカウントを持っているユーザーを招待できます。

⑫**デバイスでプレビュー：**USBを接続し、モバイルデバイスでプレビューするためのデータ転送設定をできます。

⑬**プレビュー：**Adobe XDアプリ（デスクトップ、iOS 、Android ）からプレビュー、プロトタイプのテスト、また操作の様子を録画できます。

1-1-4 Adobe Fontsのインストールと削除

XDでは、Adobe Fontsをインストールして使用することができます。

※プランにより使用できるフォントは異なります。

Adobe Fontsをインストールする

1. Creative Cloud デスクトップアプリケーションを起動し、Adobeアカウントでログインします。XDから直接Adobe Fontsをダウンロードすることはできないため注意しましょう。

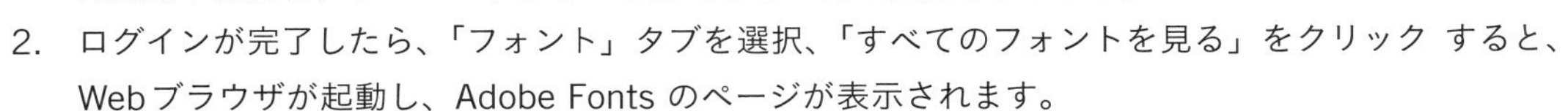

2. ログインが完了したら、「フォント」タブを選択、「すべてのフォントを見る」をクリック すると、Webブラウザが起動し、Adobe Fonts のページが表示されます。
3. 使用したいフォントが見つかったら、「アクティベート」スイッチをクリックします。
4. フォントの追加を示す通知が表示されたら、「OK」をクリックします。
5. 追加したフォントが無事にインストールされた場合は、Creative Cloud デスクトップアプリケーションに同期済として表示されます。

Adobe Fontsを削除する

1. Creative Cloud デスクトップアプリケーションを起動、Adobeアカウントでログイン、フォントタブを選択、「フォントの管理」をクリックします。
2. Webブラウザが起動し、Adobe Fonts のページに現在使用しているフォントが表示されるため、「アクティベート」スイッチをクリックします。(アクティベートを解除する)
3. アクティベートが解除された場合は、通知が表示されます。

Adobe Fontsのインストールに関する最新情報は、アドビ公式サイトをご確認ください
https://helpx.adobe.com/jp/fonts/using/introducing-adobe-fonts.html

XD ではもっていないフォントは表示されるの？

アセットパネルに環境にないフォントが一覧表示されます。

自分のPC環境にないフォントはXD上で表示されず、自動で保持しているフォントに置き換えられます。環境にないフォントがAdobe Fontsにある場合は、バックグラウンドで自動的に該当するAdobe Fontsをアクティベートし、PCにインストールされます。

環境にないフォントがAdobe Fontsに登録されていない場合は、システムにインストールするかインストール済みのほかのフォントに置き換えるかの対応が必要です。

環境にないフォントの置き換え方法

置き換えたいフォントを右クリックし「フォントを置き換え」を選択し、PCの環境にあるフォントを設定します。

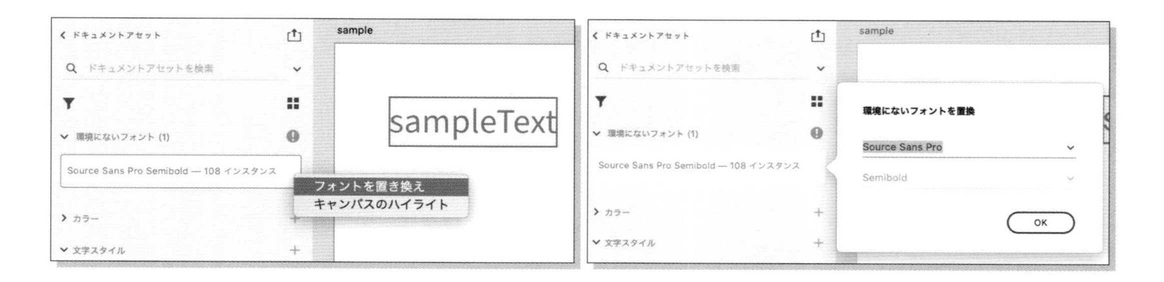

2
章

Adobeツール初心者のための基本操作

本章ではAdobe XDの基本的な操作方法を解説していきます。Adobeツールに初めて触れる方を対象とし、ショートカットキーも細かく記載してあります。基本操作の練習として、練習問題も5問収録しました。

第2章 1

Adobe XDの基本操作

ここでは基本的なAdobe XDの操作方法を解説します。Adobe XDにこれからはじめて触れる方のために練習問題も用意しました。

QRコードにアクセスして
動画でチェック！

収録範囲
練習問題1〜5

2-1-1 ツール

ツールバーのツール

XDのツールを紹介します。図中でツール名の下に併記しているアルファベットは切り替え用のショートカットキーです。また、覚えやすいように由来となっている英単語も記載しています。

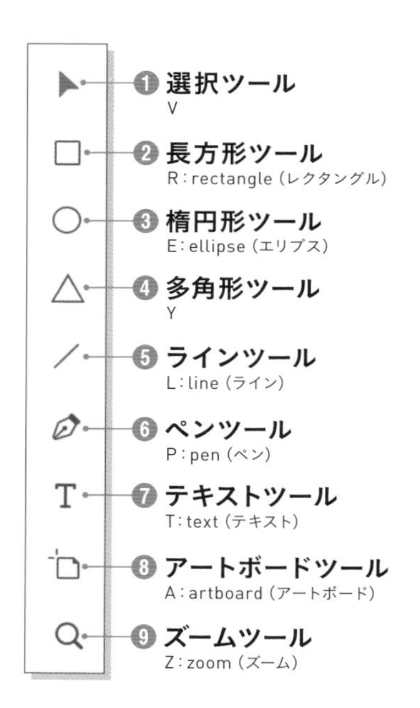

❶選択ツール：編集対象を選ぶためのツール。このツールでオブジェクトをクリックしたり、ダブルクリックや装飾キーと組み合わせたりして、さまざまな操作を行える。
❷〜❻描画関係のツール：長方形・楕円形・多角形・線・ペンなど、図形を描画するツール。
❼テキストツール：テキストを入力するツール。
❽アートボードツール：新しいアートボードを作成するツール。
❾ズームツール：作業スペースの表示範囲をズームイン・ズームアウトするツール。

ツールバーには存在しないツール

❿スポイトツール：Iキーで塗りのスポイトに切り替えられます。
⓫手のひらツール：スペースバーを押している間、表示範囲を上下左右に移動できます。スペースバーを離すと、使用中のツールに戻ります。

2-1-2 ズームと表示範囲の調整

作業中は、こまめに表示を調整しましょう。ズームのやり方はたくさんあるので、自分がやりやすい方法を身に付けましょう。

目的に沿った表示倍率に合わせよう

すべてのアートボードを表示する

Command (Ctrl) ＋0を押すと、ズームアウトしてすべてのアートボードを見ることができます。

全体表示：すべてを確認できる

等倍・2倍で表示する

Command (Ctrl) ＋1で100%、Command (Ctrl) ＋2で200%の表示になります。

選択範囲に合わせてズーム

Command (Ctrl) ＋3を押すと、選択している図形やアートボードにズームできます。

詳細表示：細かい作業ができる

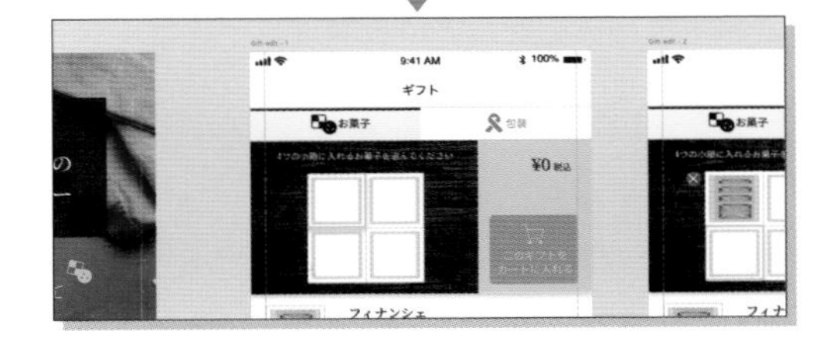

色々なズームを使ってみよう

拡大率でズームイン・ズームアウト

Command (Ctrl) ＋「－」(マイナス) で、50%、33%、25%……と小さくなります。Command (Ctrl) ＋「＋」(プラス) で150%、200%、300%……と大きくなります。

※お使いのキーボードによって、記号の配列が違うためショートカットが効かない場合があります。

スクロールホイール

Option (Win：Ctrl) キーを押したまま、マウスのスクロールホイールを回転することでズームイン・ズームアウトができます。

トラックパッド（タッチパッド）

ピンチイン・ピンチアウトで操作できます。

トラックパッドのジェスチャ操作はお使いのパソコンによって異なります。この先のトラックパッドに関わる操作も該当します。

ズームツール

ズームツールに切り替え、表示したい範囲をクリックorドラッグすることでズームインできます。また、Option（Alt）＋クリックでズームアウトできます。
他のツールを使用中、Command（Ctrl）＋スペースバーを押している間は、一時的にズームツールに切り替わります（ただしMacでは、SiriやSpotlightが起動しないように設定する必要があります）。

❶ズームツールで見たい範囲をドラッグ

❷ドラッグした範囲が表示される

表示範囲を調整しよう

手のひらツール

スペースバーを押している間は、手のひらツールに切り替わります。ドラッグすると表示範囲を上下左右に動かせます。

Shift＋スクロールホイール

Shift＋スクロールホイールで、表示範囲を左右に動かせます。

トラックパッド（タッチパッド）

二本指で表示範囲を上下左右に動かせます。

練習問題1：ファイル「2-1-2_練習問題1」

ズームと選択

図形を見分けて選択しながら、ズームイン・ズームアウトの練習をしましょう。

2-1-2 練習問題 1 ズームと選択

小さな円と12角形が入り混じっています。
ズームインして見分け、素早く複数選択し、ズームアウトして枠に仕分けましょう。

円はこちらへ仕分け

12角形はこちらへ仕分け

2-1-3 背面に隠れた図形のコントロール

図形が複数重なると、背面にある図形が隠れて選択しづらくなります。背面の図形を選択して編集する方法がいくつかあるので、状況に応じて活用しましょう。

選択中の図形の背面へアクセス

Command（Ctrl）＋クリックで背面の図形を選択

背面にある黄色の帯を選択したい場合、まず前面にある文字をクリックして選択します❶。次に、Command（Ctrl）＋クリックで背面にある黄色い帯を選択します❷。

Command（Ctrl）＋ドラッグで背面の図形を移動

背面にある黄色の帯を移動したい場合、まず前面にある文字をクリックして選択します❶。次に、Command（Ctrl）＋ドラッグで背面にある黄色い帯を移動します❷。

ドラッグによる選択で背面に隠れた図形の選択

背面に隠れた図形が複数ある場合、まずドラッグでまとめて選択❶。そして、手前にある図形の選択を解除します❷。

前面の図形をロックする

まず、前面の図形をクリックで選択して右クリックでロック（Command (Ctrl) ＋L）❶。そして、ドラッグして背面の図形を選択します❷。

ロックの解除は、選択して右クリック＞ロック解除（Command (Ctrl)＋L）です。

前面の図形を非表示にして隠す

図形を非表示にする

まず、前面の図形を選択して右クリック＞非表示（Command (Ctrl) ＋「,」(カンマ)）にします❶。すると、背面の図形を自由に編集できます❷。

図形を表示する

非表示にした図形を再表示するときは、レイヤーパネルで目のマークをクリックします（ショートカットで行う場合は、Command (Ctrl) ＋Aですべて選択し、Command（Ctrl)＋「,」(カンマ）ですべて隠し、もう一度Command（Ctrl)＋「,」(カンマ）でファイル上の非表示の図形をすべて表示できます)。

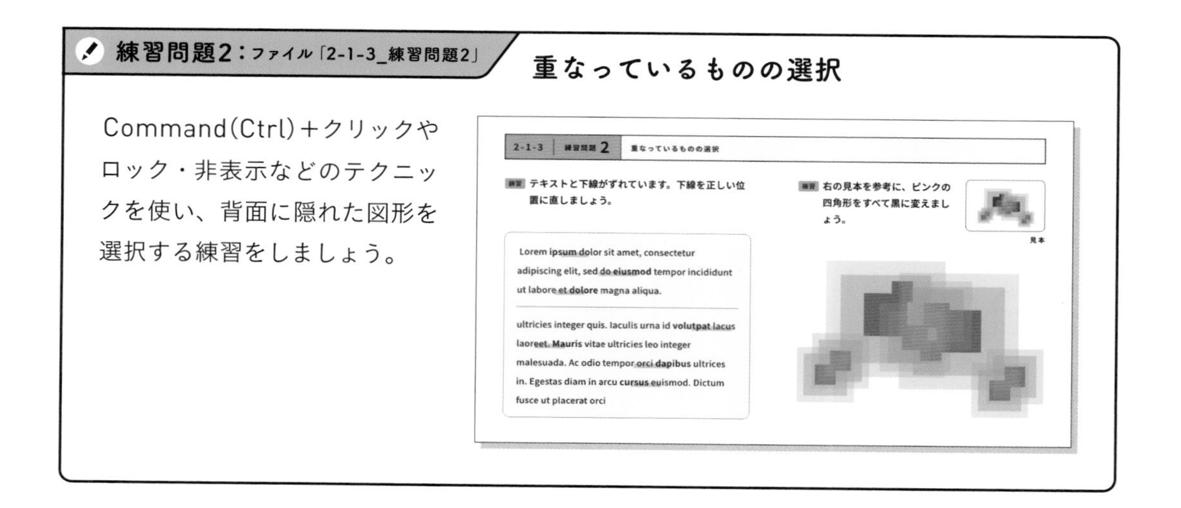

練習問題2：ファイル「2-1-3_練習問題2」

重なっているものの選択

Command(Ctrl)＋クリックやロック・非表示などのテクニックを使い、背面に隠れた図形を選択する練習をしましょう。

2-1-4 図形のコントロール

長方形・円・多角形・直線を描画する

ドラッグで描画

長方形ツール、楕円形ツール、多角形ツール、ラインツールは、それぞれドラッグして図形を描けます。

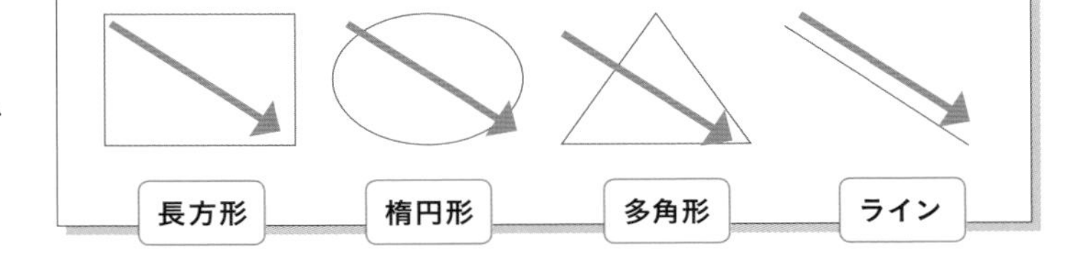

Shiftで比率や角度を固定

Shift＋ドラッグで、正方形・正円・正多角形の比率に固定できます。ラインツールでは、角度を45度刻みに固定できます。

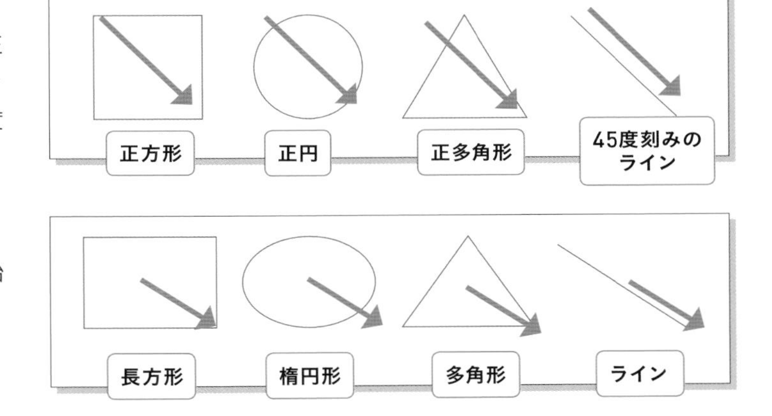

Option (Alt) で中心から描画

Option (Alt) ＋ドラッグで、開始点を中心にして描画できます。

多角形の「頂点の数」と「星形の比率」

多角形ツールでドラッグ中に矢印キー（上下）を押して頂点の数を増減できます。また、ドラッグ中に矢印キー（左右）を押すと星形の比率を増減できます。頂点の数と星形の比率は、プロパティインスペクターでも調整できます。

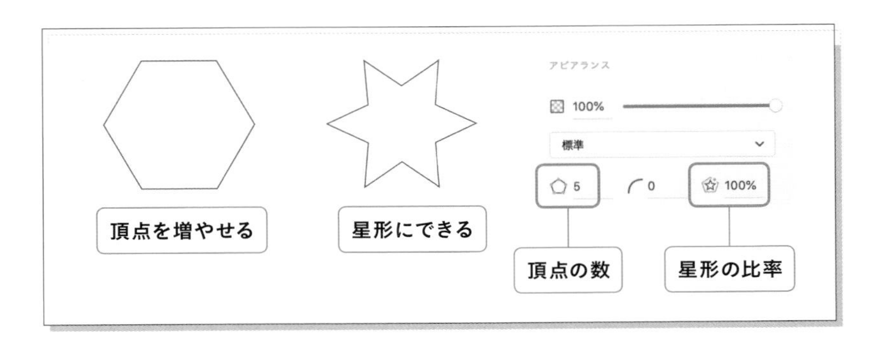

第2章

図形のアピアランスを設定する

❶**図形の不透明度**：0%だと完全に透明に、100%だと完全に不透明になります。

❷**ブレンドモード（描画モード）**：「乗算」「オーバーレイ」など、ほかのレイヤーとブレンドする合成効果を設定できます。

❸**角丸**：図形の角に丸みをつけられます。長方形の場合は、四辺の角をそれぞれ異なる丸みにできます。

❹**塗り**：チェックボックスで、塗り色をありかなしか選び、カラーピッカーで色を選べます。

❺**線**：チェックボックスで、線色をありかなしか選び、カラーピッカーで色を選べます。
線幅・破線（点線）・線端の形状など、線のアピアランスに関する設定ができます。

❻**シャドウ**：ドロップシャドウの設定ができます。

❼**背景のぼかし／オブジェクトのぼかし**：背面にあるオブジェクトをぼかす「背景のぼかし」と、オブジェクト自体をぼかす「オブジェクトのぼかし」が設定できます。

アピアランスのペースト

元となる図形を右クリック＞コピー（Command（Ctrl）＋C）でコピーし❶、ほかの図形を選択して右クリック＞アピアランスをペースト（Command（Ctrl）＋Option（Alt）＋V）で❷、アピアランスを適用できます。複数の図形に対して一度に適用することも可能です。

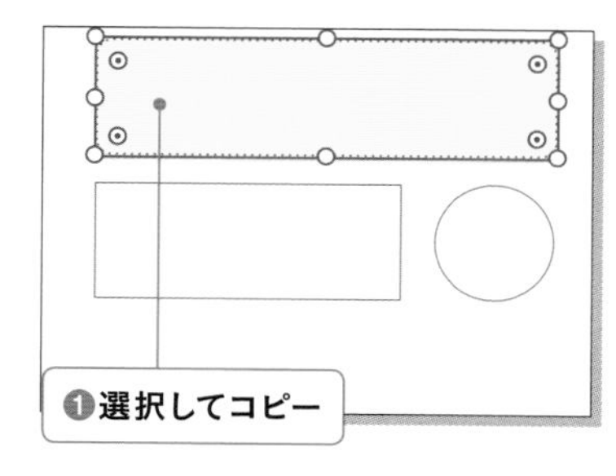

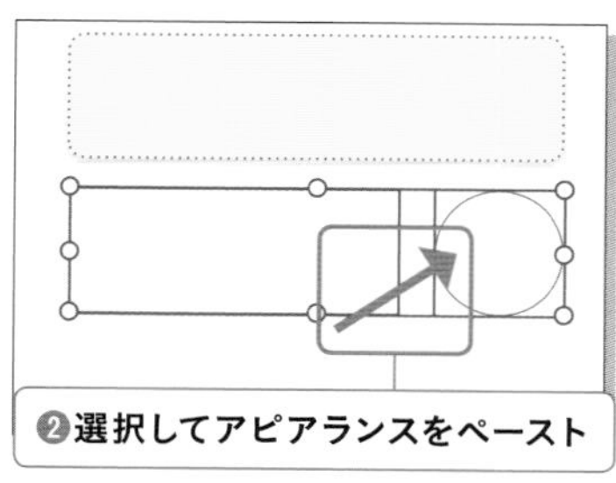

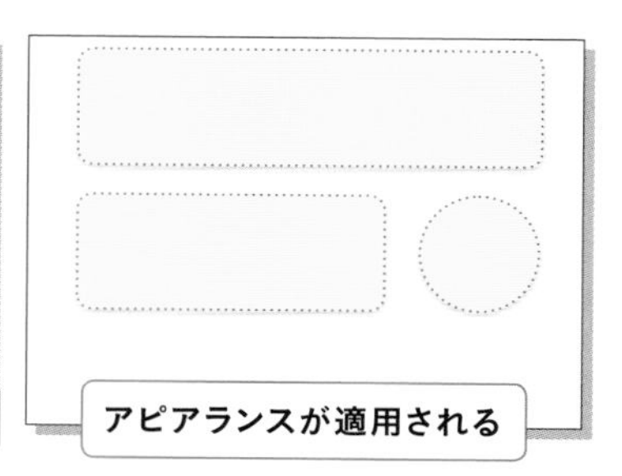

図形を画像で塗りつぶす

図形に対して、画像をドラッグ＆ドロップして❶、塗りとして適用できます❷。ドラッグ＆ドロップで入れた画像は、図形の変形に合わせて隙間なく塗り潰すように伸縮します❸。また、XDの内外からクリップボードにコピーした画像を、「右クリック＞アピアランスのペースト（Command（Ctrl）＋

Option（Alt）＋V）」で塗りに適用することもできます。画像のトリミングを調整したい場合は、ダブルクリックして編集します。

ポイント：伸縮に追従するのは塗りにした画像のみ

図形の塗りにする以外でXDに画像を配置する方法は、「ファイル＞読み込み」、アートボードへのドラッグ＆ドロップおよびペーストなどがあります。その場合は画像の縦横比を保つように変形し、図形の塗りに適用したときのような伸縮はしません。

図形のサイズ調整

ドラッグ移動とバウンディングボックス

図形をドラッグして自由に移動できます。また、図形を選択したときに表示される青いガイド、「バウンディングボックス❶」の丸型ハンドルをドラッグして自由にサイズ変更できます❷。

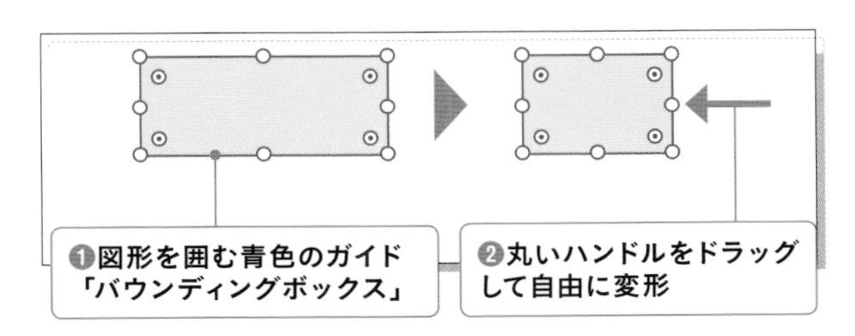

矢印キーで位置・サイズを変更

図形を選択した状態で矢印キーで位置を1pxずつ変更できます。Shift＋矢印キーでは、10pxずつ位置を変更できます。

Command（Alt）＋矢印キーで、サイズを1pxずつサイズを変えられます。Command（Alt）＋Shift＋矢印キーでは、10pxずつサイズを変えられます。

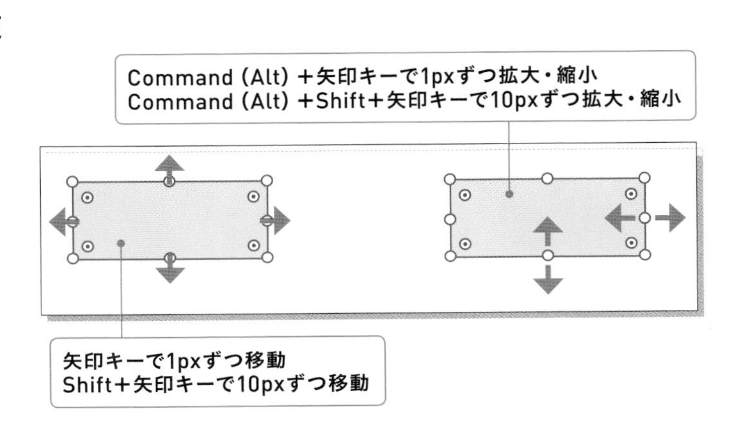

数値入力で位置・サイズを変更

プロパティーインスペクターには、W（幅）・H（高さ）、X座標、Y座標、角度の数値が表示されています。この数値を打ち換えることで、サイズと位置と角度を変えられます。

数値をクリックして矢印キー（上下）を押すと、数字を1pxずつ増減できます。Shift＋ 矢印キー（上下）で10pxずつ増減できます。

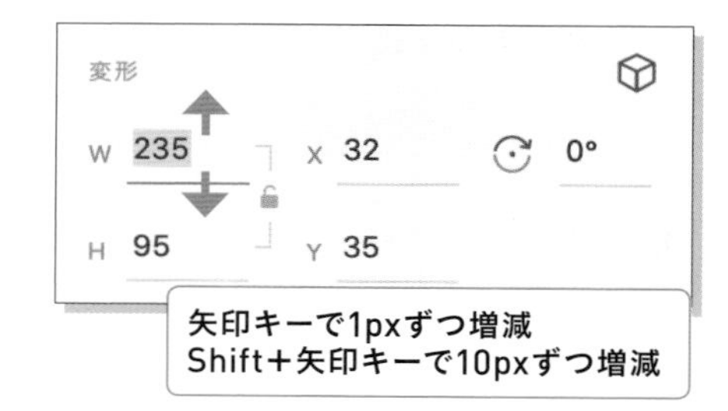

四則演算

数値に対して＋(足し算)、-(引き算)、*(掛け算)、/(割り算）の計算ができます。サイズを半分にするなら424/2のように入力し、Enterキーで計算できます。

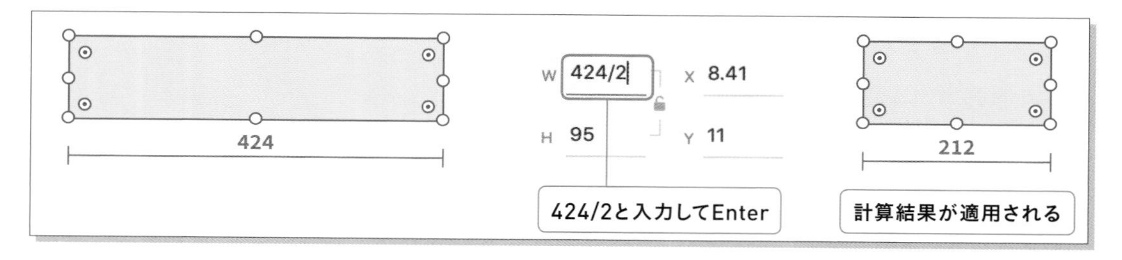

ポイント：Option（Alt）で距離を計測

図形を選択中にOption（Alt）を押すと、アートボードとの距離を計測できます。また、Option（Alt）を押しながらほかの図形にカーソルを当てると図形間の距離を計測できます。

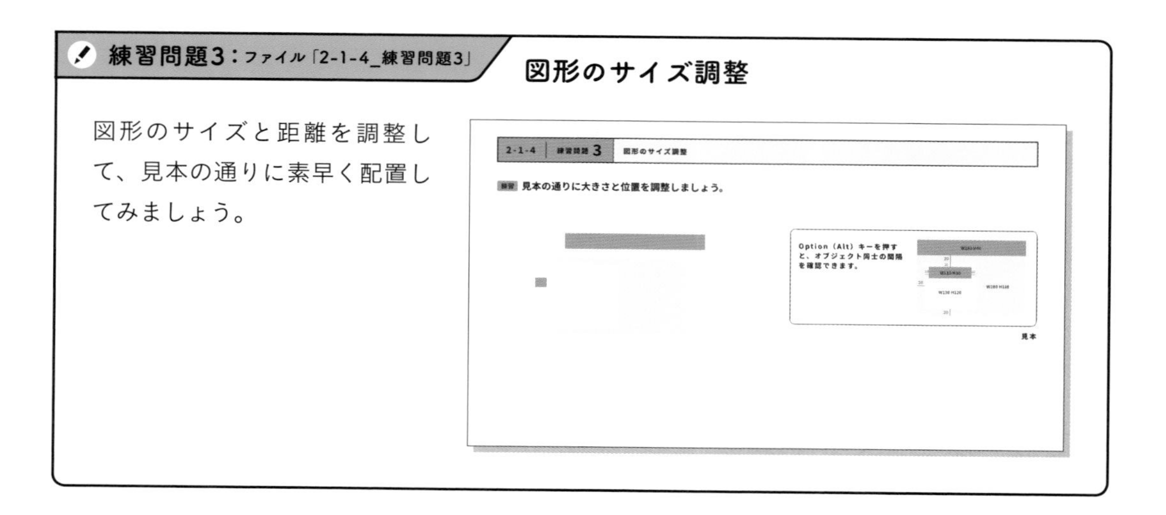

2-1-5 複製

制作作業では、1つの図形を複製して複数配置するなど、複製した図形をさまざまに活用します。さまざまな複製方法を覚えて、場面に合わせて使いましょう。

第2章

移動しながら複製する

Option（Alt）＋ドラッグで移動しながら複製

図形をドラッグ開始❶、Option（Alt）を押した状態でドラッグ終了❷。終了地点に図形が複製されます❸。

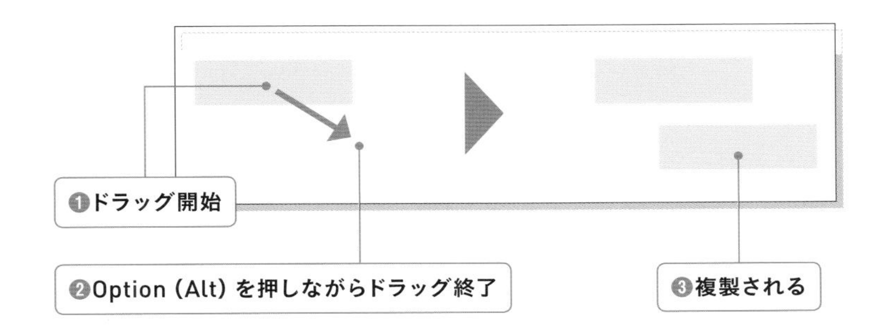

Option（Alt）＋Shift＋ドラッグで水平垂直に複製

複製先を水平・垂直にしたい場合、Option（Alt）に加えてShiftを押すことで角度を固定して複製できます。

コピー＆ペースト

座標を変えずにペースト

図形をコピーしてそのままペーストすると、元と同じ座標の最前面にペーストできます。

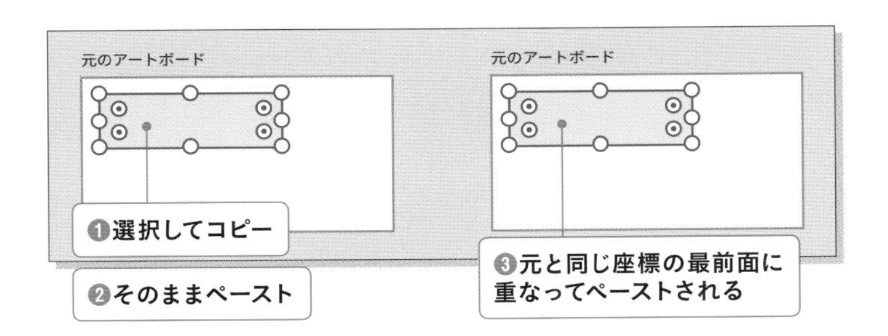

表示範囲の中央にペースト

図形をコピーし、スクロールや手のひらツールを使って元の座標が表示範囲から外れた場合、ペーストすると表示範囲の中央にペーストされます。

別のアートボードの同じ座標にペースト

図形をコピーし、別のアートボードをクリックしてアクティブにしてからペーストすると、アクティブなアートボードの同じ座標にペーストされます（その座標が表示範囲内にある場合に限ります）。

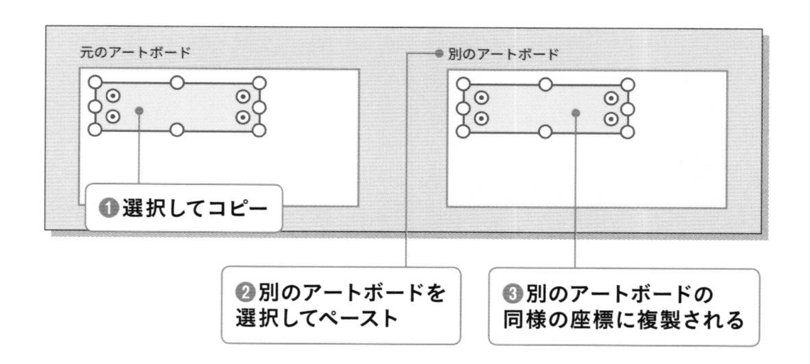

複数アートボードの同じ座標に一度にペースト

図形をコピーし、別のアートボードを複数選択してペーストすると、一度にペーストできます。

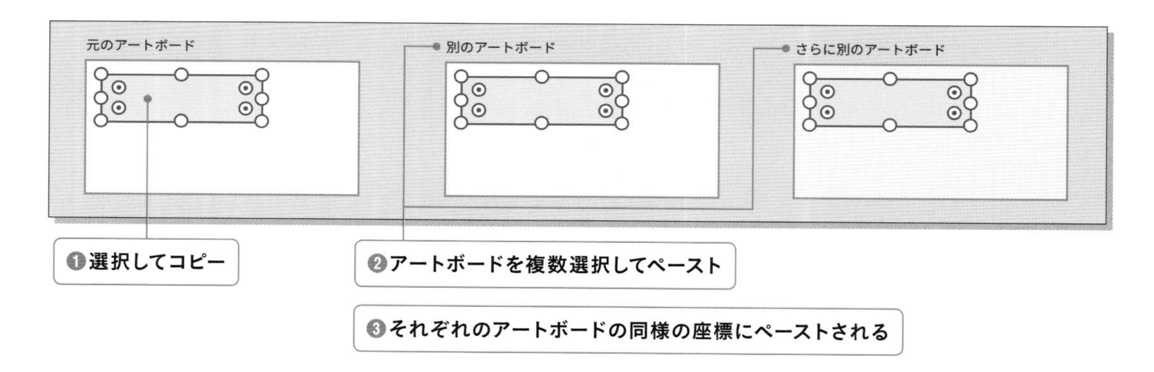

前面に複製

図形を選択してCommand（Ctrl）＋Dで、元の図形の一段階前面に複製できます。コピー＆ペーストと似ていますが、ショートカットキー１つで済む、クリップボードを使用しない、レイヤーの重ね順が元のすぐ手前になるなどの違いがあります。必要に応じて使い分けましょう（Macでは、「編集＞複製」のメニューからも操作できます）。

2-1-6　重ね順

配置されている図形はすべて、前面から背面へ重なるレイヤー構造になっています。基本的に、新しく描かれた図形ほど前面にきます。前後関係が適切に並ぶように、手動で調整しながら進めましょう。

前面・背面に送る

1つ前面・背面へ

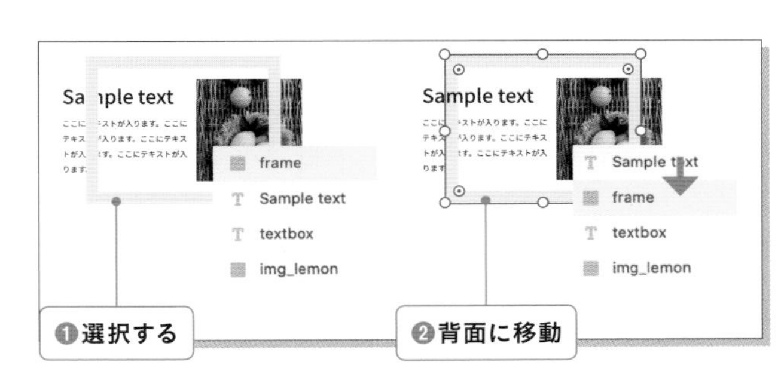

図形を選択する❶。「右クリック＞(Win：重ね順）背面へ（Command（Ctrl）＋「[」（大カッコ))」で1つ背面にできます❷。
反対に、1つ前面にする場合は、「右クリック＞（Win：重ね順）前面へ（Command（Ctrl）＋「]」（大カッコとじ))」です。

最前面・最背面へ

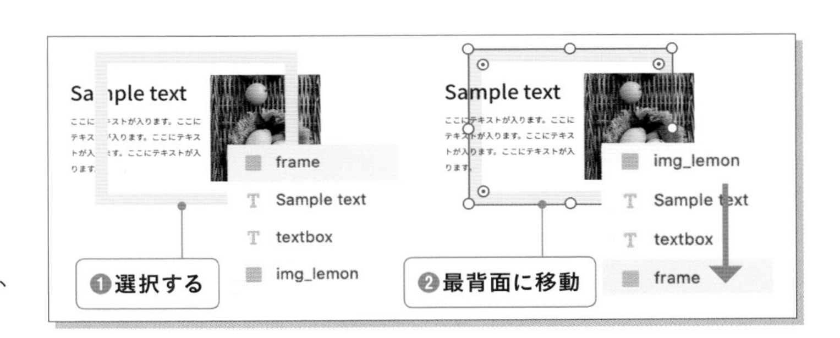

図形を選択する❶。「右クリック＞（Win：重ね順）最背面へ(Command（Ctrl）+Shift+「[」(大カッコ))」で最も背面にできます❷。
反対に、最も前面にする場合は、「右クリック＞（Win：重ね順）最前面へ（Command（Ctrl）+Shift+「]」（大カッコとじ))」です（グループ化されている場合は、グループ内の最背面・最前面)。

2-1-7　整列

プロパティインスペクターの整列ボタンとショートカットキーを紹介します。

上下左右に整列

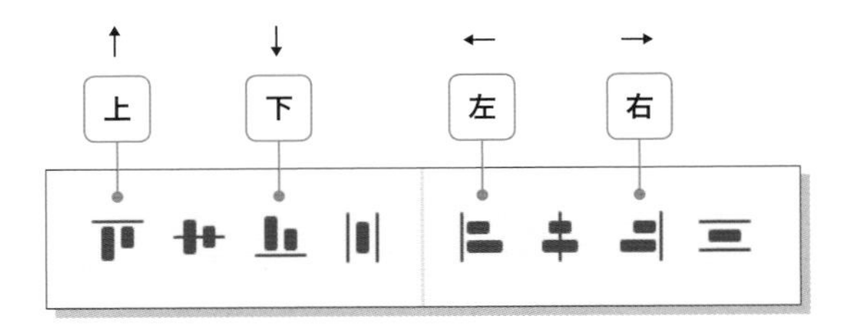

複数の図形を選択し、Command＋Control＋矢印キー（上下左右）(Win：Ctrl＋Shift＋矢印キー（上下左右))でそれぞれ上下左右に整列します。

中央に整列

複数の図形を選択し、Command＋Control＋C（Win：Shift＋C）を押すと、選択した図形が水平方向の中央に集まって整列します。
このとき、最も幅の広い図形の内側にほかの図形がある場合は、外側の図形は動かず、内側の図形たちが動いて中央に整列します。
垂直方向中央への整列はCommand＋Control＋M（Win：Shift＋M）で行います。

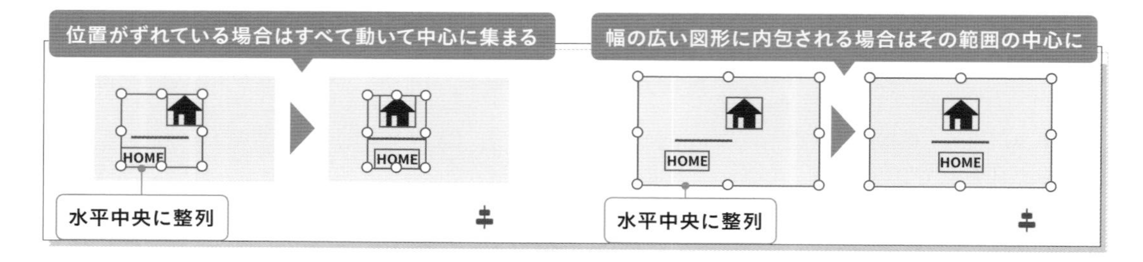

間隔を均等にする

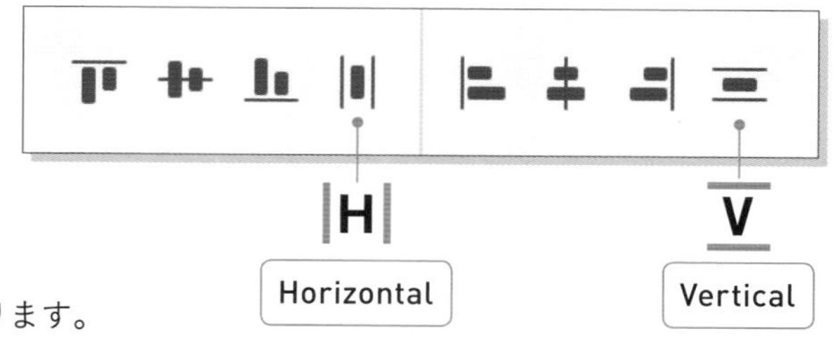

複数の図形を選択し、Command＋Control＋H（Win：Ctrl＋Shift＋H）を押すと、水平方向の間隔が均等になります。
Command＋Control＋V（Win：Ctrl＋Shift＋V）では、垂直方向の間隔が均等になります。

アートボードを基準に整列

1つの図形を選択し、上下左右・中央へ整列した場合、アートボードが基準となります。

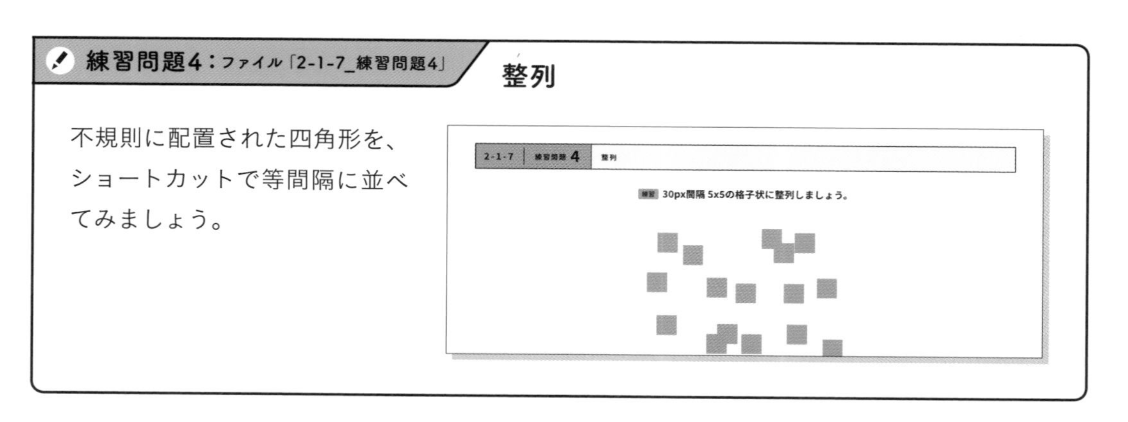

2-1-8 グループ・マスク・ブール演算

グループ・マスク・ブール演算で複数の図形をまとめる

グループ

複数の図形を選択して右クリック>グループ化（Command（Ctrl）＋G）で、グループ化できます。グループ化した図形は、まとめて選択や整列ができます。

シェイプでマスク

図形を複数重ねて右クリック>シェイプでマスク（Command（Ctrl）＋Shift＋M）で、手前の図形の形にマスクできます。

ブール演算

図形を複数重ねてプロパティインスペクターのボタンを押すことで、合体・前面オブジェクトで型抜き・交差・中マドの状態に合成できます。

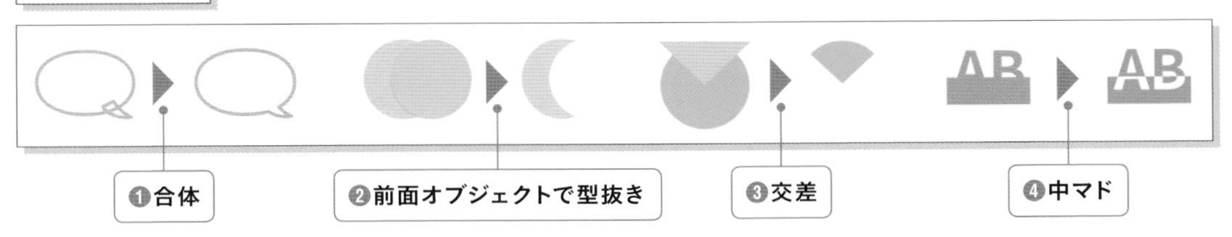

ポイント：合成を完全に確定する「パスに変換」

ブール演算で合成された図形は、オブジェクト（Win：右クリック）>パス>パスに変換（Command（Ctrl）＋8）ができます。パスに変換すると、アンカーポイントの編集が自由になる一方、元の形を残した再編集や、ブール演算の解除はできなくなります。

グループ化を解除する

単純なグループのほか、マスク・ブール演算・リピートグリッド・コンポーネント・スクロールグループを右クリック>グループ化解除（Command（Ctrl）＋Shift＋G）でバラバラの状態に戻せます。

リピートグリッド・ブール演算・スクロールグループは、プロパティインスペクターのボタンを押すことでも解除できます。

グループなどの編集

グループの階層化

グループをさらに他の図形やグループとグループ化することで、階層構造になります。階層化されたグループは、解除するたびに一段階ずつ分解されます。

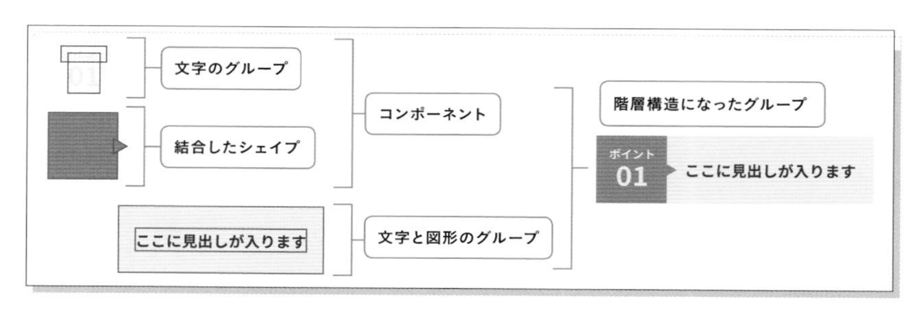

ダブルクリックで編集

グループをダブルクリックすると、グループ内の図形を個別に編集するモードに入ります。階層構造になっている場合は、さらにダブルクリックすると、その中を編集できます。アートボードの何もない場所や、ペーストボード をクリックすると、グループ内編集が解除されます。

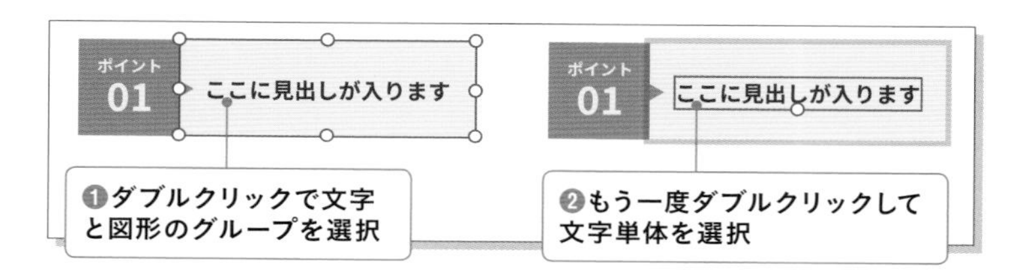

ダイレクト選択

Command（Ctrl）＋クリックで、グループ内のオブジェクトをダイレクトに選択できます。階層が深い場合、ダブルクリックを何度も繰り返すより素早く選択できます。

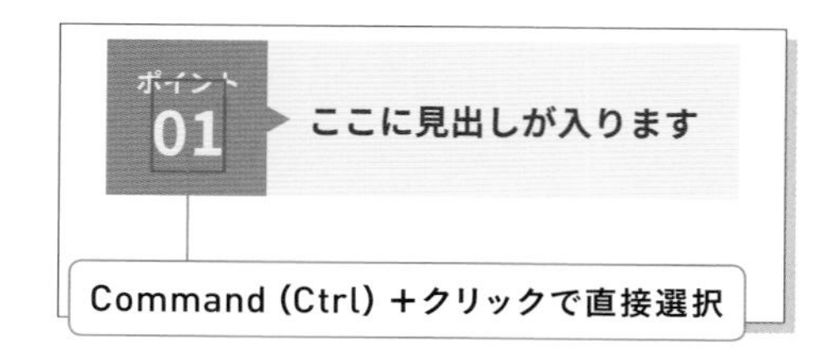

Escで階層を1つ上がる

グループの階層に入っているときにEscキーを押すと、1つ上の階層に上がれます。

2-1-9 ペンツールとパスの操作

パスを使って矢印やアイコンを作成することができます。ただし、複雑なイラストや精密さが要求されるロゴ作成などは、XDは得意ではありません。複雑・精密なものはAdobe Illustratorなどの専門ツールで描くことがおすすめです。

パスの編集

シェイプを変形する

長方形や楕円形、多角形をダブルクリックする、または図形選択中にEnterキーを押すことで、パスを編集するモードになります。パスとは長方形の辺や楕円形の円弧の部分のことです。パスを中継している点のことをアンカーポイントと言い、これを動かすことで図形を変形できます。パス編集モードでパスを変形すると、その図形は長方形シェイプではなくパスに変換されます。なにも変更しないで選択を解除すれば元の長方形シェイプに戻ります。

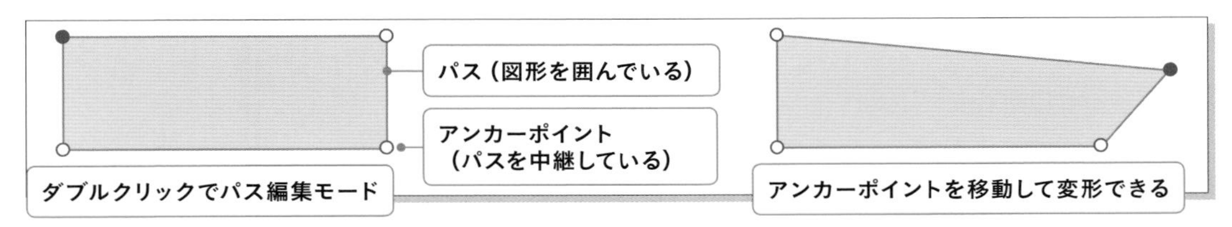

ポイント：角丸が編集できなくなるので注意

パス編集モードで編集してパスに変換された長方形は、角丸の半径を編集できなくなります（多角形はコーナーカウント・スター比率も編集できなくなります）。
アンカーポイントを移動したときだけでなく、パス編集モードで色や線幅を変えただけでパスに変換されて角丸が編集できなくなるため、無意識に変更しないように注意しましょう。

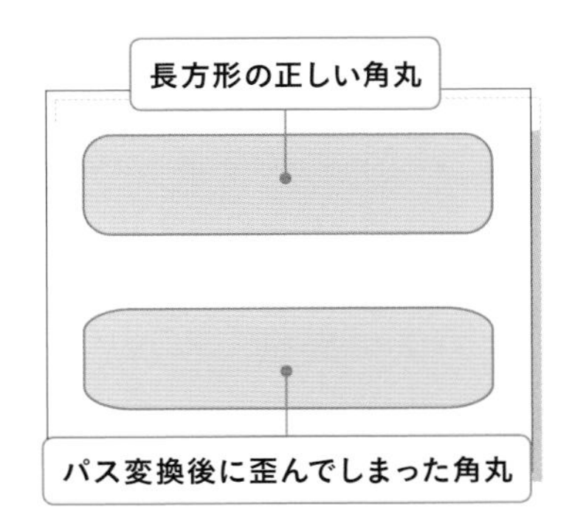

アンカーポイントの追加と削除

パス編集モードで、パス上をクリック❶するとアンカーポイントを追加し、変形できます❷。削除したいアンカーポイントをクリックで選択してからDeleteキーを押すと、削除できます❸。

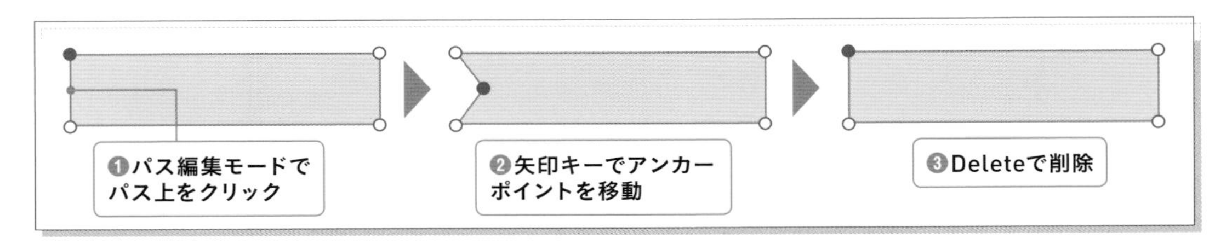

曲線と直線の変更

曲線のアンカーポイントをダブルクリックすると、直線的な角に変わります。

もう一度ダブルクリックすると、再び曲線に変わります。このときアンカーポイントから両側に伸びる補助的な線をハンドルや方向線と言います。ハンドルは、曲線の曲がり具合を決めるものです。アンカーポイントをダブルクリックするたびに、直線と曲線が切り替わります（ハンドルの向きや長さは再計算されてしまい、完全に元の曲線に戻るわけではありません）。

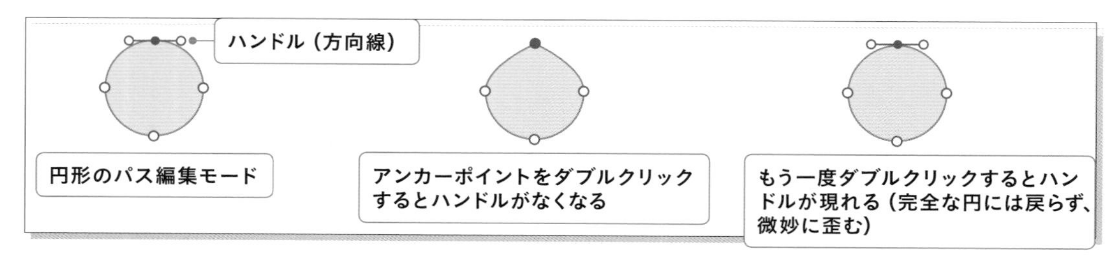

曲線を折り返す

ハンドルは基本的にアンカーポイントから対称に伸びて、両端が連動して動きます。これを別々に動かしたい場合はOption（Alt）を押しながらハンドルをドラッグします❶❷。これで曲線を別の方向に折り返すことができます。

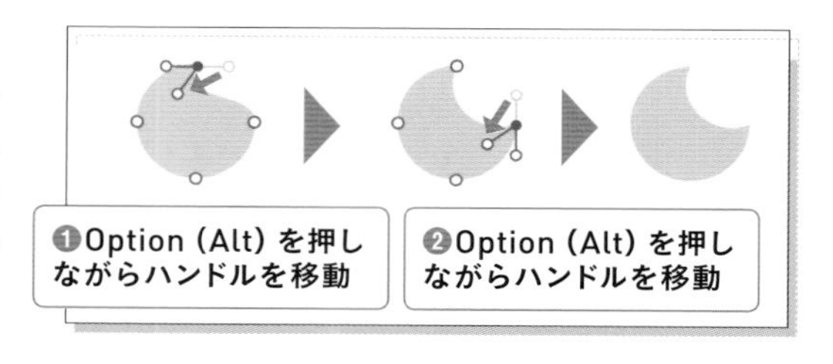

オープンパスに変更

パス編集モードでOption（Alt）＋Deleteを押すと❶、オープンパスに変更できます❷（開くのは、パスの始点と終点の間です）。

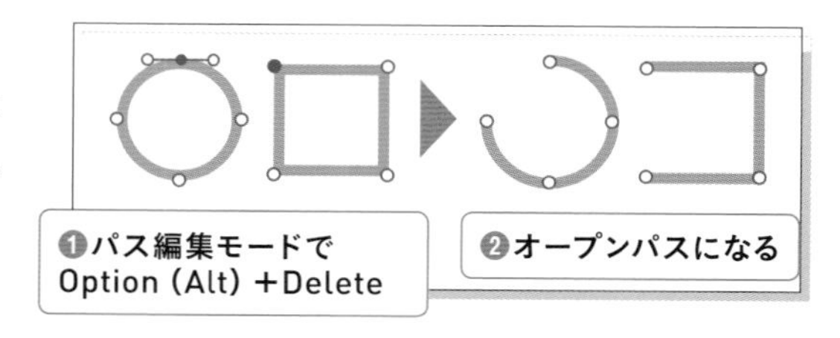

パスの描画

直線をつなげて描く

ペンツールでクリックすると、アンカーポイントが打てます。さらに別の場所をクリックすると、ポイントとポイントがパスでつながります。描画中にShiftキーを押している間は、角度が45度刻みに固定されます。形を描いたあと最初のアンカーポイントをクリックすると、クローズパスが完成します。オープンパスのまま終了したい場合は、Escキーを押します。

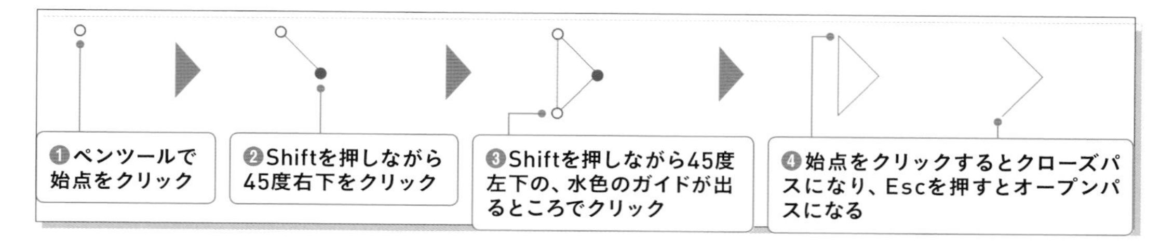

ポイント：オープンパスは線のみの図形に

塗りのみの図形や、塗りと線のある図形を描く場合、クローズパスにします。オープンパスは、線のみの図形を描きたいときに使います。オープンパスに塗りを設定するのは、ほかのソフトでエラーになることもあるため、避けた方がいいでしょう。

曲線を描く

まず、ペンツールで❶の位置から❷の位置まで、ドラッグしましょう。すると、次のアンカーポイントにつながる線に上向きの力が加わります。❶から❷の位置に伸びているのは実際のパスではなく、パスの曲がり具合をコントロールするハンドルです。次に、❸の位置から❹の位置へドラッグすると、ドラッグした方向と反対方向❺にもハンドルが伸び、曲線が形づくられます。❶から❸へ向かう線を、開始点と終了点のハンドルが両側から支えて曲線の具合を定めています。このように、ペンツールを使うときは曲線を直接なぞるように描くのではなく、ハンドルの向きと強さを調整して曲線を設計することを意識しましょう。

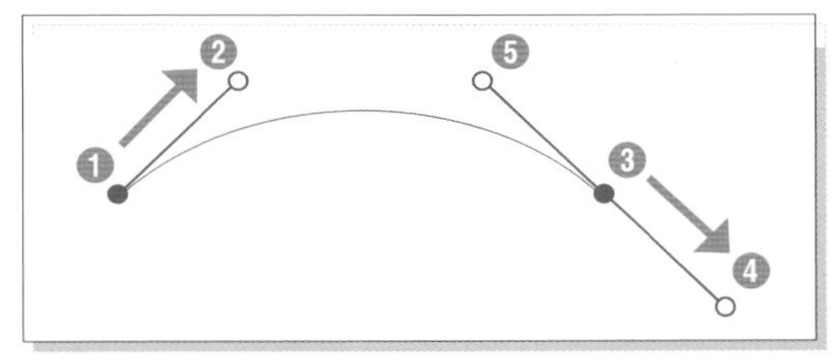

ポイント：ガイドへの吸着を一時的に防ぐ

XDでは、ほかの図形やガイド・グリッドに自動的に吸着するスナップの機能が常に働いています。揃えたいときには便利なのですが、ペンツールの作業中などはスナップしたくない場合もあるでしょう。図形の移動中やパスの描画中にCommand（Ctrl）を押している間は、一時的にスナップから解放され、自由な位置調整ができます。

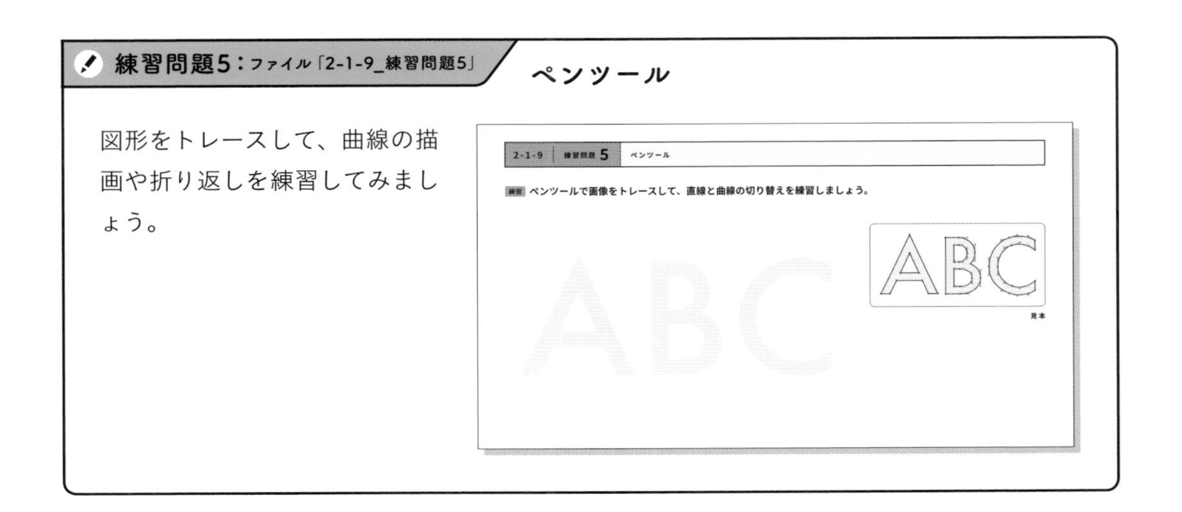

2-1-10 テキスト

テキストを書く

一行のテキストを書く

テキストツールでクリックをすると、テキスト入力モードになります。このとき、テキストは「幅の自動調整」という設定になっています。見出しなど、改行が少ないテキストに適しています。

複数行のテキストを書く

テキストツールでドラッグをすると、テキストボックスになります。ドラッグで決めた幅で、テキストが自動的に折り返し、テキストボックスの高さはテキストの行数にフィットします。このときのテキストは、高さの自動調整という設定になっています。

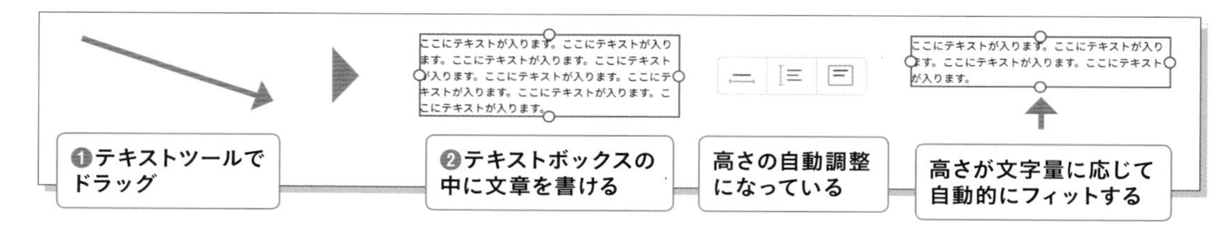

テキストの改行設定を変更する

ボタンで変更する

プロパティインスペクターのボタンで、「幅の自動調整」、「高さの自動調整」、「固定サイズ」の切り替えができます。固定サイズの場合、行が減っても増えてもテキストボックスの高さは変わりません。

溢れたテキストを表示する

テキストが増えて固定サイズのテキストボックスから溢れた場合、ボックス下部中央の丸印が赤くなります。テキストボックスを広げてテキストをすべて表示すると、赤い印はなくなります。また、赤い印をダブルクリックするとテキストボックスが下に広がり、すべてのテキストが表示され、固定サイズから高さの自動調整に切り替わります。

余ったテキストボックスをフィット

テキストが少なくて固定サイズのテキストボックスが余っている場合、ボックス下部中央の丸は赤くなりませんが、ダブルクリックするとテキスト量に合わせて高さが調整されます。その場合、固定サイズから高さの自動調整に切り替わります。

ポイント：高さの自動調整から固定サイズにも変わる

高さの自動調整になっているテキストボックスの高さを手動で変えると、固定サイズに切り替わります。意図せず変えてしまわないように注意しましょう。

テキストを編集する

テキスト編集モードに入る

選択ツールでテキストをダブルクリックするか、テキストを選択してEnterキー、またはテキストツールでテキストをクリックすることでテキスト編集モードになります。

テキスト編集モードから抜ける

テキストの外をクリックするか、Command（Ctrl）＋Enter、またはEscキーを押します。

テキストのプロパティを調整する

書体を変える

プロパティインスペクターのドロップダウンリストで書体を選んで変更できます❶。また、書体名にカーソルを合わせて上下矢印キーで書体を順番に変えられます❷。

書体名を直接書き換えて検索することもできます。書体の先頭の文字をいくつか記入すると、一致する書体が候補に上がり、Enterキーで確定できます。

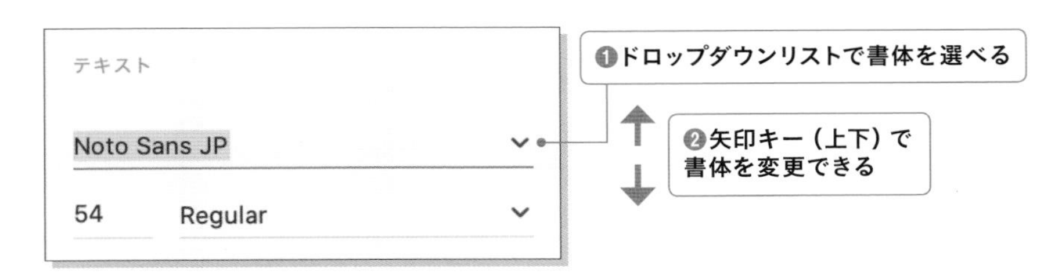

テキストのサイズを変える

幅の自動調整テキストは、下部中央の丸型ハンドルを動かしてサイズを調整できます。Command（Ctrl）＋Shift＋>で1pxずつ文字サイズを大きく、Command（Ctrl）＋Shift＋<で1pxずつ文字サイズを小さくできます。プロパティインスペクターの数字を書き換える、または数字を選んで矢印キー（上下）で1pxずつ、Shiftを押しながら矢印キー（上下）で10pxずつ文字サイズを変更できます。

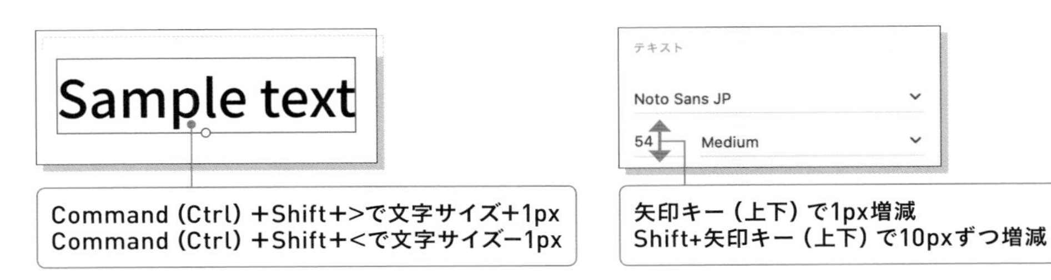

文字の間隔・行送り・段落スペースを変える

プロパティインスペクターでそれぞれの数値を変更できます。ここでも矢印キー（上下）を使えます。四則演算もできるため、計算機を使わずに数値を変更できます。

テキストを使ったデザイン表現

グラデーションや画像の交差と型抜き

テキストの塗りをグラデーションや画像にはできませんが、ブール演算の「交差」で表現できます。「前面オブジェクトで型抜き」することも可能です。ブール演算したあとで文字を書き換えることもできます。

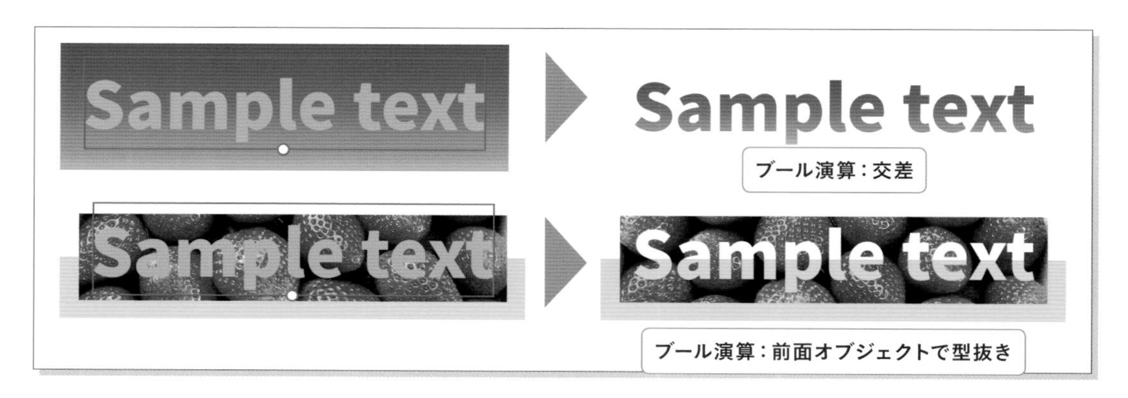

テキストをパスに変換（アウトライン化）

「オブジェクト（Win：右クリック）＞パス＞パスに変換（Command(Ctrl)＋8)」でパスに変換すると、テキストのアンカーポイントを編集できます。パスに変換したテキストは書き換えることはできません。

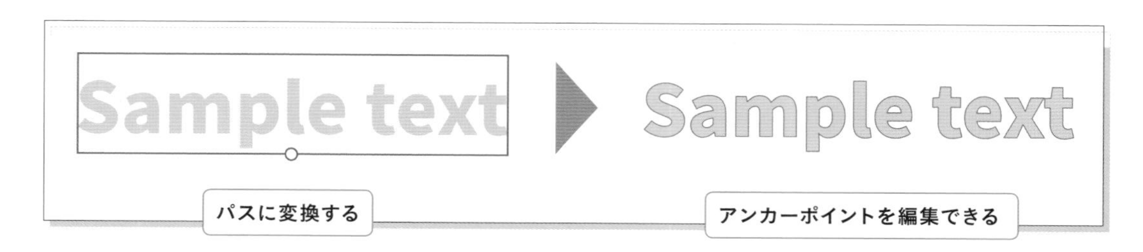

2-1-11 レイヤー

図形の重ね順やグループ構成はレイヤーとして階層構造になっています。レイヤーパネルでその階層構造を確認し、選択したり、整理したりできます。階層構造が乱れていると、のちの章で紹介するスタックやパディング、レスポンシブサイズ変更などがうまく効かない場合もあるので、適宜整理するよう心がけましょう。

レイヤーパネルの基本操作

レイヤーパネルを表示する

ワークスペース左下のボタン、またはCommand（Ctrl）＋Yでレイヤーパネルを表示できます。もう一度押すと隠せます。

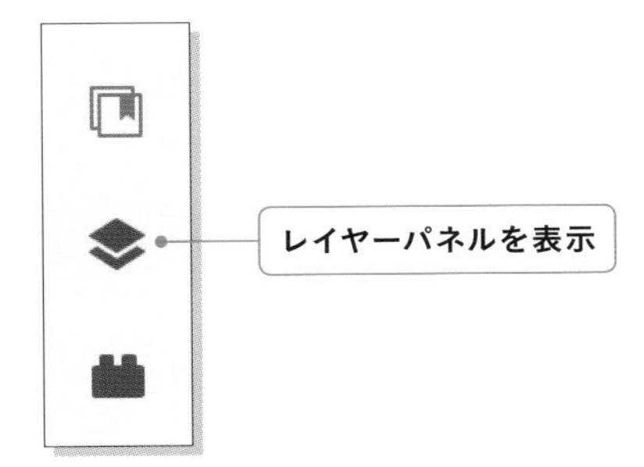

書き出し対象にする・ロック・非表示

レイヤー名にマウスポインタを当てると右側に3つのアイコンが表示されます。それぞれ押すと、書き出し対象にする❶・ロック❷・非表示❸の状態にできます。もう一度アイコンを押すと状態が解除されます。

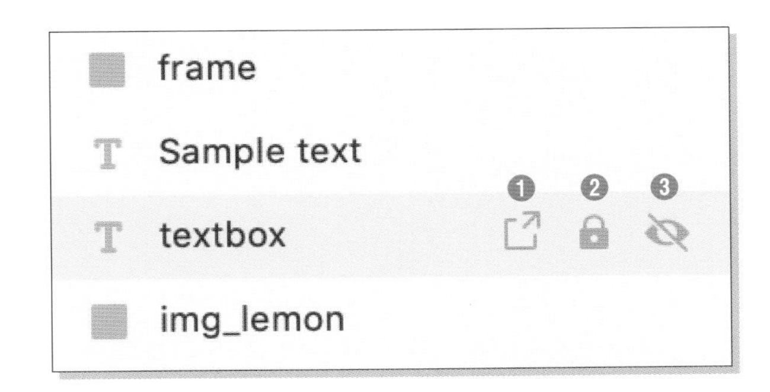

レイヤー名

レイヤー名をダブルクリックして名前を変更できます。

グループの展開

グループ化された図形は、レイヤーパネルではフォルダに収納されています。フォルダのアイコンをクリックすると、グループが展開して中のレイヤーが表示されます。もう一度フォルダアイコンをクリックすると閉じます。

レイヤーパネルで選択

クリックで選択

レイヤー名をクリックすると、そのレイヤーを選択できます。

複数選択

レイヤーを選択したあと、Shiftを押しながら別のレイヤーをクリックすると、複数選択できます。Shiftを押しながら離れたレイヤーをクリックすると、間にあるレイヤーもすべて選択状態になります。

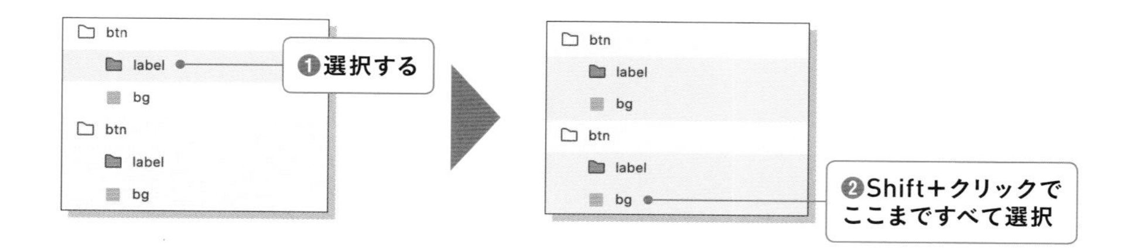

飛ばして選択

離れたレイヤーを、間を飛ばして選択したい場合、Command（Ctrl）＋クリックします。

重ね順の変更

ドラッグで移動

レイヤーの重ね順をドラッグで変更できます。

グループの中へ移動

レイヤーをドラッグしながらグループのフォルダアイコンに触れて少し待つと、グループが展開するので、その中に差し込むことができます。

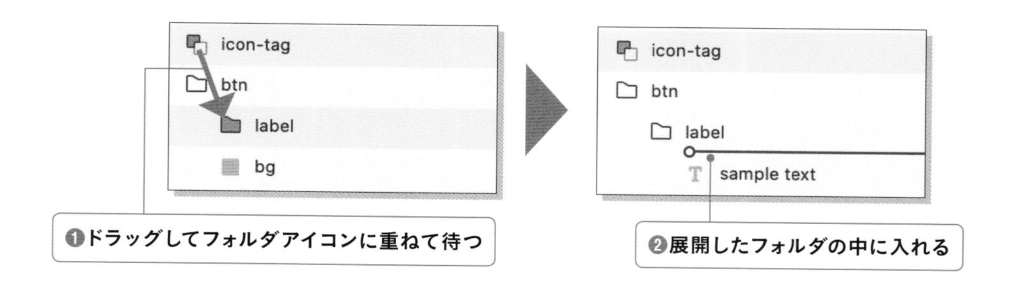

2-1-12　アートボード

アートボードツール

アートボードツールを選択時、プロパティインスペクターにさまざまなプリセットが表示されます。これをクリックして新規のアートボードを作成できます。また、アートボードツールでドラッグしてアートボードを新規作成することもできます。

アートボードの基本操作

アートボードを選択する

アートボード上の何も図形がない部分をダブルクリックすると、アートボードを選択できます。また、アートボード左上のアートボード名をクリックすることでも、アートボードを選択できます。

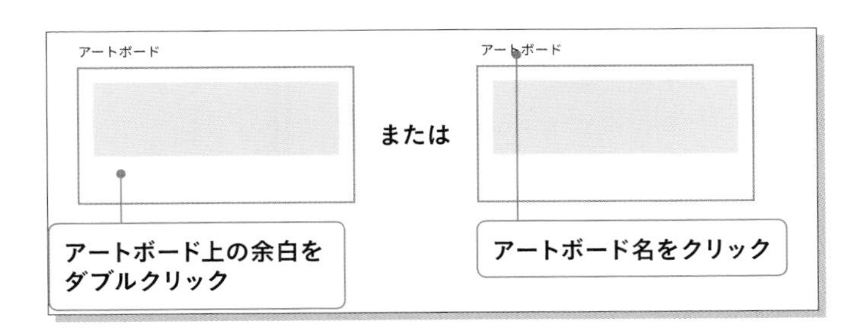

アートボードを移動

ダブルクリックしながらドラッグすると、アートボードを移動できます。アートボード名をドラッグしても移動できます。

複製・サイズ変更・整列

アートボードを選択状態にすると、図形と同じように複製やサイズ変更、整列などができます。

アートボードのプロパティ

名前を変える

アートボード名をダブルクリックすると、名前を変更できます。

スクロール

画面の高さを設定し、プレビュー時に垂直スクロールを可能にする設定です。スクロールを垂直方向に設定し、ビューポートの高さをアートボードの長さより短くすると❶、ビューポートの範囲でスクロールできるようになります❷。

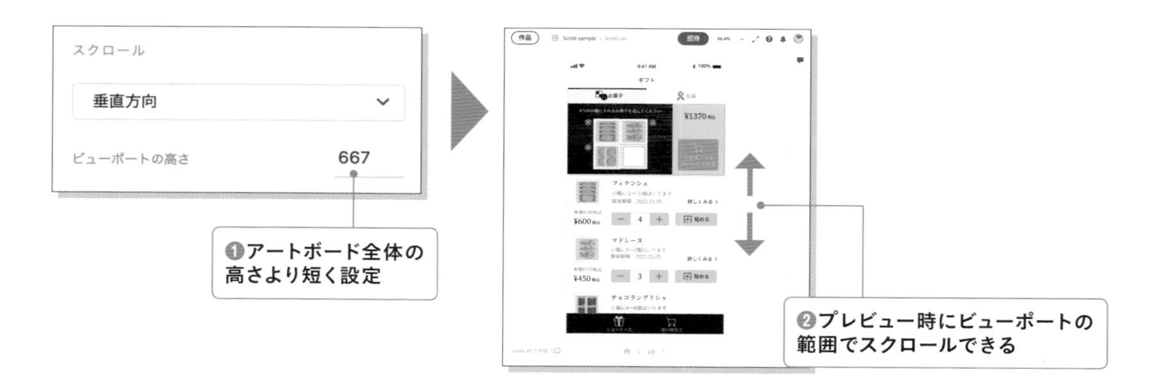

スクロールなしの場合❶、プレビュー時にアートボード全体が表示され、スクロールはできません❷。

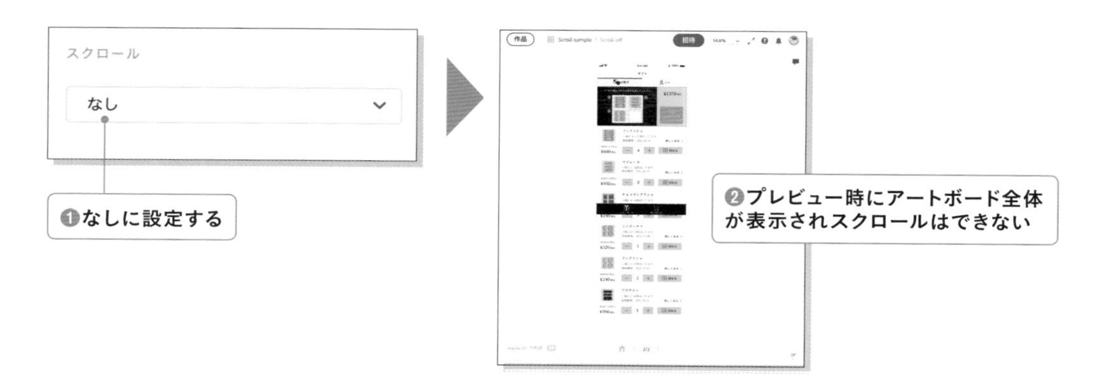

ポイント：アートボードツールで描くとスクロールなしになることに注意

プリセットから作成したアートボードは、あらかじめ垂直方向にスクロールするよう設定されています。一方、アートボードツールで自由な大きさで描いたアートボードは初期設定がスクロールなしになっています。また、ほかのアプリケーションから読み込んだアートボードもスクロールなしになるため、必要に応じて変更しましょう。

2-1-13 ガイド・グリッド

一貫性のあるデザインを作るためにはガイドが有効です。ガイドが作業の邪魔になるときは、非表示やロックができます。適宜切り替えて使いましょう。

ガイド

ガイドを作る・消す

アートボードの上端・左端を触ると薄くハイライトしてカーソルがガイドのアイコンに変わります❶。そこからドラッグしてガイドを作成することができます❷（ガイドが非表示のときは作成できません）。消すときは、ガイドをドラッグしてアートボード外に出し、ゴミ箱アイコンに変わったところで離します❸（ガイドがロックされているときは削除できません）。

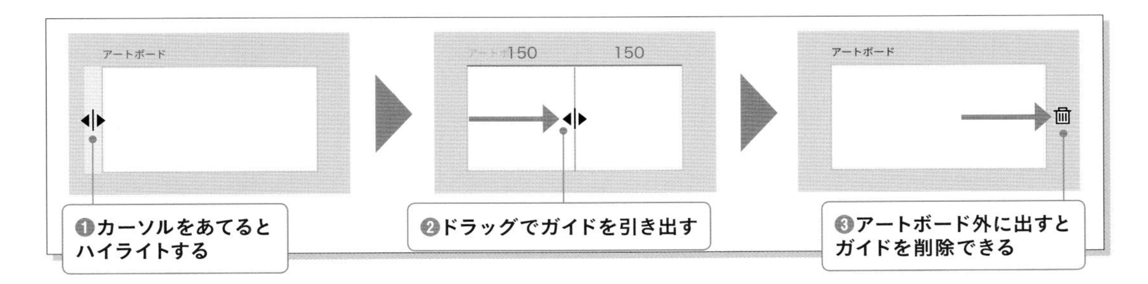

ガイドをドラッグで作成しているときにSihftキーを押すと、10px単位で移動できます。

ガイドの非表示・ロック

表示（Win：右クリック）＞ガイド＞ガイドをすべて表示／ガイドをすべて隠す（Command（Ctrl）＋「;」）でガイドの表示と非表示を切り替えられます。また、表示（Win：右クリック）＞ガイド＞ガイドをすべてロック／ガイドをすべてロック解除（Command（Ctrl）＋Shift＋「;」）でガイドのロックとロック解除を切り替えられます。

ポイント：日本語キーボードに対応しないショートカット

ガイドのロック解除のショートカットCommand（Ctrl）＋Shift＋「;」のように、USキーボードと日本語キーボードで配置が違うキーのショートカットの一部は日本語キーボードでは動作しない場合があります。メニューや右クリックから操作しましょう。

ほかのアートボードにコピー

アートボードを選択して「表示（Win:右クリック）＞ガイド＞ガイドをコピー」し、ほかのアートボードを選んで「表示（右クリック）＞ガイド＞ガイドをペースト」でガイドを複製できます。

方眼グリッド

方眼グリッドの表示・非表示

方眼グリッドはアートボードを選択してプロパティインスペクターでグリッドのチェックボックスをオンにし、ドロップダウンリストで方眼を選ぶと表示できます。色や間隔は、アートボードごとに自由に調整できます。

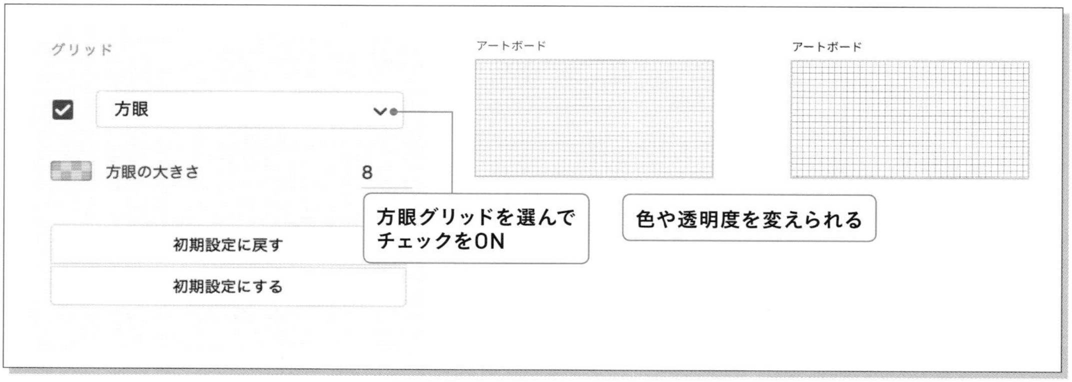

レイアウトグリッド

表示・非表示

レイアウトグリッドは縦のカラムを一定の間隔で区切るグリッドです。レイアウトグリッドの詳しい設定方法は3-8「レイアウトグリッドとガイド」をご覧ください。

不透明度0でアウトライン表示

レイアウトグリッドは自由に色と透明度を選ぶことができ、透明度を0にすると塗りのないアウトラインの表示になります。

ポイント：ほかのアートボードに適用するには初期設定を使う

方眼グリッドとレイアウトグリッドをほかのアートボードに複製したい場合、元のグリッドがあるアートボードで「初期設定にする」を押し、ほかのアートボードで「初期設定に戻す」で呼び出すことができます。

2-1-14 画像の書き出し

倍率を指定して書き出す

書き出し設定

書き出したい画像や図形やアートボードを選択して「ファイル＞書き出し＞選択したオブジェクト（Command（Ctrl）＋E）」で書き出しウィンドウが開きます。保存先を選び❶、ファイル形式をPNG/SVG/PDF/JPEGから選択します❷。「書き出し先」では、画像の利用用途を選べます。PNGの場合、デザインを指定すると、等倍の画像を書き出せます。Webを指定すると等倍と2倍❸、iOSだと3倍まで、Androidだと4倍まで書き出せます（JPEGは2倍まで書き出せます）。「デザイン倍率」は、2倍サイズのアートボードでデザインを作ったときに変更する項目です。通常は「1x」のままで大丈夫です❹。

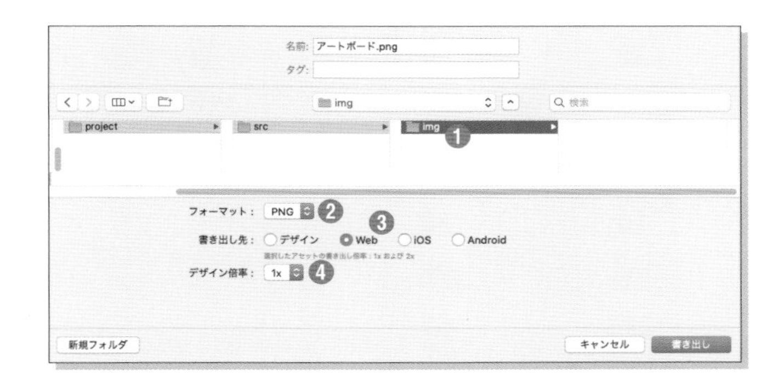

ポイント：間違いやすいデザイン倍率に要注意

デザイン倍率は、デザインを何倍で作ったかという項目です。通常のプリセットのアートボードは等倍サイズですので、「1x」を選んでおきましょう。間違って「2x」に設定してしまうと、書き出される画像が2分の1サイズになってしまいます。

画質は元素材に依存する

XDに読み込んだ画像は、設定上は4倍まで書き出すことができますが、粗い画像が鮮明になるわけではありません。XDに読み込んだ素材の元サイズまでは引き延ばすことができますが、それを超えるサイズで書き出すと画質は劣化します。一方、画像ではなくXDで描画した図形やテキストは劣化しません。

大きすぎるアートボードは分割しよう

アートボードが極端に縦に長い場合、書き出しに失敗して要素が抜け落ちる場合があります。縦5000pxを超えるような長いアートボードの全体を書き出す場合は注意しましょう。書き出しに失敗する場合は、アートボードを分ける必要があります。

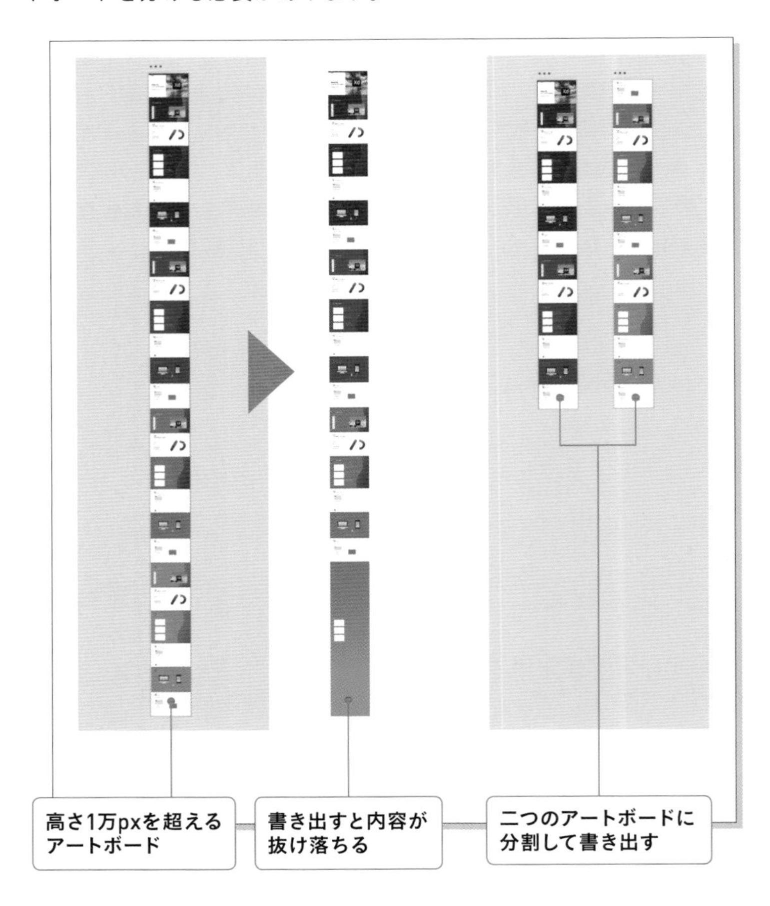

XDでの書き出しに向いていない画像

色の再現度が求められる画像

XDはカラーマネジメント非対応のため、カラープロファイルを埋め込めません。そのため、色の再現度が求められる画像の書き出しには向きません。

拡大縮小時のケアが求められる画像

Photoshopなどの専門ソフトと比べて、XDには写真拡大時の劣化や縮小時の潰れを抑える機能がありません。そのため、繊細なケアが求められる画像の書き出しには向きません。

3
章

Adobe XD初心者のための作例体験

本章ではAdobe XDで動くプロトタイプを制作していきます。Webサイトに求められるさまざまなUIパーツを紹介しています。UIパーツごとの特徴を踏まえて、実務に役立つ内容を解説していきます。

第3章 1

デザインとプロトタイプ

XDで動くプロトタイプを制作するために必要な、デザインモードとプロトタイプモードの基本機能を解説します。

3-1-1 デザインモード

デザイン・レイアウトを作成するためのモードです。
画像や矩形の配置や描画、テキスト編集のツールが揃っています。

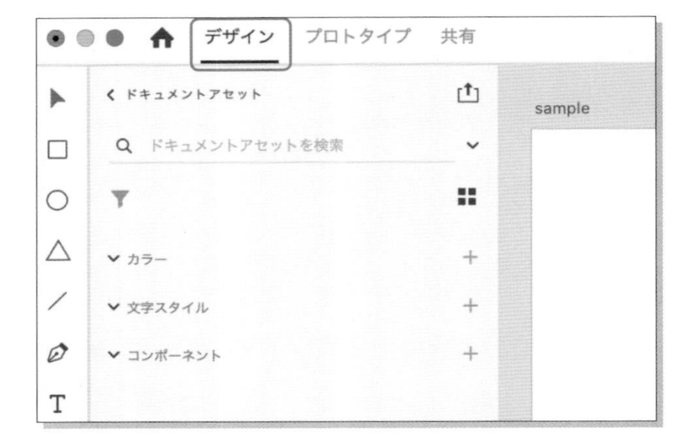

ドキュメントアセットパネル

デザインの一貫性を保つためのデザインシステムに欠かせない機能です❶。カラー、文字スタイル、コンポーネントの設定ができます。ドキュメントアセットの内容を編集すると、設定を割り当てられたオブジェクトに自動で反映されます。
アイコンをクリックすると「リストビュー」と「グリッドビュー」の表示が切り替えられます❷。

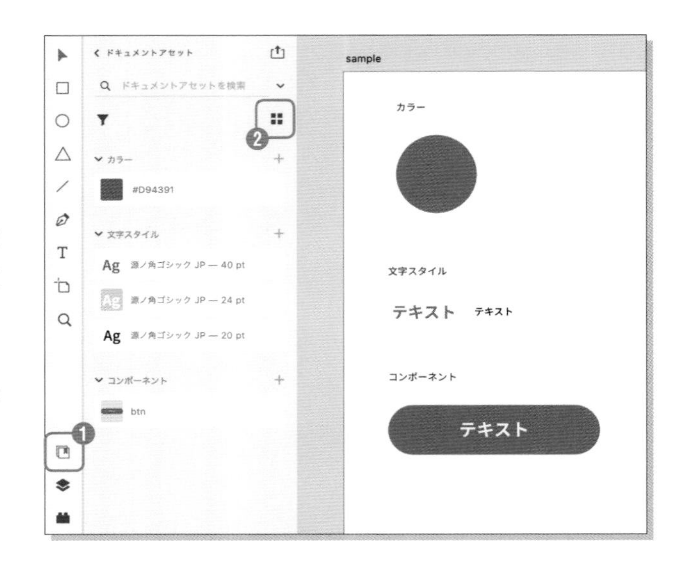

カラー・文字スタイルの登録

オブジェクトを選択し、ドキュメントアセットパネルの「カラー」横のプラスボタン、またはオブジェクトを選択し右クリックで「アセットにカラーを追加」でアセットパネルに登録されます。
複数のオブジェクト、またはアートボードを選択するとカラーや文字スタイルを一括登録できます。

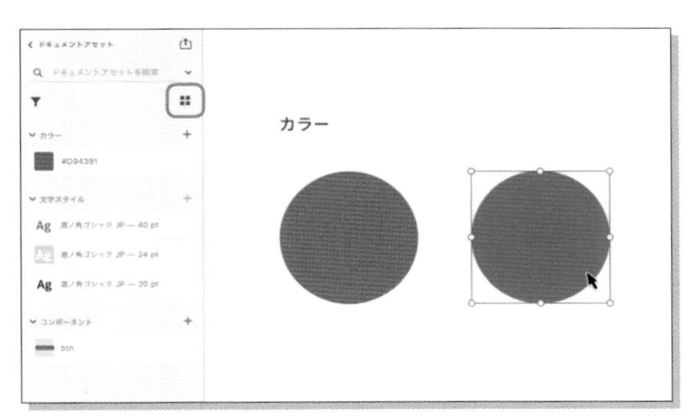

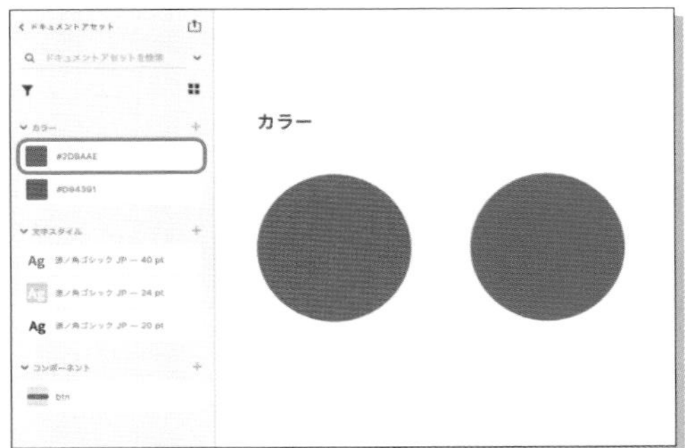

カラーの名称は16進数のカラーコード、文字スタイルの名称はフォント名と文字サイズがデフォルトで表示されます。
ダブルクリック、または右クリックで「名前を変更」を選択すると任意の名称に変更でき、名称はデザイントークンの変数名（ 第4章参照）として反映されます。
※グリッドビューでは名称は変更できません。

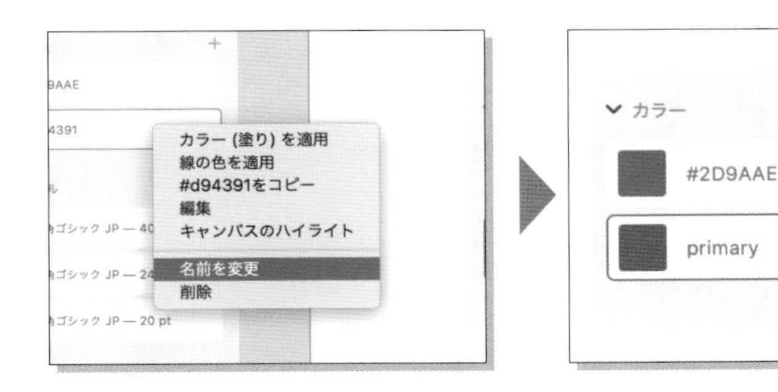

登録したカラー・文字スタイルを削除する場合は、右クリックのメニューから「削除」を選択します。

カラーの編集・その他の設定

アセットパネルに登録したカラー、または文字スタイルを右クリックで内容を編集できます。
文字スタイルの「編集」では、カラーとテキストの設定も変更できます。
「キャンバスのハイライト」を選択すると、登録したカラー、または文字スタイルが使用されている箇所をハイライトで表示、確認できます。

文字スタイルの「編集」では、カラーとテキストの設定も変更できます。

コンポーネントの登録と削除

ボタンなど繰り返し使用する共通要素をコンポーネントとして登録できます。XDでのデザイン制作を効率化するために、コンポーネントの活用は不可欠です。

1. 登録したいオブジェクトを選択
2. アセットパネル、「コンポーネント」横のプラスアイコンをクリック
3. 右クリックで「コンポーネントにする」をクリック、またはCommand(Ctrl)＋K

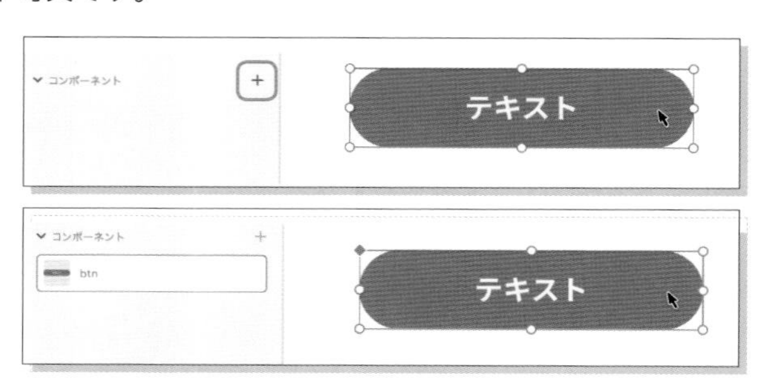

コンポーネントはテキストやシェイプ、グループも登録できます。
また、コンポーネントを削除したい場合は、アセットパネルで対象を選択、右クリックで「削除」をクリックします。

登録したコンポーネントの使い方

アートボード上にあるコンポーネントをコピー＆ペースト、またはアセットパネルからドラッグ＆ドロップします。

コンポーネントには、メインコンポーネント（親）、メインコンポーネントを複製するとできるインスタンス（子）の２種類が存在し、その特性を理解した上での運用が重要です。

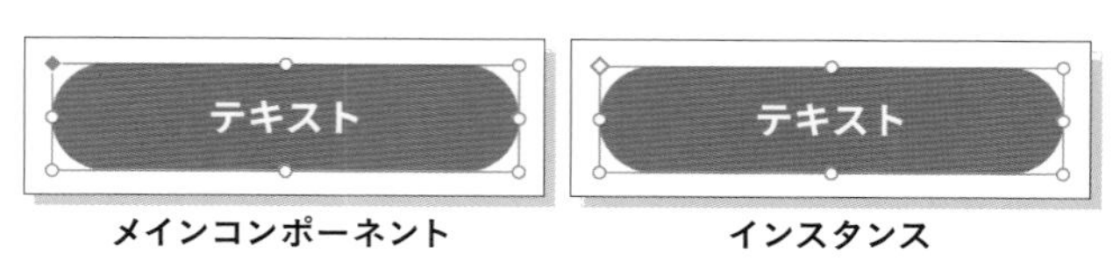

メインコンポーネント　　インスタンス

メインコンポーネントに反映した修正は、基本的にはすべてのインスタンスに反映されます。インスタンスは編集すると上書きされ、この状態をオーバーライドと呼びます。オーバーライドしたプロパティは、メインコンポーネントを更新しても上書きできなくなり、変更は継承されません。
インスタンスをメインコンポーネントの初期状態に戻す場合は、右クリックで「メイン状態にリセット」を選択します。

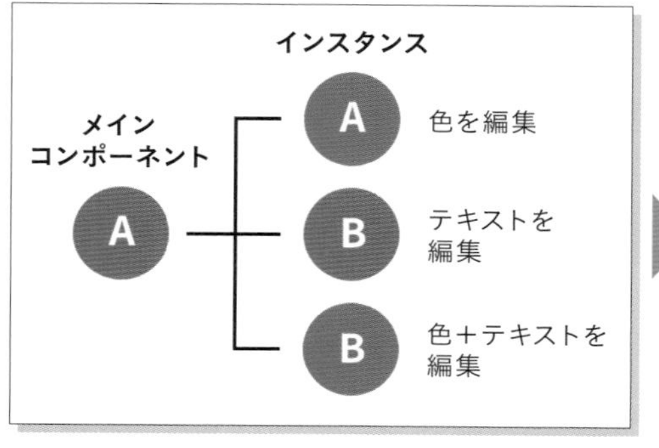

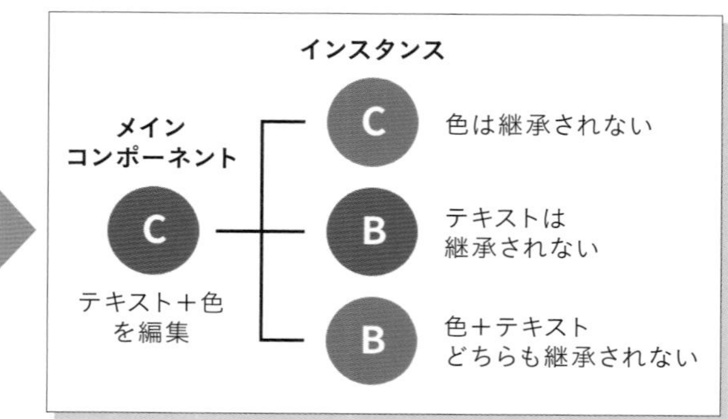

ステートの設定

メインコンポーネントには状態分岐を表現する「ステート」を設定できます。マウスオーバーのほか、ステートの新規追加もできます。

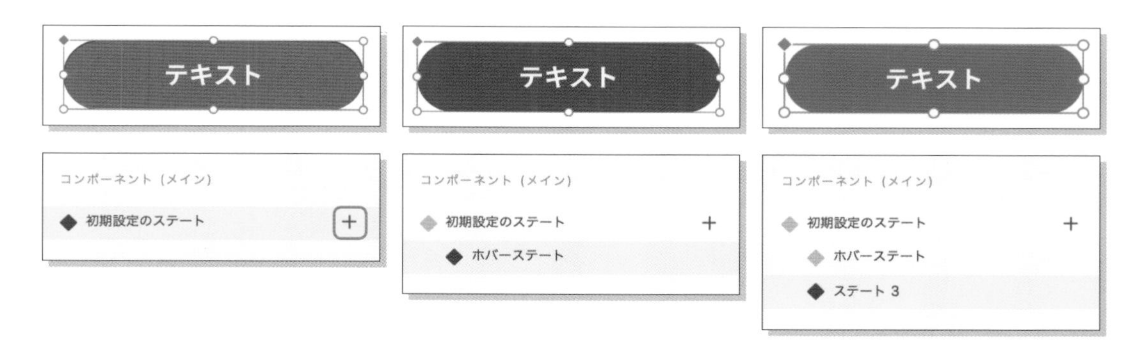

コンポーネントのネスト化

ネスト化とは、例えばコンポーネントに登録したボタンを、Webサイトのヘッダーに使用し、そのヘッダーもコンポーネントに登録するなど「入れ子」の状態を意味します。
コンポーネントがネスト化された状態でも、メインコンポーネントに変更が反映されるため、より運用性の高いデザインシステムの構築が可能になりました。

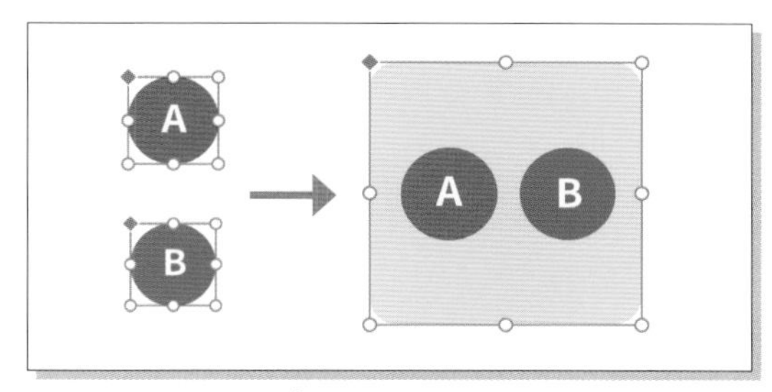

コンポーネントのネスト化

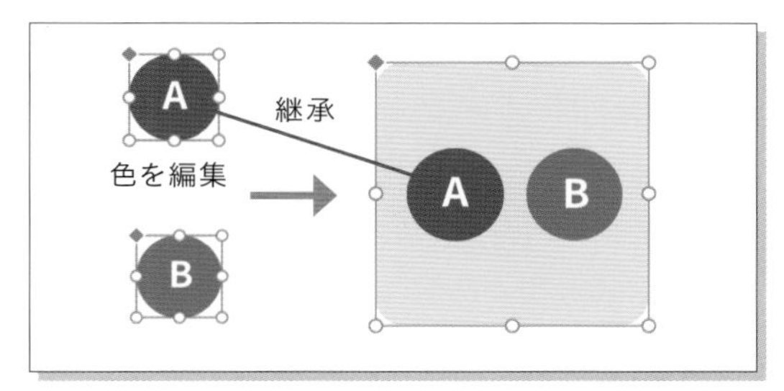

ネスト化した状態でのメインコンポーネント編集

プロパティインスペクター

XDではシンプルで直感的なUIを実現するために、選択したオブジェクトに対してプロパティインスペクターの表示内容が変化します。

リピートグリッド

同じ要素を連続して配置する作業を一瞬で実行できます。
オブジェクトを選択し、プロパティインスペクターの「リピードグリッド」をクリックすることで緑色の点線とハンドルが表示されます。ハンドルをドラッグし、横または縦方向に移動させると、広げた範囲に最初に選択したオブジェクトが繰り返し表示されます。

オブジェクトに変更を加えるとリピートグリッド内の要素にも変更が反映され、オブジェクト同士のマージンも一括で変更できます。

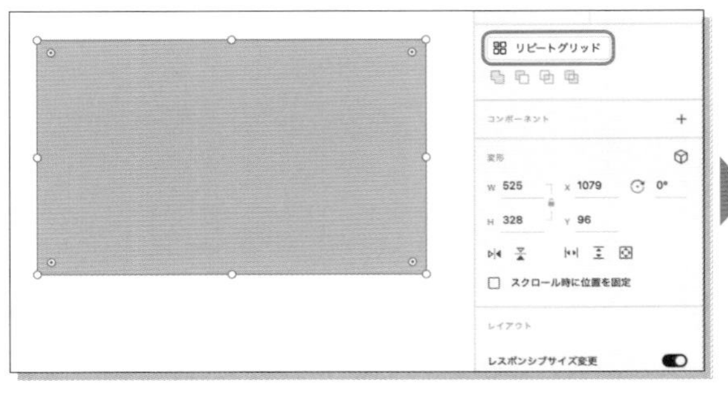

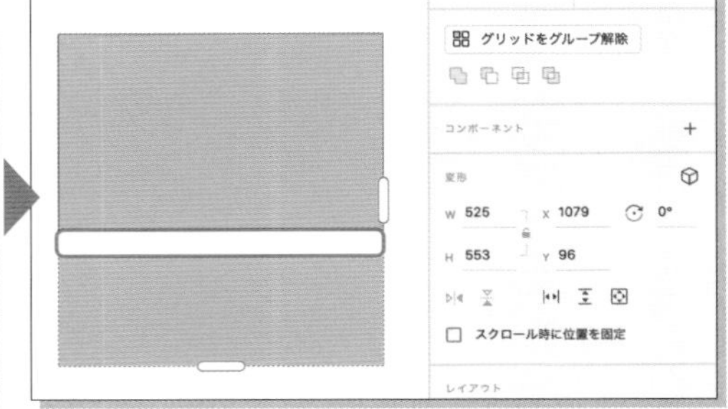

レスポンシブサイズ変更

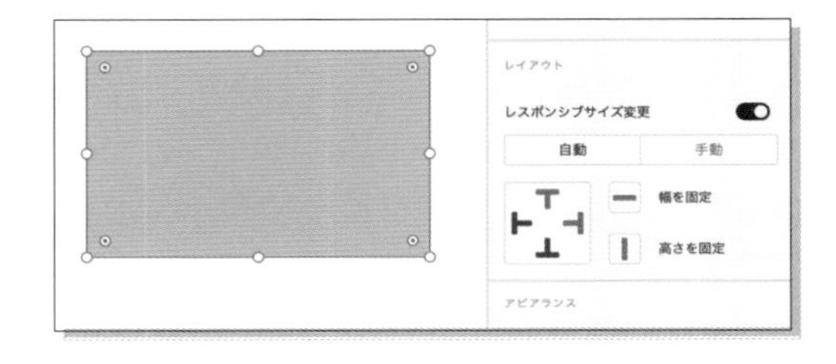

オブジェクトの拡大縮小や固定条件を設定し、さまざまな画面サイズに対応するレイアウトを効率的に作成できます。
オブジェクトに対しては、レスポンシブサイズ変形はデフォルトでオンになっており、自動と手動を選択できます。
また、レスポンシブサイズ変更は、オブジェクトだけではなくアートボード選択時にも設定できます。

パディング

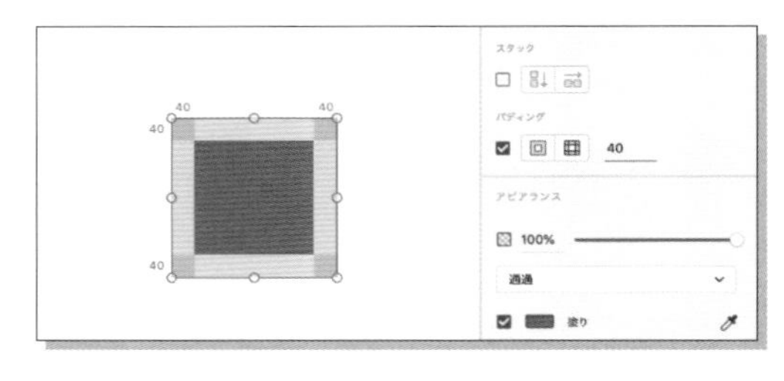

選択したグループに対して、任意のパディングを設定できます。
グループ化したオブジェクトを選択した場合のみプロパティインスペクターに表示、チェックを入れるとパディングの設定が有効になります。
パディングは上下左右同じ数値、または上下左右別々の数値を設定できます。

スタック

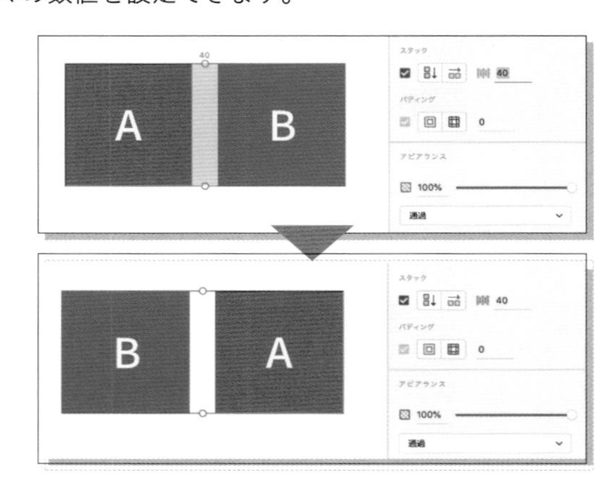

選択したグループに対して、コンテンツに応じた並べ替えができます。スタックは縦、または横方向のいずれかを設定、オブジェクトを入れ替えたい方向にドラッグすると自動で順序を入れ替えることができます。
オブジェクト同士のマージンも設定できます。

※スタックもパディング同様、グループ化したオブジェクトを選択した場合のみプロパティインスペクターに表示、チェックを入れることで設定が有効になります。

3D

平面だけではなく、奥行きを表現するZ軸を設定することで、より豊かな表現ができるようになりました。
オブジェクトを選択、プロパティインスペクターの「変形」にある立方体のアイコンをクリックでZ軸の数値を指定できます。

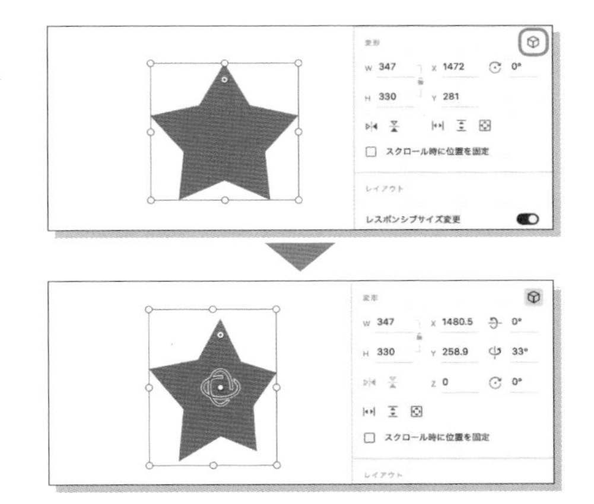

3-1-2 プロトタイプモード

XDではプログラミングなしで本物のプロダクトに近い操作性を再現し、テストできます。
プロトタイプモードに切り替えると、ツールバーとプロパティインスペクターの内容も変化します。

プロトタイプ設定の手順

オブジェクト(またはアートボード)を選択、ワイヤーをつなぐ

プロトタイプモードでアートボード内のオブジェクトを選択すると、右矢印の入った丸いアイコンが表示されます。

このアイコンを引っ張るとワイヤーが出てくるため、任意のアートボードに近づけ、離したタイミングで接続されます。

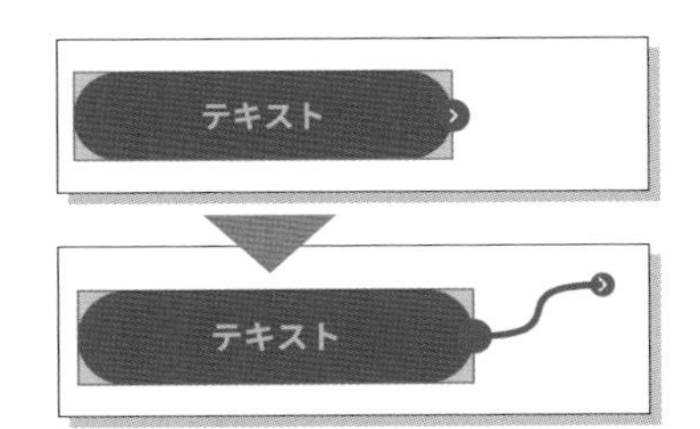

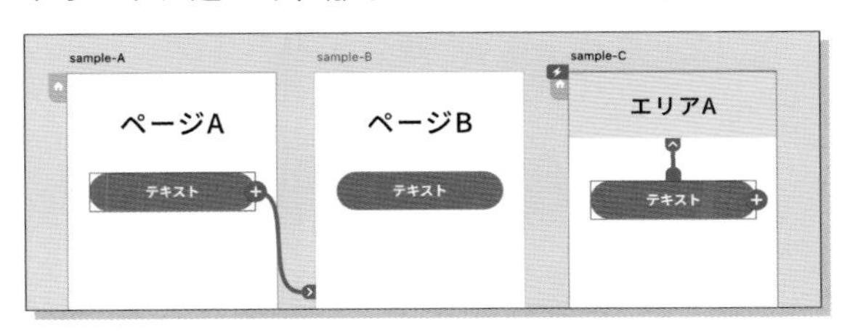

複数のインタラクション設定

1つのオブジェクトに対して、複数のインタラクションも設定できます。例えば、異なる音声コマンドやキー入力に応じて分岐をするような、複雑なインタラクションも設定できます。

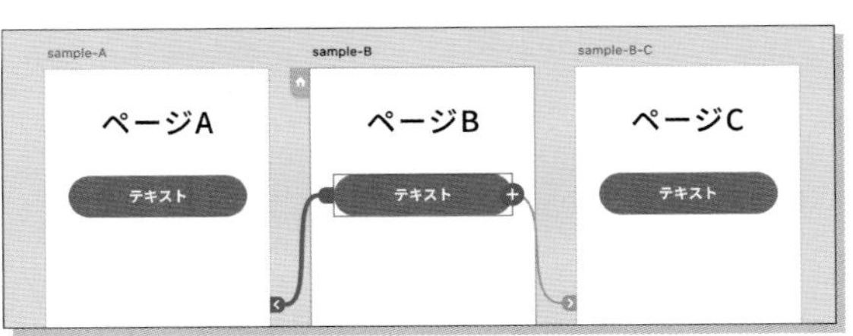

インタラクションの設定

XDでのプロトタイプ制作は、このインタラクションの設定をどのように組み合わせるかが非常に重要です。ここでは、基本的な役割と機能をご紹介します。

トリガー

選択したオブジェクトに対して、どのようなアクションをさせるかを選択します。

タップ	マウスでのクリック、スマートフォンでのタップ
ドラッグ	マウスまたは指でのドラッグ
キーとゲームパッド	キーボードやゲームコントローラーキーの割り当て
音声	ワードを指定し音声入力

トリガーに「時間」を設定する条件

アートボードにトランジションを設定した場合のみ、トリガーに「時間」を割り当てることができます。具体的には、ユーザーが何もアクションをしない＝時間が経過すると自動的にアクションが実行される指定です。
トリガーが時間の場合、アクションが開始されるまでの時間をディレイで指定できます。

アクション

設定したトリガーに対して、どのようなアクションを実行するか選択します。

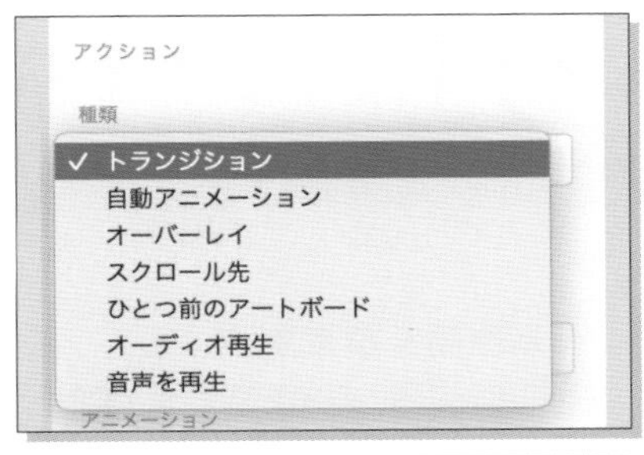

トランジション	指定したアートボードへ移動
自動アニメーション	トリガーが設定してあるアートボードから指定のアートボードまで、自動でアニメーション実行
オーバーレイ	トリガーが設定してあるアートボードに上に、指定のアートボードを重ねる
スクロール先	同じアートボード内で、接続したオブジェクトまで移動
1つ前のアートボードに戻る	1つ前の遷移先のアートボードに戻る
オーディオ再生	任意の音声ファイルを再生
音声を再生	スピーチさせたい文章を入力し再生

移動先

ワイヤーでの接続だけではなく、ここでアートボード名を指定し、移動先を設定できます。

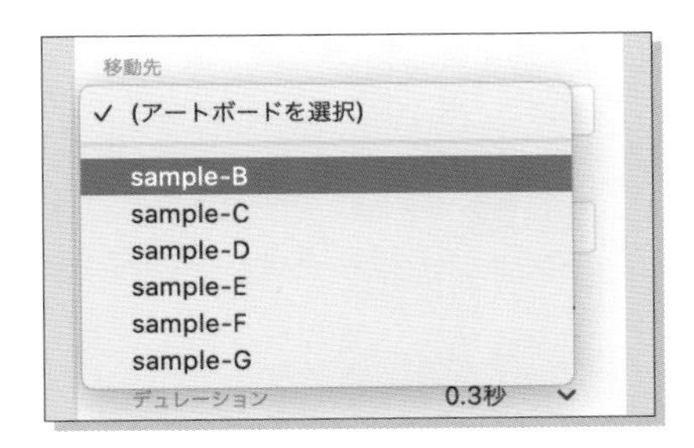

アニメーション

アートボードが切り替わるときの表示アニメーションを指定できます。ディゾルブではどのように出現するか、イージングでは緩急などの表現、デュレーションでどれくらいの時間をかけてアニメーションを実行するか設定できます。

追加のアクション

先に設定したアクションの実行と同時に、オーディオ再生、または音声再生できます。

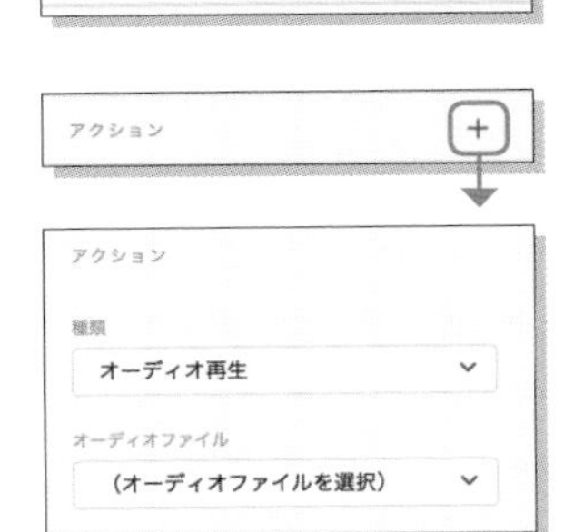

スクロール時の位置固定

チェックを入れると、スクロール時にオブジェクトを固定位置で表示できます。

スクロール

スクロール時に位置を固定

ホーム画面を設定する

アートボード左上の家アイコン をクリックすると、プレビュー時のホーム画面を設定できます。また、デフォルト表示される「フロー 1」をダブルクリックすると任意の名称に変更できます。

ホーム画面は複数のページに設定でき、同じXDデータの中で複数のフローを作成、それぞれ違う共有リンクの発行が可能です。

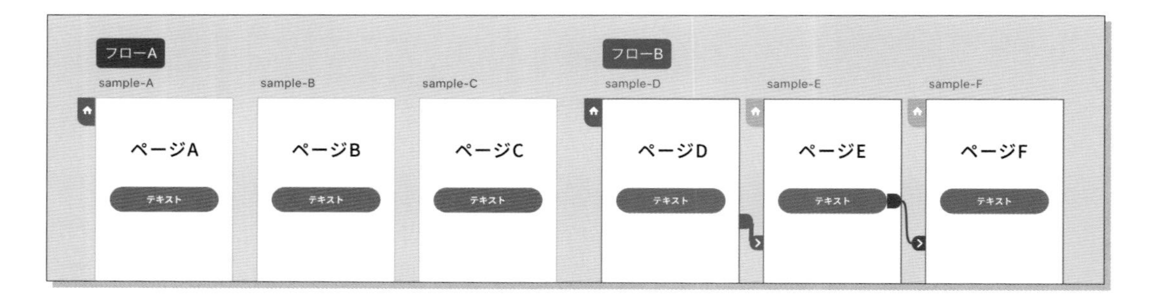

共有モードの機能

作成したデザインやプロトタイプを、自分以外の人に共有するための機能です。

アクセスするとXDをインストールしていないユーザーもプレビューができる共有リンク（URL）を発行でき、表示設定を指定すると必要に応じた共有内容を選択できます。
また、閲覧権限にパスワードを設定しセキュリティ面での安全策も用意されています。
共有機能の詳しい使い方は、第４章で解説します。

第3章

2

カレント付き グローバルナビゲーション

カレント付きグローバルナビゲーションの作成方法を理解しましょう。パディングやスタックを設定する方法も紹介します。

QRコードにアクセスして
動画でチェック!

収録範囲
3-2-4

3-2-1 グローバルナビゲーションとは

すべてのページに共通して表示される、主要なコンテンツへのリンクをまとめたメニューです。ページ遷移に使用されるだけでなく、サイト全体の大まかな構成も把握できます。

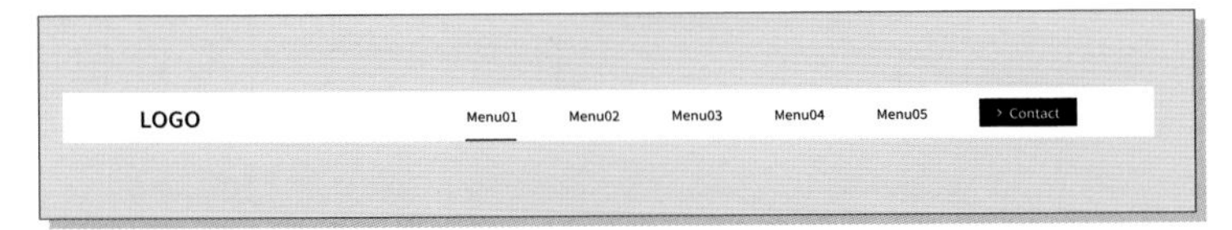

3-2-2 ホバーステートをもったサイズが可変するボタンの作成

ここではグローバルナビゲーションに使用するボタンを作成していきます。
まずはテキストと長方形を用意します。アイコンがある場合は、テキストとグループ化しておきます。この状態でbtnレイヤーにパディングを設定すれば、テキスト量に合わせてサイズが可変するボタンが完成します。

btn
inner
icon_arrow
Contact
長方形 3507

※厳密にテキストをボタンの中央に位置させるために、フォント特有の上下余白を考慮してパディングを設定する方法もありますが、ここではわかりやすさを重視した設定とします。

第3章

また、アイコンがテキストの右側にある場合は、スタックを使用することで、テキスト量が増加してもアイコンに重ならずに表示できます。

次に、作成したボタンをコンポーネント化し、ホバーステートを作成します。
色が変わるデザインとします。

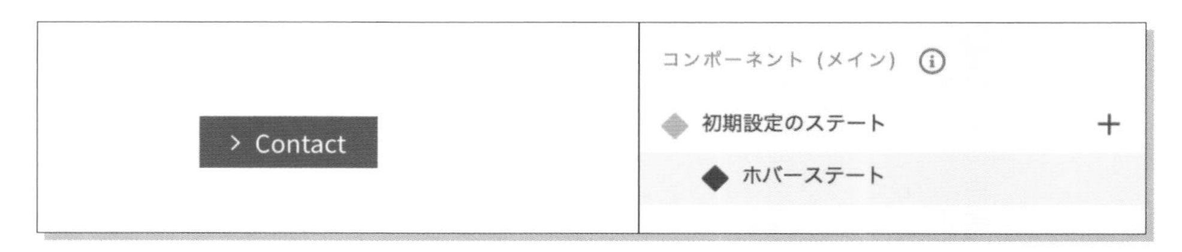

またボタンだけでなく、コンポーネント化したテキストにパディングを設定することで、ヒットエリアを広げたテキストリンクも作成できます。

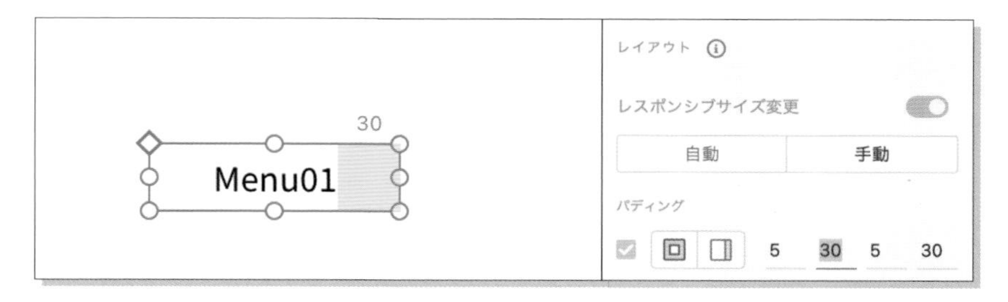

グローバルナビゲーション作成用に色が変わるホバーステートをもつテキストリンクを用意します。

3-2-3 スタックを使用してメニューを整列

ここではスタックを使い、テキスト量によって可変するグローバルナビゲーションを作成していきます。

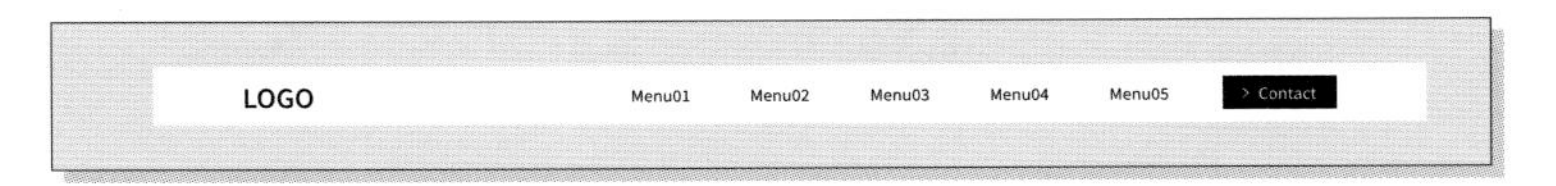

まずは、ロゴと先程作成したテキストリンク、ボタンを配置します。今回のデザインではメニューは右揃えになっているため、テキストも右揃えに設定しておきます。

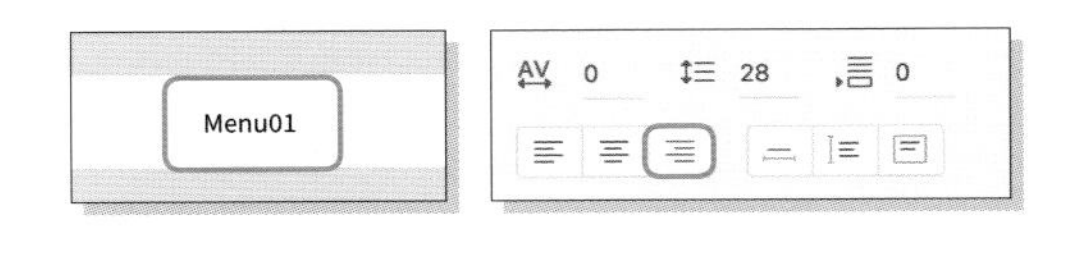

Menu01を複製しグループ化したもの（nav）にスタックをかけます。

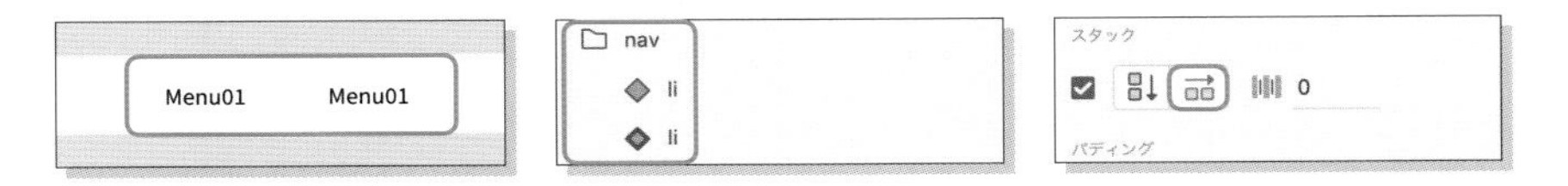

この状態でliレイヤーをCommand（Ctrl）＋Dで複製すると自動的に等間隔でレイアウトされます。

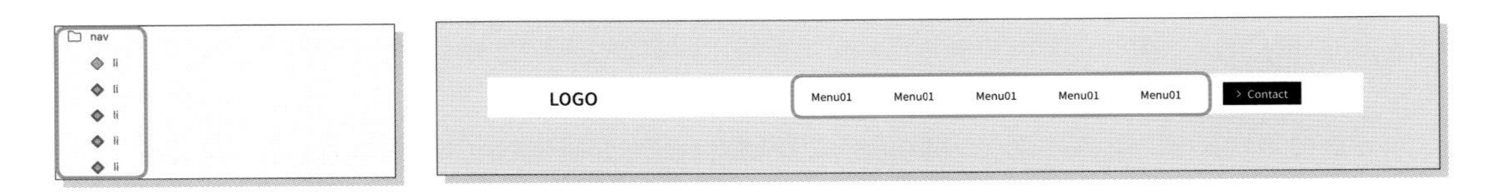

テキストリンクの内容を書き換えて、全体のレイアウトを整えます。
スタックを使用しているのでテキスト量が変わっても綺麗にレイアウトされるはずです。

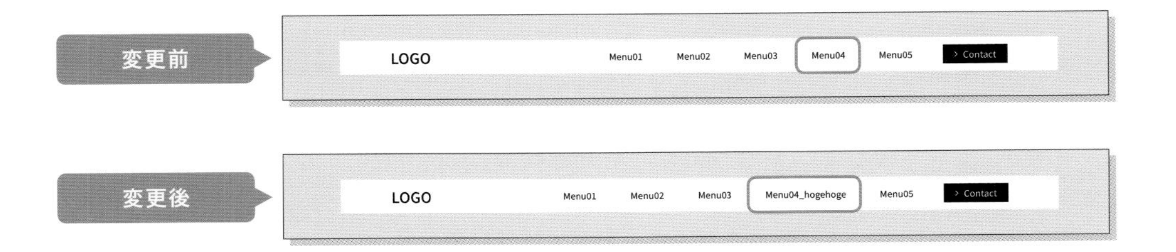

第3章

3-2-4 カレントの表示

カレントとはユーザーが現在いるページを示したマークのことで、図ではMenu01ページにいることを示しています。
ここではステートを使用し、グローバルナビゲーションに複数ページ分のカレントを作成していきます。

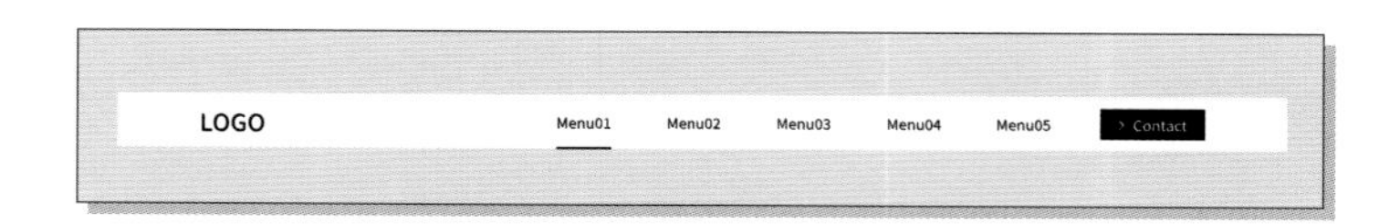

作成したグローバルナビゲーションに、カレントで使用する長方形をレイアウトし、全体をコンポーネント化します。

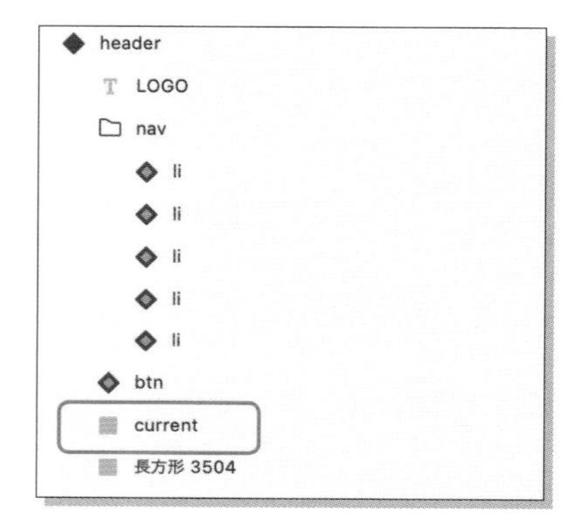

この状態で新規ステートを作成し、Menu02の下にカレントが表示されている状態になるようcurrentレイヤーを移動します。

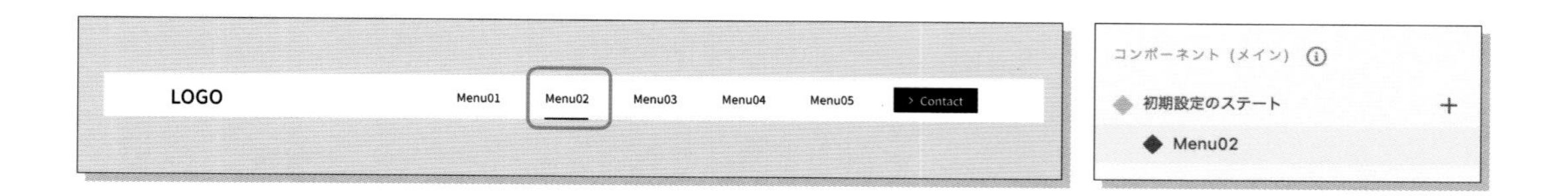

これでステートを切り替えるだけで、Menu01にいる状態とMenu02にいる状態のデザインが切り替わるようになりました。
同じようにステートを増やし、その他の状態を用意すれば、複数ページ分のカレントを表示できるグローバルナビゲーションの完成です。

第3章

3

縦横に繰り返すカードパネル

カードパネルの作成方法を解説します。リピートグリッドの機能を使えば、画像と文字の流し込みや一括編集が可能です。

第3章

3-3-1 カードパネルとは

「画像」「日付」「タイトル」のように、複数の情報をカード状にまとめて縦横に繰り返し並べたものです。「タイル」とも呼ばれます。同じデザインのパーツを等間隔に並べるには、リピートグリッドを使うのが便利です。

3-3-2 リピートグリッドで作るカードパネル

まずはじめに、カード1枚分のデザインを作成します。
ベースとなる長方形の上に、画像を入れるスペースやサンプルテキストを配置します。

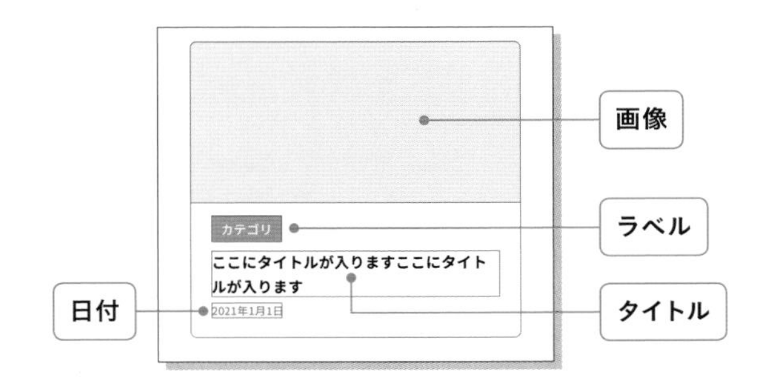

1枚のカードを選択してプロパティインスペクターの「リピートグリッド」ボタンをクリックします。右の緑のハンドルをドラッグすると、カードを水平方向に複製できます。

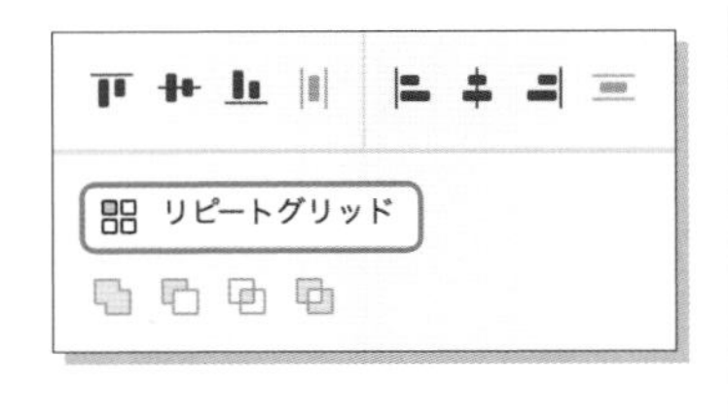

作成したリピートグリッドを選択した状態で、マウスカーソルをカード間の溝に当てるとピンク色にハイライトし、ドラッグして間隔を調整できます。

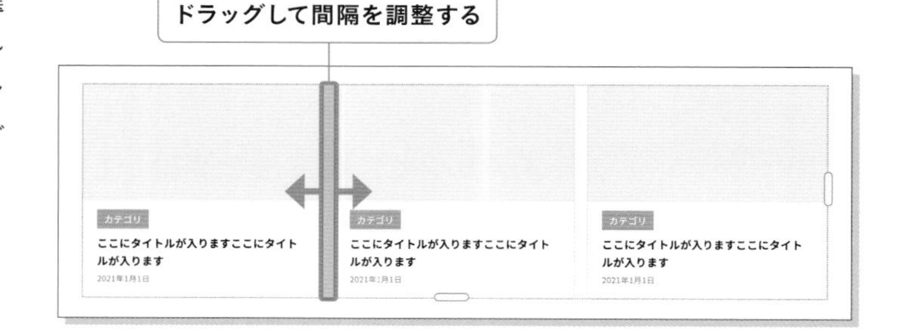

画像とテキストを流し込む

画像ファイルをドラッグ&ドロップして、複数のカードに画像を一度に流し込むことができます。

項目ごとに改行したテキストファイルを用意します。(WindowsではUTF-8の形式で保存してください)

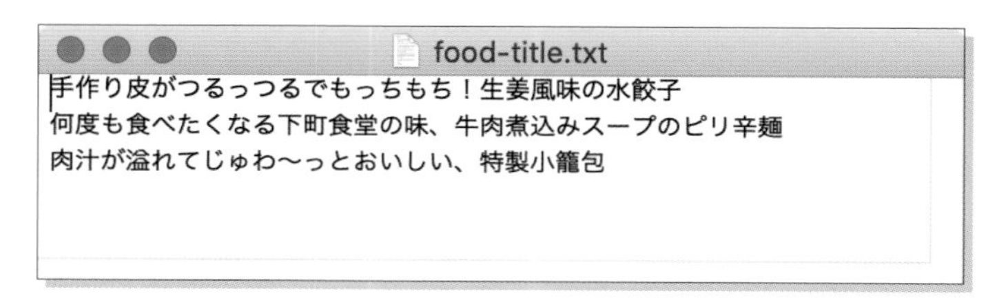

テキストエリアに向けてドラッグ&ドロップして、複数のカードにまとめてテキストを流し込めます。

一括で修正する

リピートグリッドでは、色・位置・サイズ・構成要素などがすべてのカードで連動します。このカードに新しい要素を加えてみましょう。

リピートグリッドをダブルクリックし、「詳しく読む>」を描画します。すると、すべてのカードに要素が追加されます。

カラム数を変更する

リピートグリッドのハンドルを左に縮めて下に伸ばすと、スマホレイアウトのような1カラムの状態に簡単に変更できます。

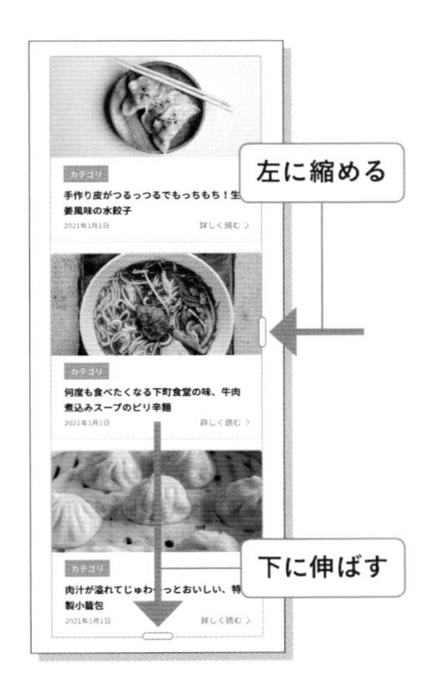

3-3-3 状態変化のあるカードパネル

リピートグリッドの画像とテキスト以外の内容は基本的に連動しますが、コンポーネント、パディング、スタックの機能を使えば、カードごとに違った状態を表現できます。くわしい作り方は5-7-4「カードごとに違った状態を表現する」を参照してください。

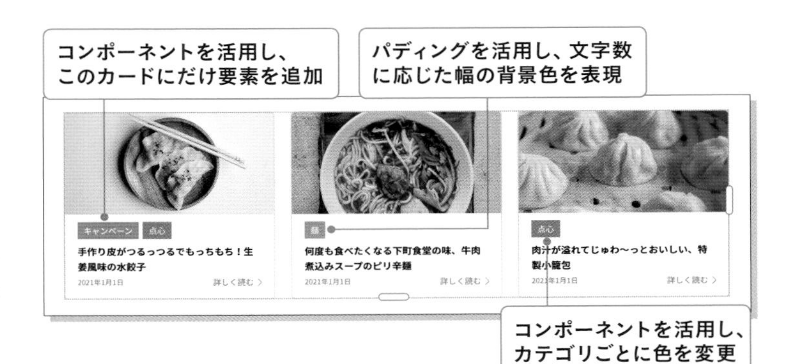

第3章

4

動作に応じたフォーム

ここではフォームの作り方を解説します。テキストボックスやラジオボタンなど、フォームに求められるパーツについても紹介します。

3-4-1 フォームとは

フォームとは、お問い合わせページなどでユーザーが情報を直接入力・送信できるユーザーインターフェイスの総称です。テキストボックス、テキストエリア、チェックボックス、ラジオボタンなどさまざまなパーツが含まれています。

3-4-2 テキストボックスとテキストエリア

テキストボックスとテキストエリアは、テキストの種類を使い分けることで形状を最適化できます。

テキストボックスに使用するのは、コンテンツに応じて自動的にサイズを調整する「幅の自動調整テキスト」です。まずアートボード上で任意の幅の長方形と、プレイスホルダー用の幅の自動調整テキストを作成し、グループ化します。その後、プロパティインスペクターのパディングをオンにして、上下左右の余白を固定します。

幅の自動調整テキスト

プレイスホルダーが入ります

次に、このテキストボックスを元にテキストエリアを作成します。ここで使用するのは、幅や高さを自由に指定できる「固定サイズテキスト」です。先ほど作成したテキストボックスのテキスト部分を固定サイズテキストに変更して、グループに対して幅と高さを設けます。

固定サイズテキスト

プレイスホルダーが入ります。プレイスホルダーが入ります。

3-4-3　チェックボックスとラジオボタン

チェックボックスやラジオボタンは、スタックを使ってレイアウトを構造化します。

まずアートボード上に任意の幅の自動調整テキストと、そのフォントサイズ付近の高さの正方形を作成し、グループ化します。その後水平方向にスタックを設定し、フォントサイズの半分ほどの間隔を指定します。

これをチェックボックスの基礎として、ラジオボタンの形状へと展開していきます。グループを複製し、新しく作成されたグループの正方形を選択します。編集モードになると正方形の4隅に半径編集ハンドルが表示されるので、中央までドラックして正円へと変更します。

また、これらのアクティブな状態変化を表現するには、ステートが便利です。このとき、テキスト部分を含めてステートを設計すると、ステートを切り替えたときにテキストコンテンツを引き継ぐことができないので、正方形や正円の部分のみコンポーネント化して展開するようにします。

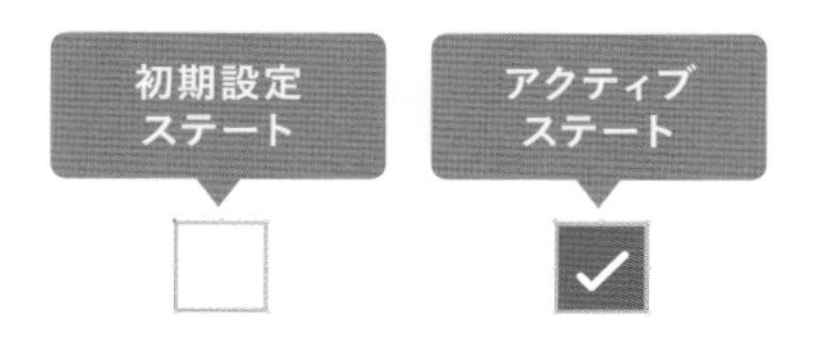

最後に複数のパーツをまとめてグループ化し、スタックを設定します。このようにするとパーツ複製時のレイアウトを自動化でき、さらにアートボード幅に合わせてスタックの方向を切り替えることで、項目の再配置も可能になります。

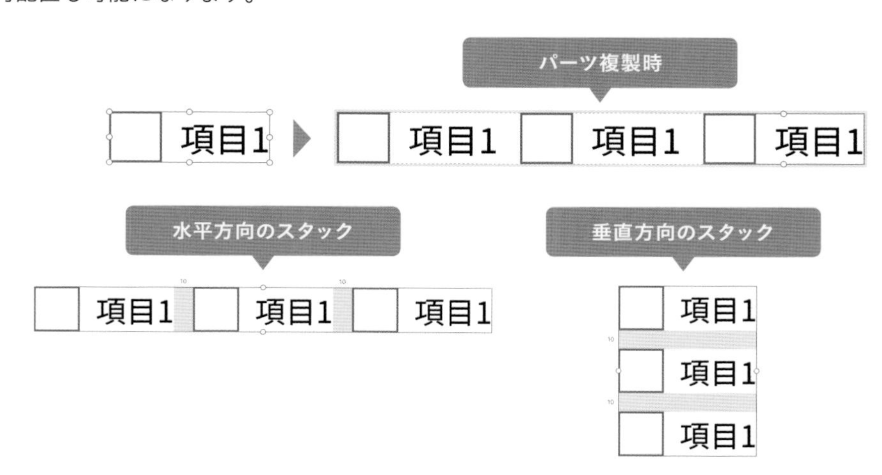

第3章

5

状態変化に合わせたステップバー

進捗状況を表すステップバー（プログレスバー）の作成方法を解説します。ここでは2パターンの作成方法を紹介します。

3-5-1 ステップバーとは

ステップバーとは別名プログレスバーとも呼ばれ、ユーザーのアクションが必要なプロセスにおいてその進捗状況を示すものです。基本的にテキストは決め打ちで定型サイズのパターンになるため、XDではリピートグリッドを使って作成します。

3-5-2 シンプルなドットのステップバー

まずアートボードで横長の長方形を作成し、複製して左右に並べて配置します。そのバーの中央に任意の大きさの円を作成し、円の下には幅の自動調整テキストを中央揃えの状態で作成します。このパターンの最小単位は、あとで状態変化をもたせるためにコンポーネントとして登録します。

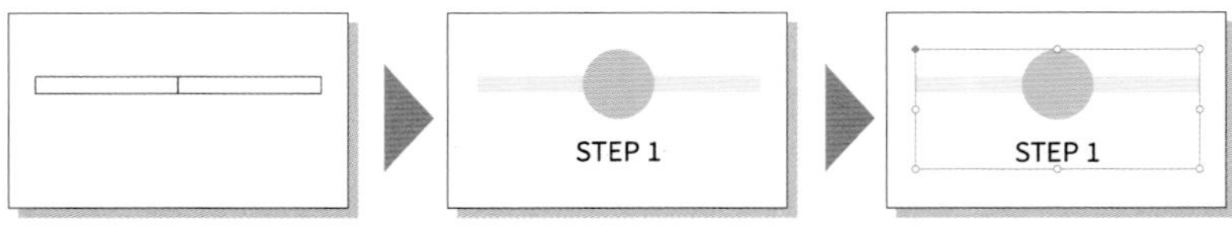

次に、このコンポーネントのインスタンスをリピートグリッドで水平方向に展開し、間隔を0にします。また、ステップバーの支点と終点を円にするため、両端のバーの不透明度を0%にします。

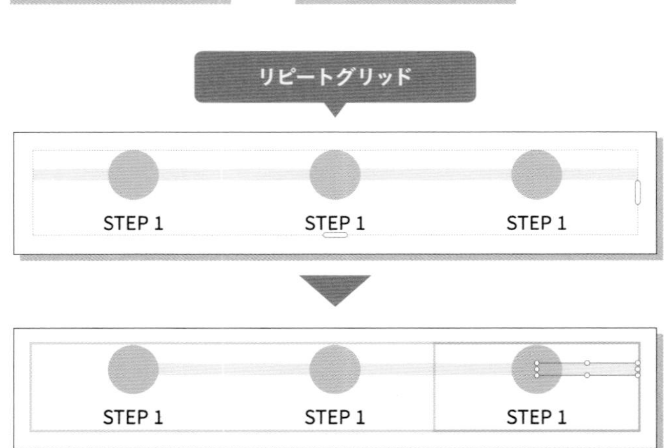

最後にステップバー全体をさらにコンポーネント化して、ステップ1からインスタンスを編集しながら状態変化のステートを登録していきます。

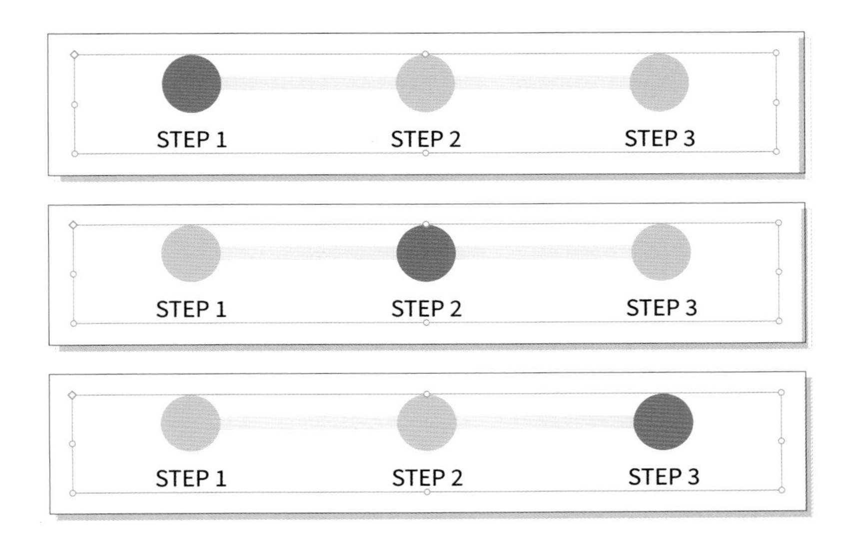

第3章

3-5-3 パスファインダーを使った矢印型のステップバー

矢印が重なったやや複雑な形状のステップバーは、リピートグリッドとブール演算を併用して作成します。

まず、アートボードに長方形と三角形を作成します。このとき、長方形の高さは三角形の幅に合わせます。三角形は90°回転してから複製し、1つの三角形は長方形の右側に、もう1つは長方形の左側にそれぞれ辺を揃えるような形で配置します。

この状態で右側の三角形と長方形を選択して「合体」すると、2つのオブジェクトが境界線をもたない形でつながります。さらに、この合体オブジェクトと左側の三角形を選択して「前面オブジェクトで型抜き」をすると、全体として矢絣模様のようなオブジェクトが作成されます。これがリピートグリッドで使用する最小単位のパターンです。ドットのステップバーを作成したときと同様に、コンポーネントとして登録しておきます。

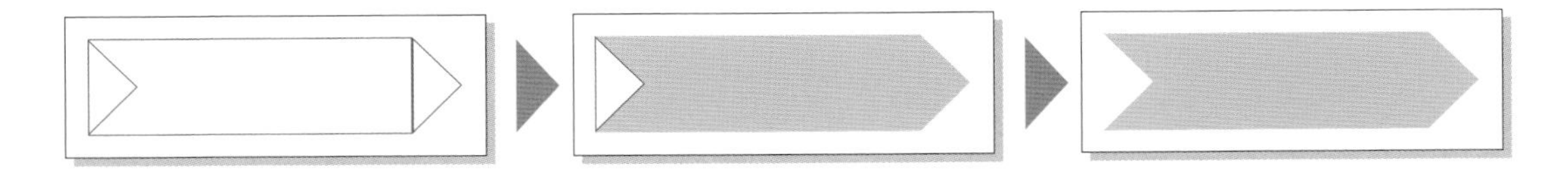

リピートグリッドを使って水平方向にパターンを繰り返したら、リピートグリッドで表示できるエリアを調節して、1ステップ目の三角形部分を隠します。リピートグリッド内の任意のパターンをクリックし、三角形の高さ分を目安にX座標の数値を減算すると効率的です。

次にリピートグリッドの間隔を調整し、一番右側のステップの三角形が見えないようにリピートグリッドの表示エリアを縮めます。テキストは、オブジェクトが表示される部分、非表示になる部分などの全体像が整ってから追加すると位置の調整がしやすいです。

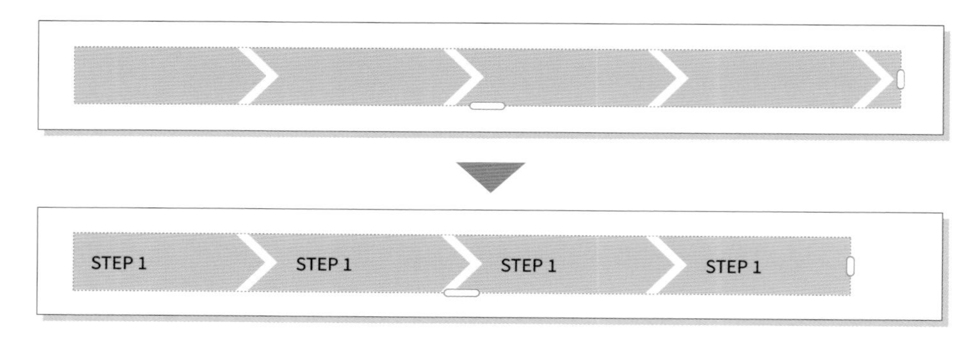

最後はドットのステップバーを作成したときと同様に全体をコンポーネント化し、それぞれの状態変化をステートとして登録していきます。

第3章

6

3D表現のモックアップ

ここでは3Dを活用したモックアップの作り方を理解しましょう。3D変形だけでなく、アニメーションについても説明します。

3-6-1　モックアップとは

モックアップとは、Webサイトやアプリデザインの完成形に近い模型品です。プロトタイプのように遷移や機能を説明するというよりは、実際にデバイスで表示したときのイメージを共有することを目的として作成されます。デザインの完成度の向上も期待できることから、制作現場だけではなく、個人のポートフォリオを作成するときにも広く活用されています。

3-6-2　3D変形を使ったモックアップ

XDの3D変形を使用すると、平面構成されたモックアップを実際のコンテキストに近い状態で表現することが可能です。ここでは、すでに作成された平面構成のモックアップを立体的に編集する方法をご紹介します。

まず3D変形を使用する前に、デバイスの厚みとなる部分のオブジェクトを追加しましょう。
デバイス部分の長方形を複製し、X座標を左側に移動します。このとき、塗りの色はデバイスの色から少し変化をつけると立体感が出ます。

続けて最背面に移動して、長方形をダブルクリックしてパス化します。パス化すると角丸のアンカーポイントが移動できるようになるので、右上と右下の角の位置をShift＋矢印キー（上下）を使って図のように調整します。

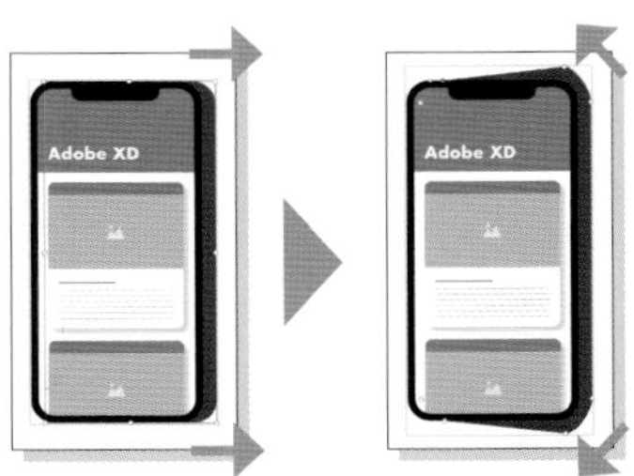

次に、プロパティインスペクターの立体アイコン をクリックして3D変形モードに切り替えます。3D変形モードのときにオブジェクトを選択すると、ギズモと呼ばれる円形のインターフェイスが表示されるため、これを上下左右にドラックしてそれぞれの回転軸に沿った3D効果を追加します。また、デバイスの厚みとなる部分は自然な位置になるよう調整します。

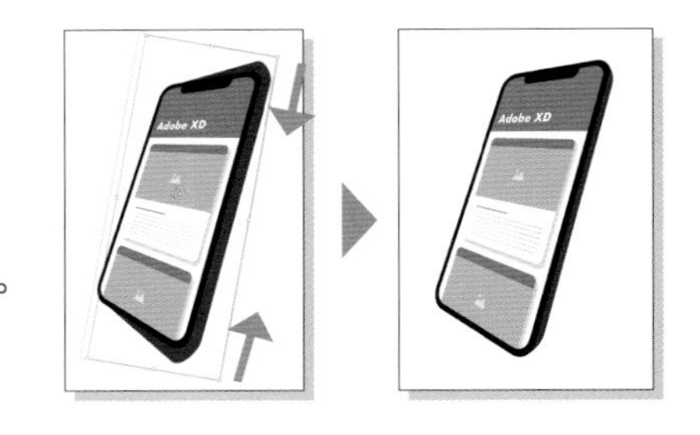

おおよその角度が決まったら、3D変形モード時に表示されるX回転・Y回転・Z回転・Z位置のフィールドを使用して、キリの良い数値に整えます。
例）X回転 10°、Y回転 -40°、Z回転 10°

3-6-3　3D変形を使ったアニメーション

3Dの効果は、プロトタイプモードの自動アニメーションでも適用できます。ここからは3D変形とアニメーションを併用して、先ほど作成したモックアップに印象的な動きを加えていきます。

まずアートボードごと選択して複製し、複製されたアートボードに配置されているオブジェクトの3D効果をすべて0にリセットします。以上で3D変形モードは解除しても構いません。
次にデバイスの厚みとなっている長方形を選択し、完全にデバイスに隠れるよう幅を左側に縮めて調整します。またグループ全体はアートボードの中央に再配置しておきます。

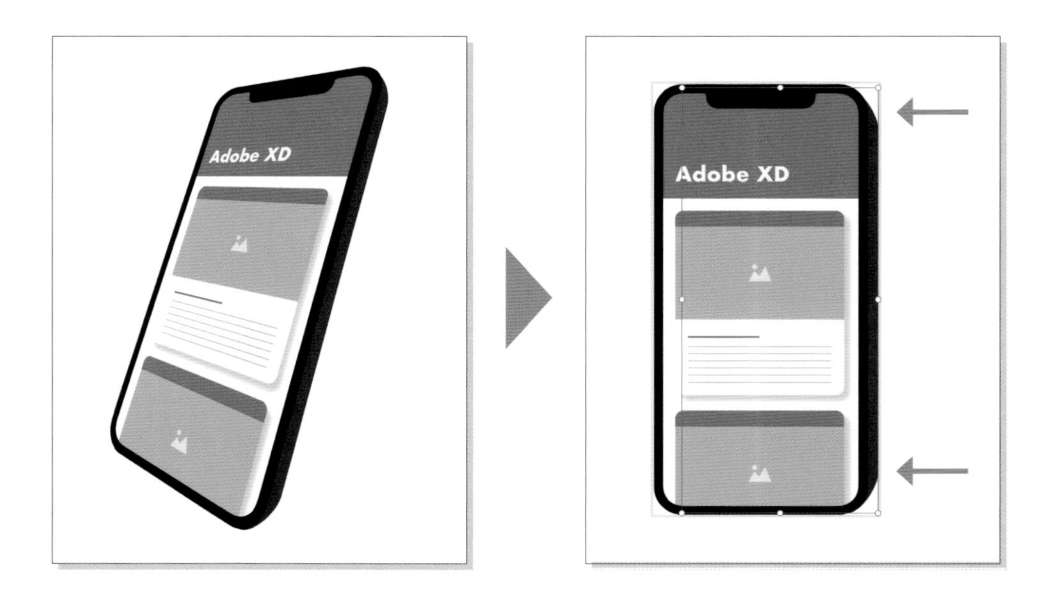

最後に、プロトタイプモードでデバイスからアートボードに伸びるワイヤーを双方でつなぎ、トリガーをタップとした自動アニメーションを適用してインタラクションを作成します。

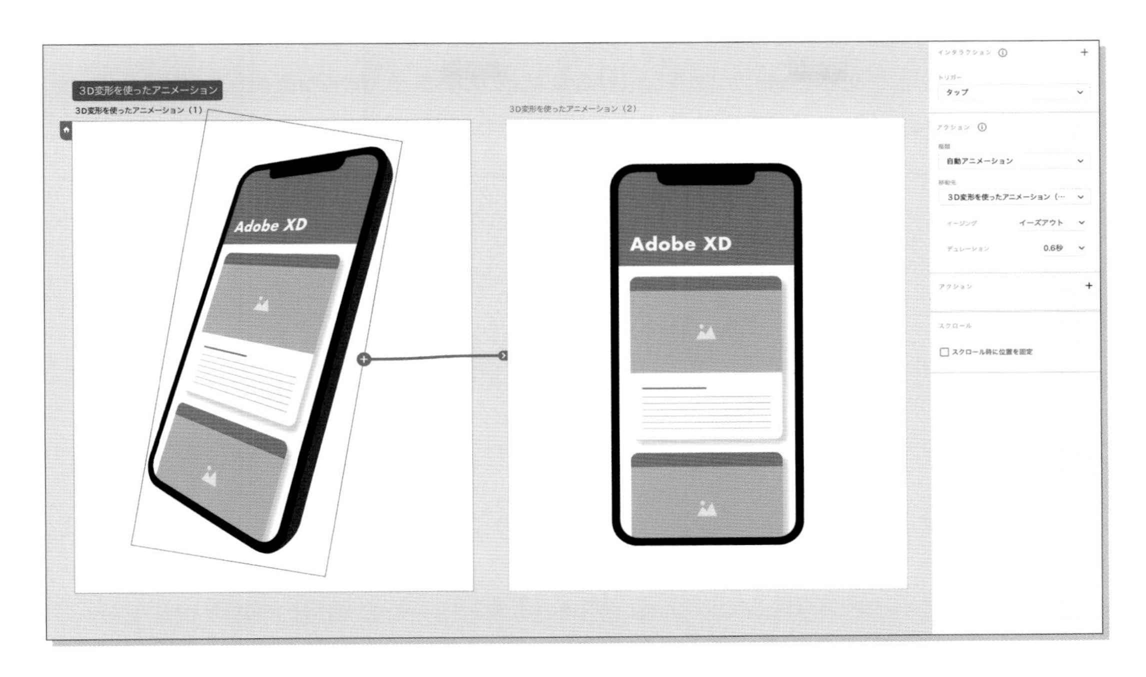

以上で3D変形を使ったアニメーションの完成です。プロトタイプをプレビューして、デバイスのタップで立体と平面の表示が切り替わることを確認しましょう。

この後は、さらに画面部分だけクローズアップしてプロトタイプに移行するアニメーションなどを追加すると、プレゼンテーション時の導入としても活用できます。
3D変形はモックアップだけでなく、画面内のカスケード表示やARコンテンツの制作などにも応用することが可能です。さまざまなインターフェイスや自動アニメーションと組み合わせて、表現の幅を広げてみてください。

第3章

7

レスポンシブデザインを活用した吹き出し

ここではWebデザインにおけるレスポンシブデザインについて理解しましょう。 リサイズを考慮したデザインについて解説します。

3-7-1 レスポンシブデザインとは

レスポンシブデザインとは、画面幅に伴って形状やレイアウトを変化させるWebデザインの手法です。XDにおいてレスポンシブデザインを再現するには、レスポンシブリサイズ・スタック・パディングを活用します。これらを併用することで、コーディングに忠実なレスポンシブ表現を生み出すことができます。

3-7-2 レスポンシブリサイズの対象と固定条件

レスポンシブリサイズは「テキストやオブジェクトなどの最小単位」「グループ」「メインコンポーネント」「アートボード」の4種類で有効にすることができます。またレスポンシブリサイズの固定条件は、「テキストやオブジェクトなどの最小単位」「グループ」「コンポーネント」のそれぞれに個別に指定することが可能です。

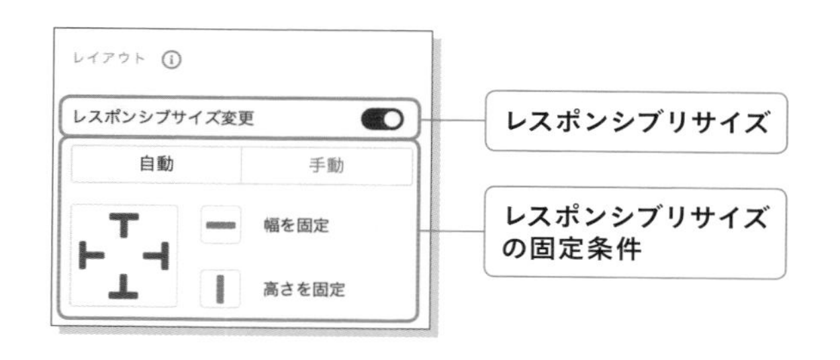

	最小単位	グループ	コンポーネント	アートボード
レスポンシブリサイズ	デフォルトで有効 有効/無効で設定可能	デフォルトで有効 有効/無効で設定可能	デフォルトで有効 メインコンポーネントのみ有効/無効で設定可能 インスタンスはメインコンポーネントの設定に依存する	デフォルトで無効 有効/無効で設定可能
レスポンシブリサイズの固定条件	デフォルトで自動 手動で固定条件を設定可能	デフォルトで自動 手動で固定条件を設定可能	メインコンポーネントとインスタンスそれぞれにつき自動/手動で設定可能	設定不可

また、テキストは種類によって「幅を固定」の設定を最適化する必要があります。制作途中にテキストの種類を変更したときなど、「幅を固定」の設定がテキストの種類と不適切な場合は、意図せぬ座標移動を招くおそれがあるので注意しましょう。

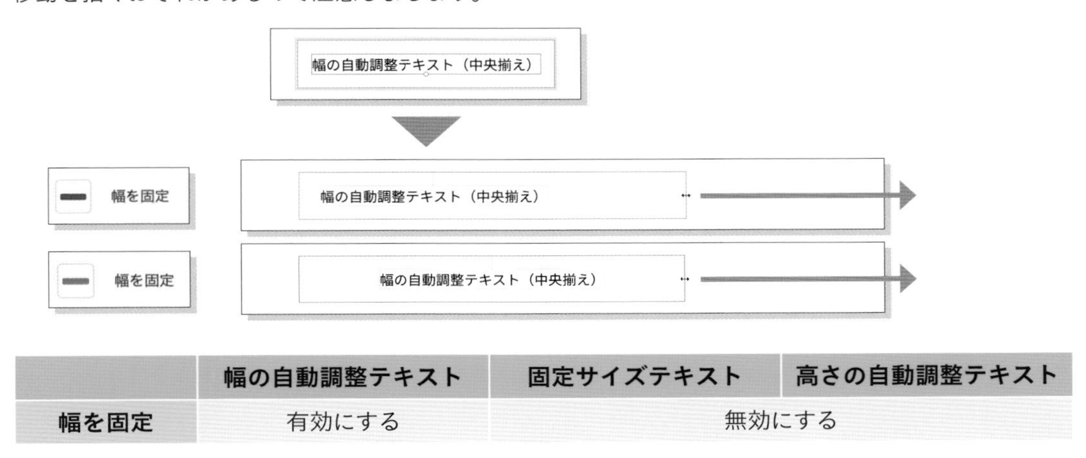

	幅の自動調整テキスト	固定サイズテキスト	高さの自動調整テキスト
幅を固定	有効にする	無効にする	

3-7-3 モバイル幅から展開する吹き出しパーツ

まずはレスポンシブリサイズの対象になる吹き出しパーツを作成します。吹き出し部分は三角形の下辺と長方形を被せて合体し、さらにテキストとグループ化してパディングを設定しています。また左右対称の2組の吹き出しパーツもまとめてグループ化し、スタックでレイアウトを構造化しています。

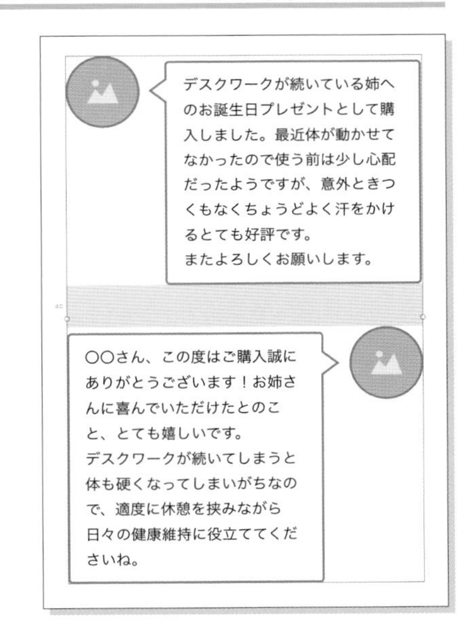

吹き出しパーツを作成したら、はじめに一度デスクトップ幅にリサイズして現状を確認します。アートボードを選択した状態でレスポンシブリサイズを有効にして、アートボードを水平方向に伸縮してみましょう。

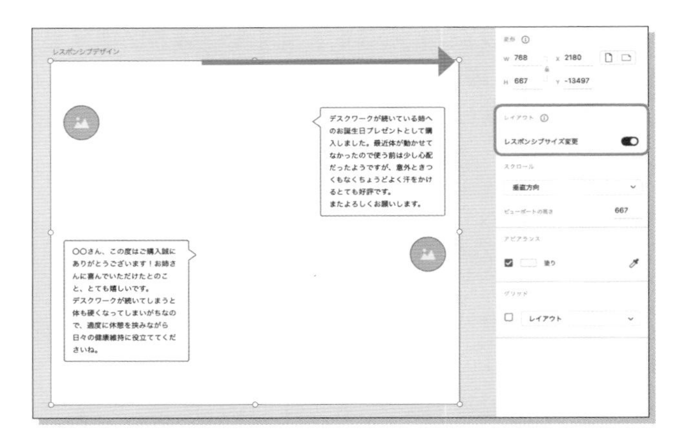

今回の例では、図のようにパーツが左右両側に分断されてしまいました。そこでリサイズ前のパーツのレスポンシブリサイズを手動設定に変更して、固定条件をそれぞれ下記のように設定します。

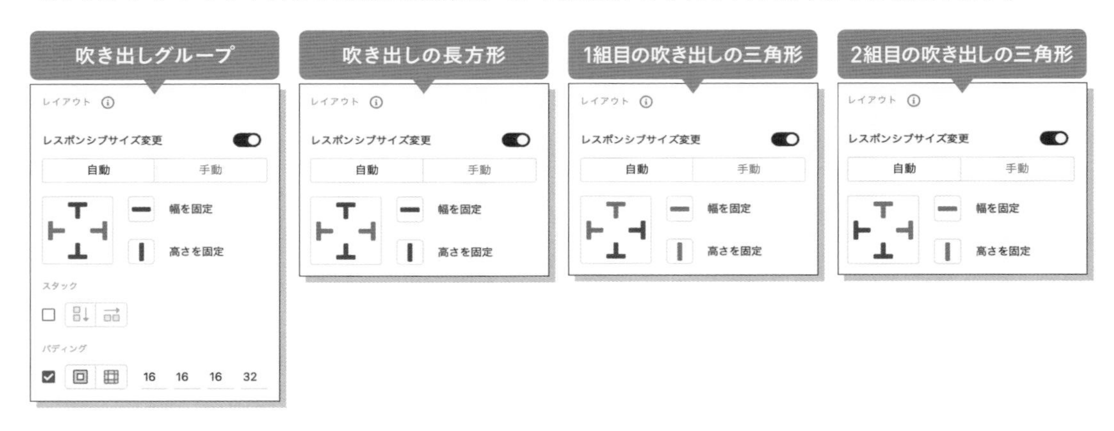

以上で設定対象のパーツの伸縮性と指定した辺に対する間隔のルールが変更されました。
再度アートボードを水平方向に伸縮すると、吹き出しパーツが自動で変形し、意図どおりにレイアウトされることが確認できます。

第3章

8 レイアウトグリッドとガイド

ここではレイアウトグリッドとガイドについて解説します。2つのレイアウト手法を説明します。

3-8-1 XDのガイド機能

Webサイト制作では度々、規則的に画面を分断するグリッドを元にデザインが展開されます。このようなレイアウト手法は「グリッドシステム」と呼ばれ、レスポンシブデザインへの適応性などから多くのメリットがあるとされています。
XDでは「レイアウトグリッド」「方眼グリッド」「ガイド」の3種類のガイド機能を用意しています。ここではレイアウトグリッドを使ったシングルカラムレイアウトと、レイアウトグリッドとガイドを併用して作成するマルチカラムレイアウトの2種類のグリッドシステムを紹介します。

3-8-2 レイアウトグリッドを使ったシングルカラムレイアウト

シングルカラムレイアウトとは、画面中央を基軸としてディスプレイの幅を最大限に活用するレイアウト手法です。

まずはグリッドを有効にして、「レイアウト」を選択し、列と段間隔に任意の数値を入力します。列の値はモバイル幅では2～4、デスクトップ幅では12が一般的な設定値になります。
また列の幅は最後に自動調整されるので、ここでは初期値のままにしておきます。

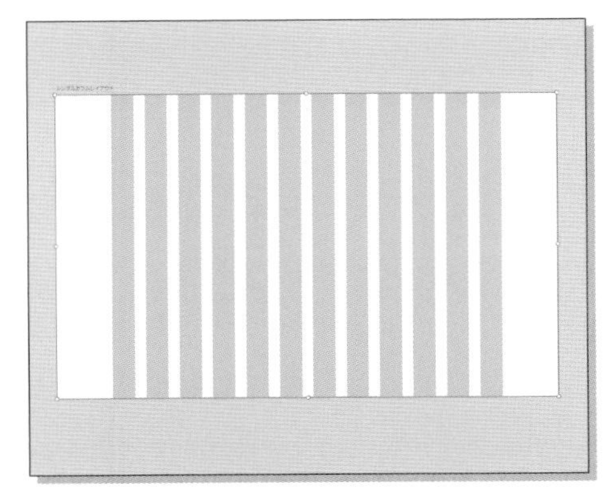

続けて、「リンクされた左右のマージン」を任意の値に調整します。列などと同じように数値を直接入力することもできますが、もし列と段間隔の自動計算から割り切れない数値を入力すると、各辺に異なるマージンが生成されてしまいます。そのため、ここではShift＋矢印キー（上下）を活用して、割り切れる値として自動的に算出された数値のみ順番に適用していきます。
またこのとき、列の幅は左右のマージン値に伴って自動調整されます。

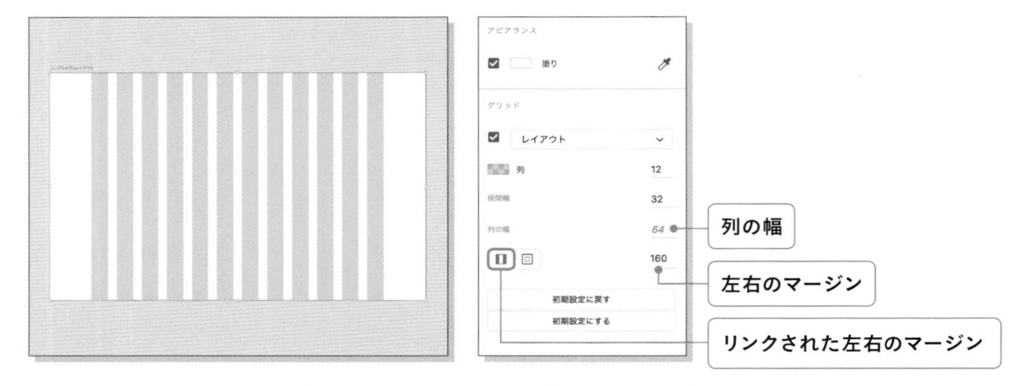

同じ手順で列・段間隔・列の幅の数値を変更すると、タブレット幅やデスクトップ幅でも任意のレイアウトグリッドを設定することが可能です。

3-8-3 ガイドを使ったマルチカラムレイアウト

マルチカラムレイアウトとは、ディスプレイに対してコンテンツを複数列に分割した状態で表示するレイアウトです。主にブログサイトやECサイト、Webサイトの管理画面などでよく使用されています。

事前準備として、固定幅カラムは長方形で、可変幅カラムはリピートグリッドでそれぞれの位置のアタリをつけておきます。
調整が難しいマルチカラムレイアウトにおいては、はじめにアタリをつけておくことで、のちのガイドの調整やレイアウトのマージン設定を円滑に進めることができます。

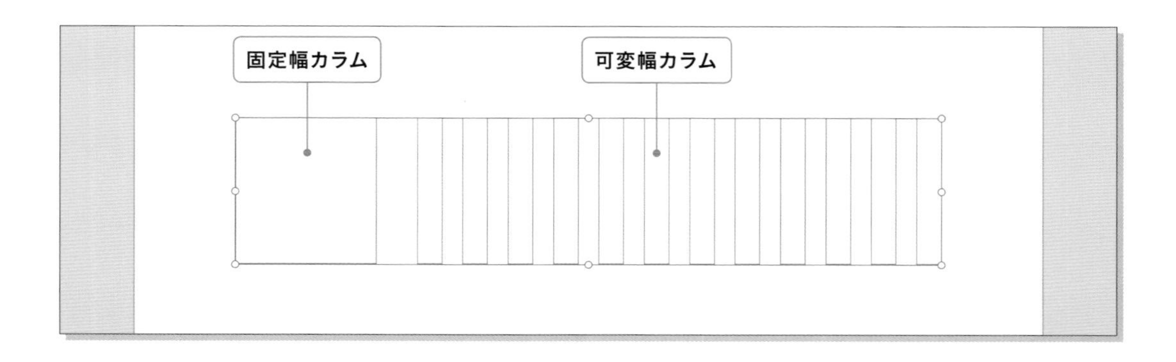

おおよそのレイアウト規則が決まったら、アートボードの左端からガイドをドラッグして、固定幅カラムにあたる長方形の両端をなぞる形で2本設置します。

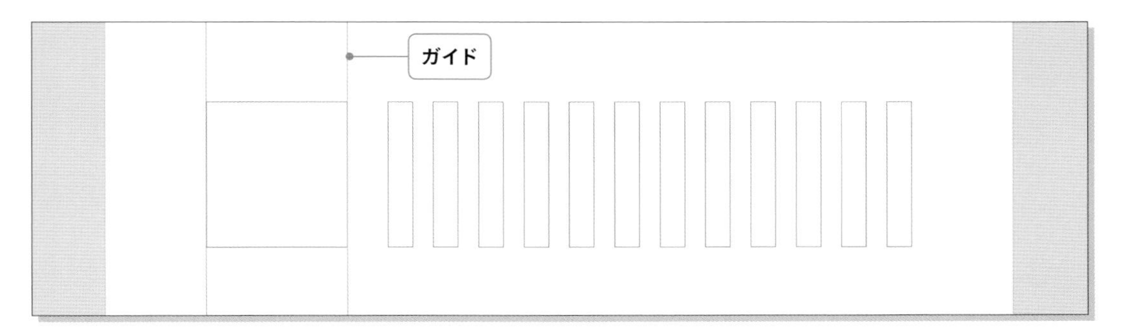

可変幅カラムは、列を12に設定したレイアウトを使用します。レイアウトの段間隔をリピートグリッドの間隔に合わせ、マージンは「各辺に異なるマージンを使用」へ設定を変更しておきます。マージンとして指定する数値は、リピートグリッドを選択した状態でOption（Alt）キーを押して測ることができるので、そのまま手動で入力します。

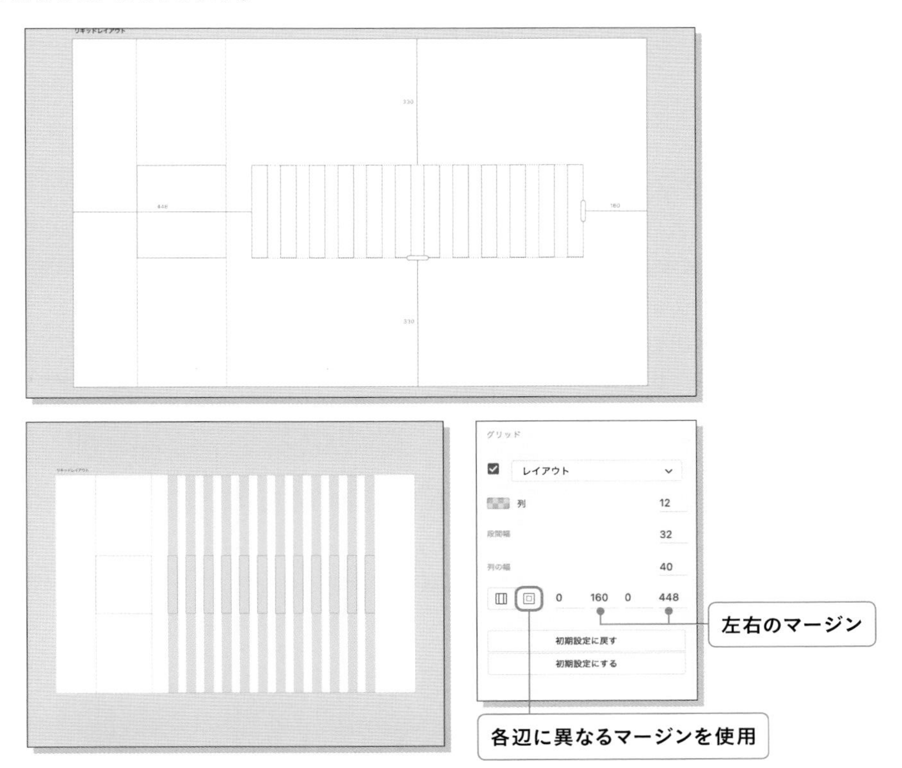

ちなみに各辺に異なるマージンは、左右だけでなく上下のマージンの設定も可能です。固定ヘッダーなどを設計している場合は、ヘッダーの高さ分だけマージンを設けるなどして活用することもできます。

第3章

9 読み込み時のローディングアニメーション

ここではWebサイトの読み込み時に使用するローディングアニメーションについて解説します。プログレスバー、サークル型、カウントアップによる作成方法を説明します。

QRコードにアクセスして動画でチェック！

収録範囲
3-9-2
3-9-3
3-9-4

3-9-1 ローディングアニメーションとは

ローディングアニメーションとは、サイトの読み込み時に表示されるアニメーションのことです。Web制作において表示速度は、非常に重要視されており、さまざまな表示速度改善方法が存在します。しかし、動画や複雑なシステムなどを取り入れたサイトでは、どうしても読み込み時間が発生してしまうことがあります。そこでローディングアニメーションを使用し、ユーザーに読み込み中であることを認識させることでサイトからの離脱を防止します。

3-9-2 プログレスバーを使ったローディングアニメーション

プログレスバーとは、進行状況を可視化したものです。身近な例として、Macの起動時に使用されているバーが該当します。ここでは、2つの長方形を重ねて幅を伸縮するだけで作成できる、シンプルなプログレスバーを紹介します。

まずは、角丸を適用した長方形を2つ用意し重ねます。上になる方がプログレスバー本体、下が背景になります。

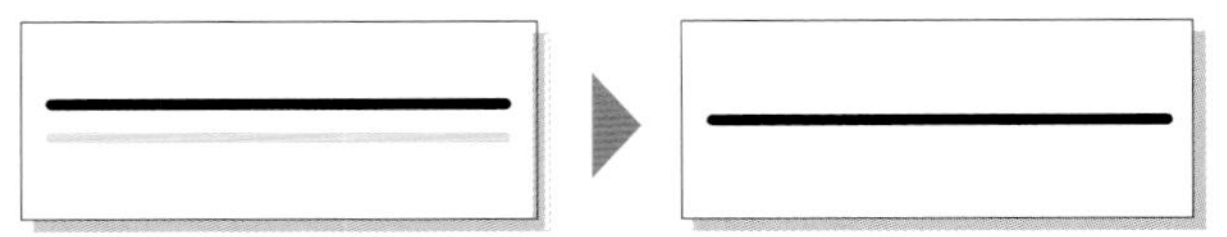

アートボードを複製し、プログレスバー本体となる長方形をW1に変更して非表示にします。これで自動アニメーションを作る準備ができました。

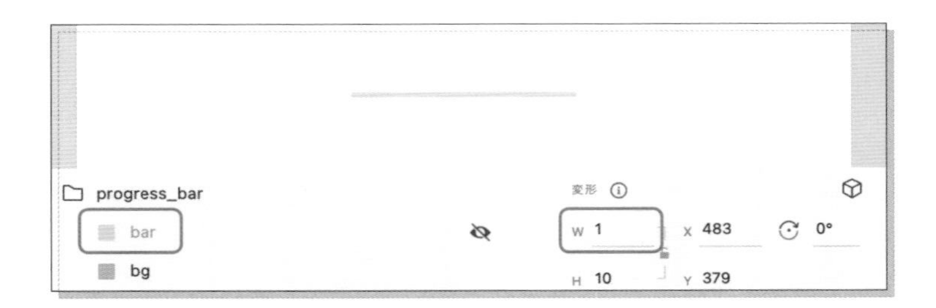

XDをプロトタイプモードに変更し、ワイヤーをつなぎます。

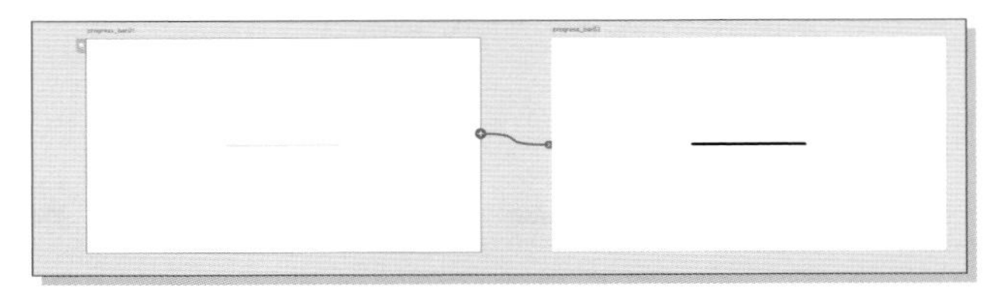

次にインタラクションとアクションの設定を変更していきます。今回はトリガーを時間に設定し、アクションの種類を自動アニメーションに変更します。

ディレイとは、その画面で静止する時間を表し、デュレーションはアニメーションにかかる時間を表しています。またイージングは、動きの加減速のことで、イーズイン/アウトは「ゆっくり始まり加速し、ゆっくり終わる」ことを表しています。

つまり今回の設定は、表示から0秒後に、1秒間かけて遷移先のアートボードとの差を自動的にアニメーションさせながら遷移します。そのときの動き方は「ゆっくり始まり加速し、ゆっくり終わる」設定になっています。これで、プログレスバーが完成しました。

3-9-3 サークル型のプログレスバーを使ったローディングアニメーション

ここでは破線の自動アニメーションを使用して、サークル型のプログレスバーを作成します。

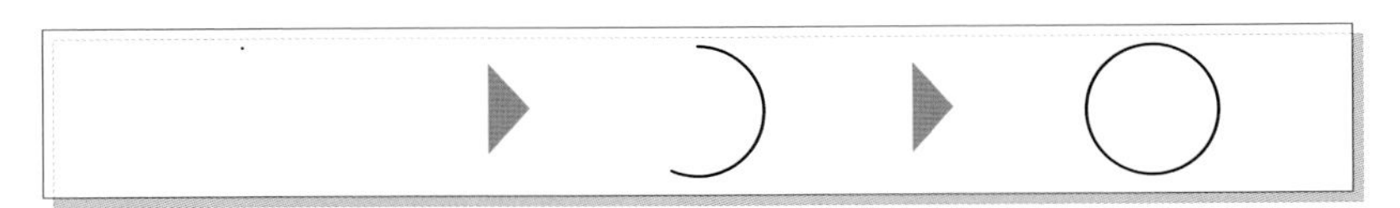

まずは線のみで円を作成します。今回はW450、H450の大きさで線端を丸くしました。

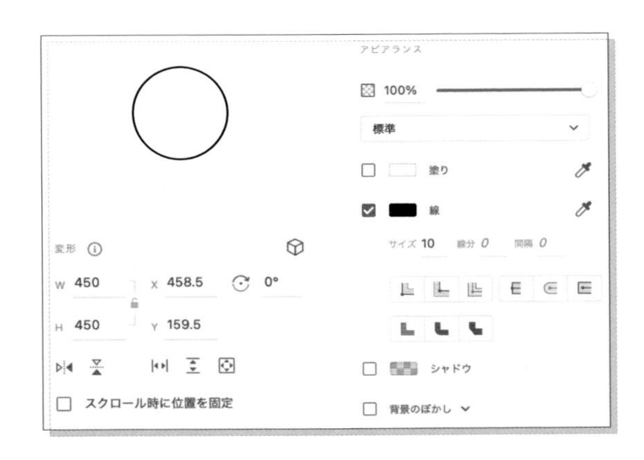

第3章

次に、この円の線分を0のまま、間隔に円周分の数値（直径×円周率＝450*3.14）を入力します。今回は1413でした。
すると、図のような状態になります。

この状態でアートボードを複製します。
複製したアートボード側の線分に、間隔+1（1413+1）の数値を入れます。
1を足した理由は、円周率を3.14で計算すると若干足りずに隙間が生まれてしまうからです。
これでサークル型のプログレスバーを使用したローディングが完成しました。

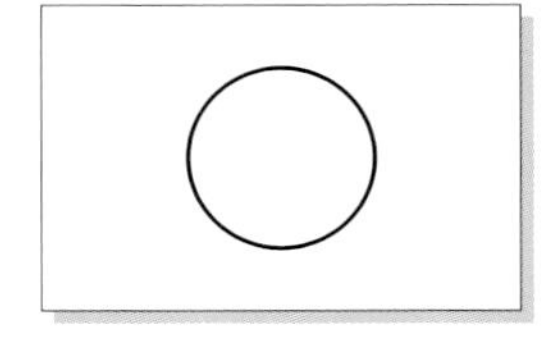

最後に自動アニメーションでつないで完成です。
イージングをイーズイン/アウトに設定すると自然な動きになります。

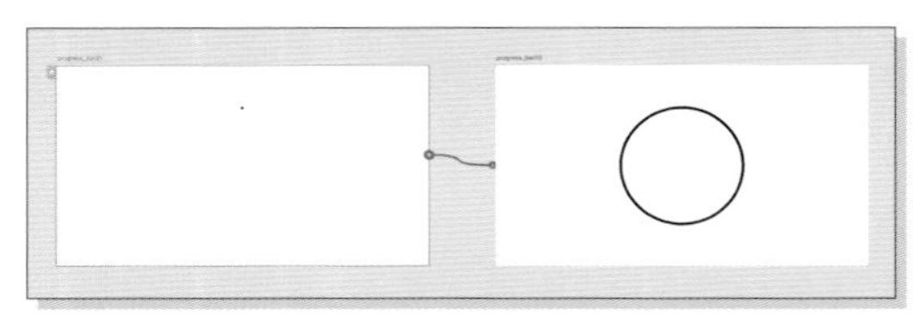

3-9-4 カウントアップするローディングアニメーション

ここではマスクを使用して、カウントアップを作成します。

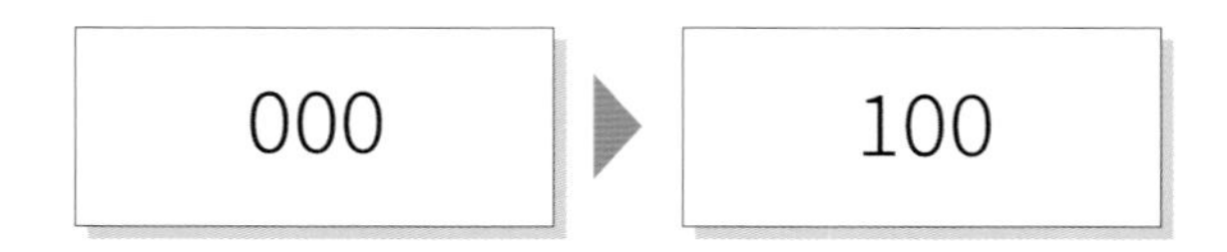

まず1桁ずつバラバラにした数字をレイアウトします。
百の位は0と1、十の位は01234567890、一の位は01234567890を何度か繰り返したものを改行しています。そして、それらをまとめて長方形でマスクし、000だけが見える状態にします。

アートボードを複製し、マスクから見える部分が100になるように数字を移動します。

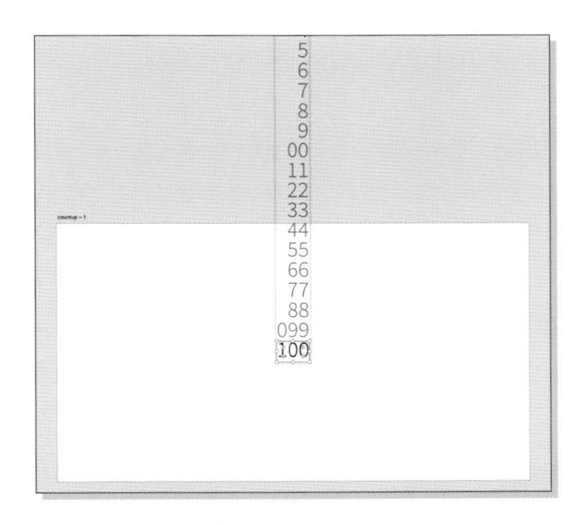

プロトタイプモードに変更し、自動アニメーションでつないで完成です。
イージングをイーズイン/アウトに設定すると自然な動きになります。

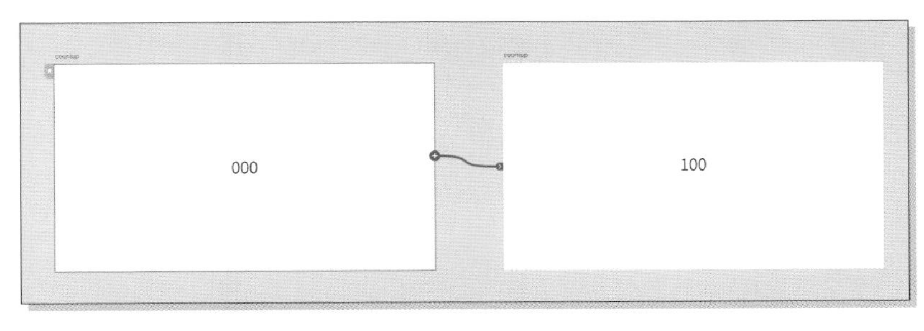

第3章 10

オーバーレイする ハンバーガーメニュー

ここではハンバーガーメニューについて解説します。修正に対応しやすい手法も説明します。

3-10-1 ハンバーガーメニューとは

ハンバーガーメニューとは、３本線のアイコン使ったナビゲーションメニューのことを指し、タップやクリックすることで操作項目が出現します。ここでは、ハンバーガーメニューの開閉インタラクションの作り方を紹介します。

3-10-2 HOMEとハンバーガーメニューを用意

「HOME」と「ハンバーガーメニュー」の２枚のアートボードを用意します。

プロトタイプモードに切り替え「HOME」のハンバーガーメニューから「メニュー」へプロトタイプをつなぎます。このとき、アクションの種類は「オーバーレイ」を設定します。

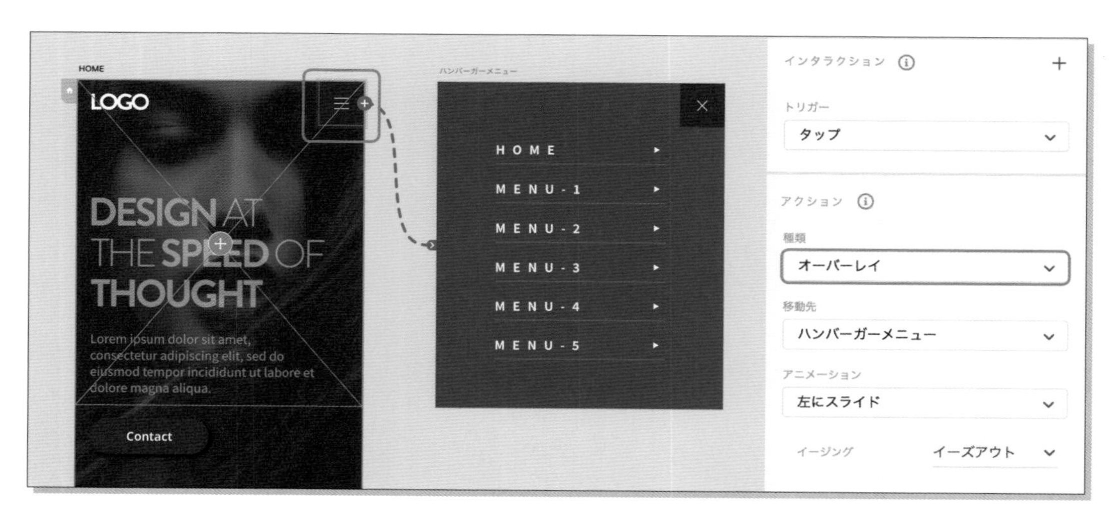

3-10-3 オーバーレイとは

「オーバーレイ」は、ソースアートボードの上にほかのアートボードを重ねて表示できる機能です。

「オーバーレイ」で設定できるのは、以下の３つです。

1. どのくらいの表示サイズで重ねるか

「オーバーレイ」の表示エリアは、ソースアートボードに緑の領域で表示されます。このとき、表示サイズは「アートボードの横幅」と「ビューポートの高さ」で指定します。アートボードの高さがビューポートを超えるサイズの場合、超える部分はスクロールエリアとして表示されます。

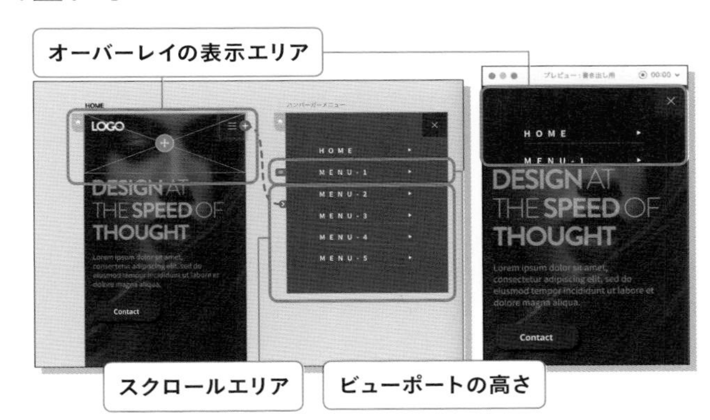

2. どの位置に重ねるか

「オーバーレイ」の表示位置は、ソースアートボードの緑の十字をドラッグすることで調整できます。

3. どうやって出現させるか

「オーバーレイ」するアートボードの出現時のアニメーションを指定できます。

アニメーションの種類

●なし　●ディゾルブ
●左にスライド　●右にスライド
●上にスライド　●下にスライド

「オーバーレイ」を指定したアートボードは、「1つ前のアートボード」が設定されます。プレビュー時にオーバーレイ画面をクリックすると、オーバーレイ画面が消え「1つ前のアートボード」に戻ります。今回は「左にスライド」を選択します。

3-10-4 ハンバーガーメニューのコンポーネント化

ハンバーガーメニューのボタンをコンポーネント化しておくと、修正に強いデータが作れます。プロトタイプで「メインコンポーネント」のインタラクションを編集すると、配置したすべての「インスタンス」のインタラクションに変更が反映されます。

このように「オーバーレイ」と「コンポーネント」を活用することで、ハンバーガーメニューにインタラクションを設定できます。

第3章

11 コンテンツを切り替えるタブ

ここではタブの作成方法を解説します。簡単な作り方だけでなく、アニメーションを使った作成方法も説明します。

3-11-1 タブとは

タブとは、異なるタスクやカテゴリーを切り替える場合に使うUIです。限られたスペースで複数のコンテンツを併存できるため、スペースの節約によく利用されています。ここではファッション系アプリを想定し、「MEN」「WOMEN」をタブで切り替える作り方を紹介します。

3-11-2 アートボードの複製

「アートボード：MEN」を複製し、「アートボード：WOMEN」を作成します。

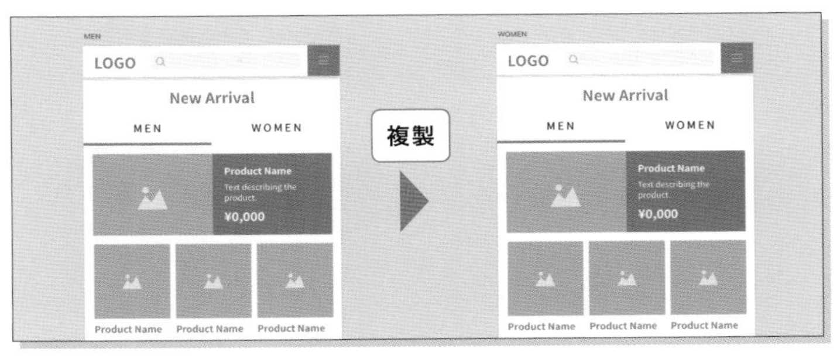

画像がある場合は、「MEN」「WOMEN」それぞれに画像を挿入します。画像を挿入した方が見た目に変化が出るのでわかりやすくなりますが、タブのインタラクションを作る上では画像を入れなくてもインタラクションには支障ありません。

3-11-3 タブのカレント表示の移動

「アートボード：WOMEN」のタブのカレント表示を「WOMEN」へ移動します。これでタブが「WOMEN」に切り替わる状態ができます。

プロトタイプモードに切り替え、タブ切り替えのインタラクションを作成します。

3-11-4 MEN→WOMENへの切り替え

「WOMEN」ボタンを「タップ」でアートボード「WOMEN」へ切り替わるようにします。このとき「アクション：種類」を「自動アニメーション」にすると、切り替わるときにタブバーが横移動するアニメーションになります。

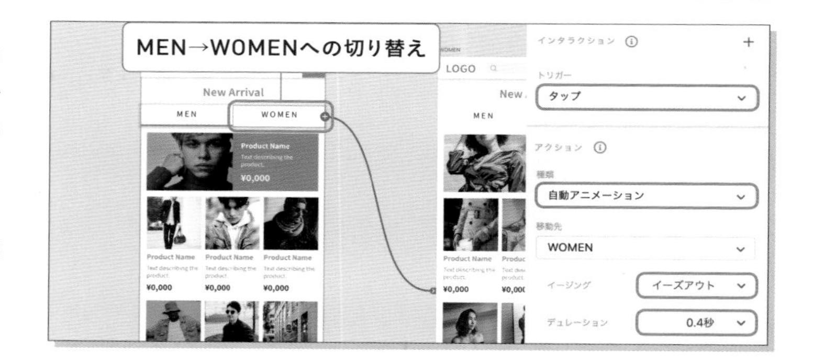

3-11-5 WOMEN→MENへの切り替え

同様に「MEN」ボタンを「タップ」で、アートボード「MEN」へ切り替わるようにします。

プレビューで確認し、インタラクションを確認します。
タブをタップしたときにタブバーが横移動アニメーションをし、商品画像が切り替わったら完成です。

第3章
12

開閉するアコーディオン

ここではアコーディオンの作成方法を解説します。ステートを利用する簡単な作成方法を紹介します。

QRコードにアクセスして
動画でチェック！

収録範囲
3-12-2

3-12-1 アコーディオンとは

アコーディオンとは、クリックやマウスオーバーによって開閉することで、コンテンツを表示または非表示させる機能のことです。

3-12-2 ステートを使ったアコーディオン

ここでは、1つのコンポーネントに対して複数の状態をもたせられるステートを利用してアコーディオンを作成していきます。
まずは、開いた状態のコンテンツを1つ分用意します。今回はdl要素で作成することを想定しています。このとき、図のようにdt,dd部分を分けてグループ化しておきます。

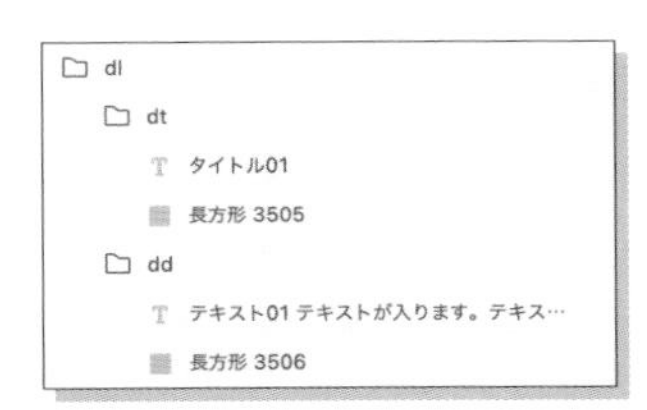

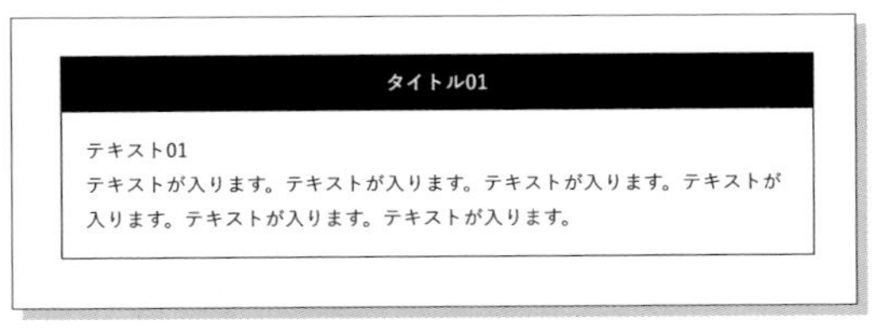

グループ化したら一度ddを非表示にし、dlごと複製します。
それらをさらにグループ化し（div）スタックを利用して整列させた後、コンポーネント化します。

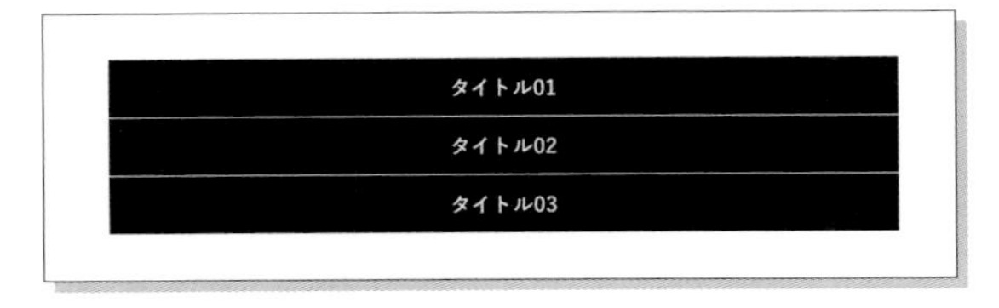

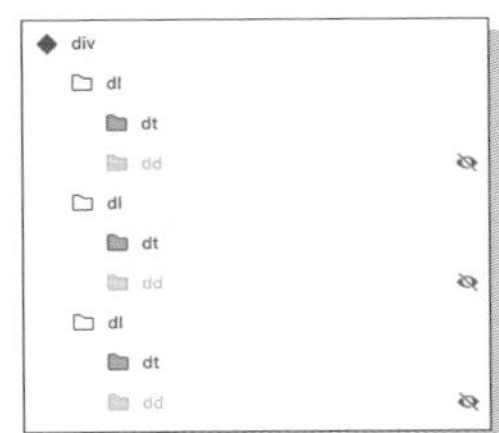

これで初期状態が完成しました。ここからステートを使用して、それぞれのddが表示された状態を作成していきます。

新規ステートを追加します。ここでは01と命名しました。

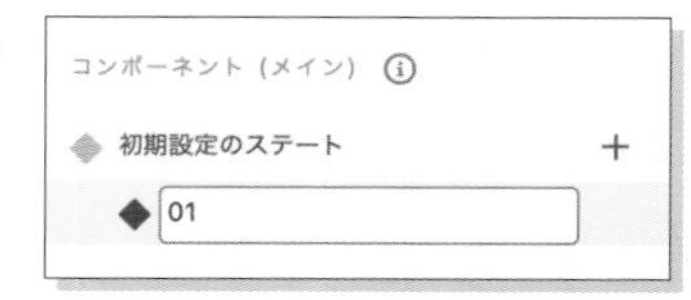

レイヤーから、タイトル01に対応するddを表示させます。スタックが設定されているため、レイアウトは自動的に図のような形になります。

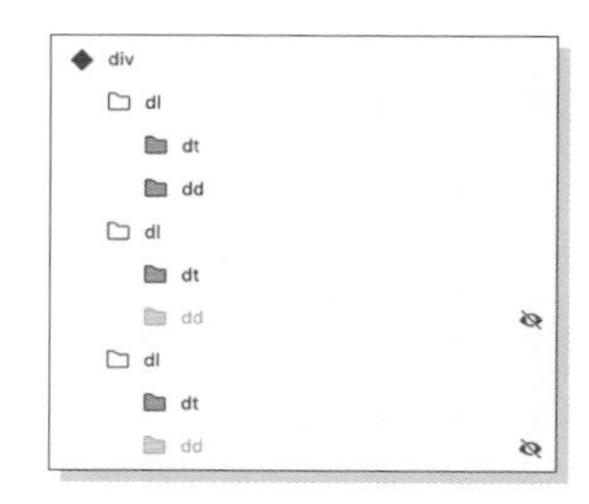

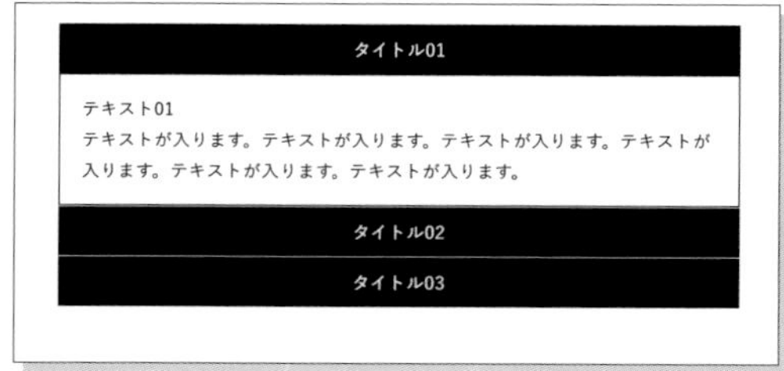

同じ手順で、新規ステートを追加し02,03ステートを作成していきます。

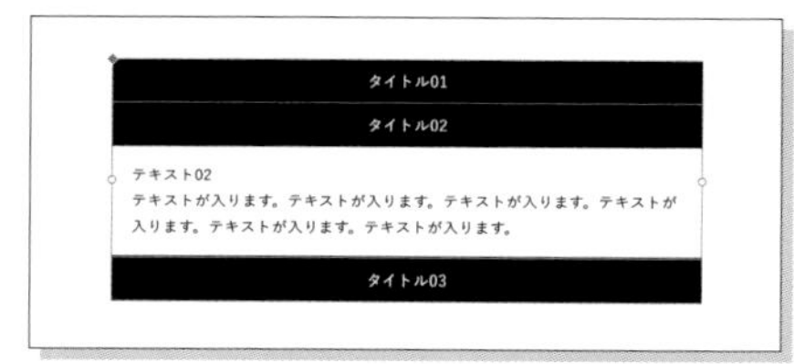

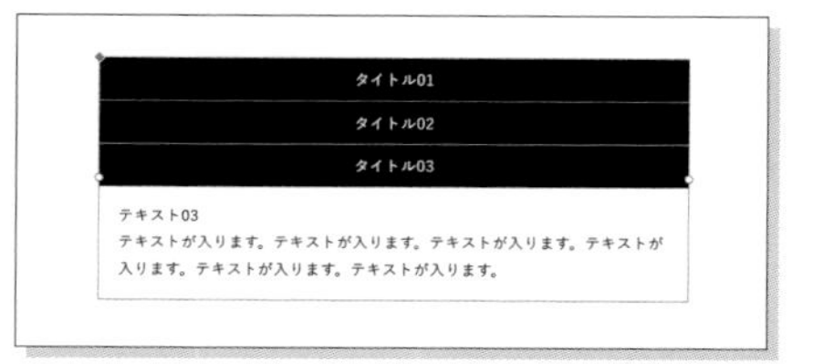

ここまで作成したら一度、初期ステートの状態に戻ります。

プロトタイプモードに変更し、クリックで開閉するようします。
リンクはdlごとに設定していく必要があります。正しく選択できているか注意してください。

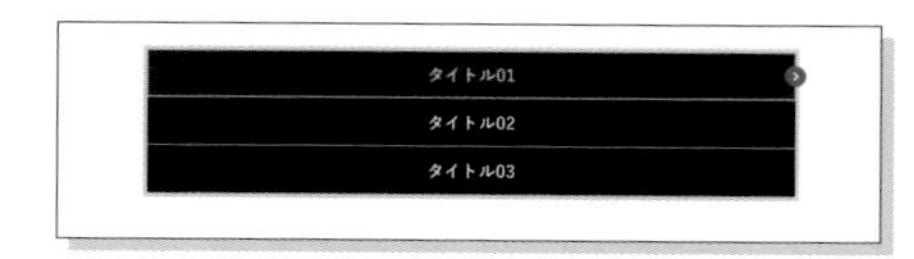

dl（タイトル01）が選択されていたら、インタラクションとアクションを設定していきます。
遷移先を01ステートに設定することで同一アートボード内での状態変化が可能になります。

同じようにすべてのdlに、対応するステートをリンクさせます。

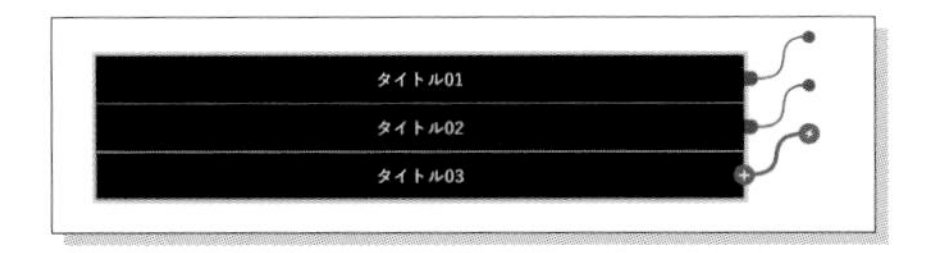

これで、初期ステートから01,02,03ステートへと状態変化するアコーディオンが完成しました。しかし、このままでは01,02,03ステートの状態から、他ステートや初期ステートに変化できません。
そこで、それぞれのステートを選択した状態で、もう一度dlごとにリンクを設定します。

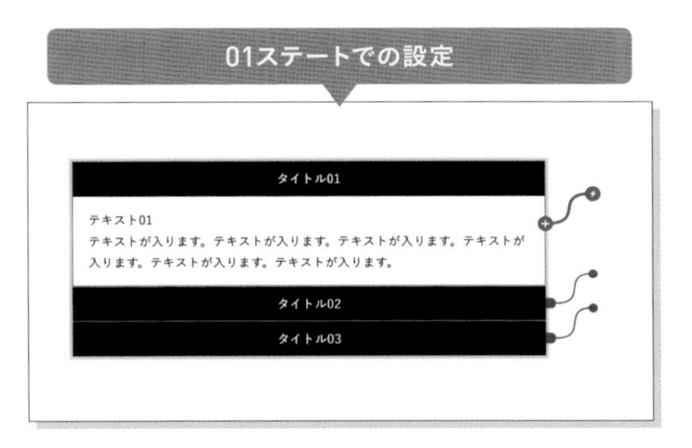

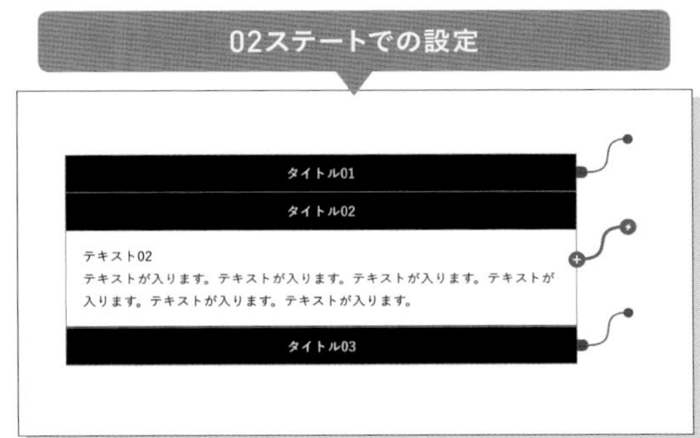

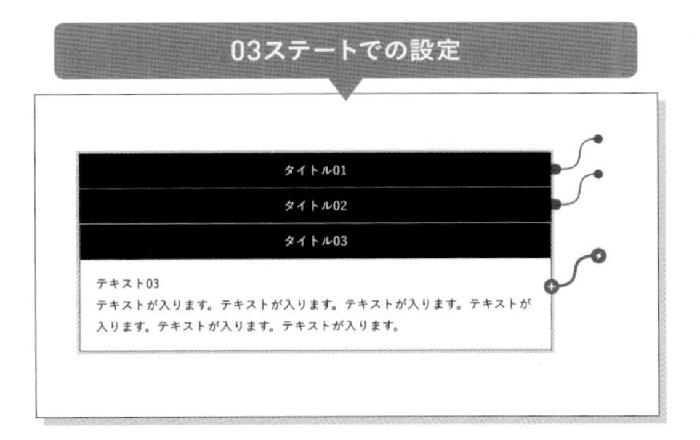

すべてのステートでdlにリンクを設定したら、アコーディオンの完成です。

第3章

13 スクロールするカルーセル

ここではカルーセルの作成方法を解説します。スクロールグループ、自動アニメーションを使った作成方法を紹介します。

3-13-1 カルーセルとは

カルーセルは、限られた領域内で複数の要素を表示するためのレイアウトで、Webページにおいてはスライダーなどと呼ばれることもあります。カルーセル領域内の要素は、時間経過によって自動的に動いたり、ユーザーによるアクションにより任意のタイミングで動かすことで、同一ページ内での情報量と、次の情報への導線をコントロールできます。

3-13-2 スクロールグループを使ったカルーセル

手軽にカルーセルを作る場合は、スクロールグループの機能を使用します。

まずアートボードに任意の幅の長方形を配置し、リピートグリッドでアートボードをはみ出すかたちで横方向に繰り返します。画像をリピートグリッドにドラッグ＆ドロップすることで、複数の画像が横に並んだ状態になります。

このままだとアートボードの領域内しか画像が表示されないので、リピートグリッドオブジェクトを選択した状態で、オブジェクト＞スクロールグループを作成＞水平方向（Shift＋

Command（Ctrl）＋H）を選択することで、アートボードの幅で横スクロールできるスクロールグループが生成されます。スクロールグループの左右のハンドルを動かすことで、後からスクロールグループの幅を変えることもできます。

プレビューを見てみると、スクロールグループの領域を横スクロール、もしくはマウスによるドラッグで、横方向にはみ出した複数の画像を閲覧できます。

スクロールグループによるカルーセル

スクロールグループを使ったカルーセルは、1枚のアートボードでカルーセルレイアウトを実現できるお手軽な方法ですが、スクロールグループの境界と、並んだ画像の切れ目がちょうど重なると、ユーザーは見切れた要素があることに気付きにくいこともあります。実際にプロトタイプを触ってもらうことで、スクロールグループが正しく認知されるかを検証しましょう。

3-13-3 自動アニメーションを使ったカルーセル

次に、自動アニメーションの機能を使うことで、ボタンなどの操作によって要素をスライドして切り替える、カルーセルバナーを作成します。

アートボードの幅に合わせて長方形を配置し、スクロールグループの項と同じく、リピートグリッドを使って画像を横方向に繰り返します。

リピートグリッドによる繰り返し配置

次に、スクロールグループではなくマスクを適用して、画像1枚分の表示領域を生成します。またこのとき、後述するレスポンシブデザイン対応のために、リピートグリッドを解除し、複数の画像をグループ化しておきます。

マスクを生成してリピートグリッドを解除

そして、要素をスライド移動させるのに必要な矢印オブジェクトを配置します。また、ユーザーへのアクセシビリティを考慮して、要素の数と現在の位置を知らせるインジケーターも配置します。

カルーセルバナーの基本レイアウト

これで、カルーセルバナーの基本レイアウトは完成です。次に、このバナーに「自動アニメーション」を使って動きを付けていきます。

アートボードを複製して表示する画像を調整

アートボードを複製して、グループ化した画像のX座標を画像1枚分の幅だけマイナス方向に動かし、次に表示される画像がアートボード内に収まるようにします。また、画像下のインジケーターを、表示されている画像の順番に応じて調整します。これを画像の枚数（この例の場合は3枚）分繰り返します。

カルーセルバナーのインタラクション

インタラクション
トリガー
タップ
アクション
種類
自動アニメーション
移動先
2
イージング
イーズアウト
デュレーション
0.4秒

最後に、プロトタイプモードでアートボードの矢印ボタンから次のアートボードにワイヤーをつなぎ、トリガー「タップ」、種類「自動アニメーション」を適用してインタラクションを作成します。

すべての矢印ボタンをつないだら、プロトタイプをプレビューし、矢印ボタンをタップすることでカルーセルバナーが横にスライドすることを確認します。

また、必要に応じてさまざまなインタラクショントリガーを追加することで、アートボードにトリガー「時間」でワイヤーをつなぎ、一定時間後に自動的にスライドさせたり、画像グループにトリガー「ドラッグ」でワイヤーをつなぎ、マウスドラッグでスライド、トリガー「キーとゲームパッド」で、キーボードの左右キーでスライドさせたりすることもできます。

カルーセルバナーは、Webサイトでよく見かけるレイアウトの1つですが、その効果を疑問視されることの多いレイアウトでもあります。
ほとんどのユーザーは、カルーセルバナーの2枚目以降を見ない、さらに、クリックして目的のページに移動してくれるユーザーはほんの僅か、というデータもあります。

ユーザーにとって、操作しやすいか？　わかりやすいか？　コンバージョンに結びつくか？　を鑑みて、場合によっては必要ない、という判断をされることもあるかもしれません。しかし、それを実装前に検証できるプロトタイプは、決して無駄ではないでしょう。

第3章

3-13-4 カルーセルのレスポンシブデザイン

カルーセルバナーのコンポーネントを選択した状態で、「レスポンシブサイズ変更」をONにすることで、幅や高さを変更しても、自動的に適切なレイアウトを保持してくれます。

1つのコンポーネントからPC用、タブレット用、スマートフォン用など、複数のデバイス向けのレイアウトを作ることができます。

第3章 14

モバイルデバイスで見るプレビュー

ここではモバイルデバイスでのプレビュー方法を解説します。モバイルプレビューの設定方法も紹介します。

XDで作成したプロトタイプは、Webサイトやアプリの実装前に、動きや画面遷移を確認することができる非常に有効な手段です。しかし、スマートフォンやタブレットでの閲覧を想定したコンテンツの場合、デスクトップ上のプレビューでは問題なく操作できていても、実際にモバイルデバイスで操作すると、ボタンが押し辛かったり、思ったとおりにスクロールできない場面もあります。

XDでは、デスクトップアプリ上でのプレビューだけではなく、より実際の使い勝手に近付けるために各種モバイルデバイスを用いたプレビューを行うこともできます。

3-14-1 モバイルアプリのインストール

モバイルデバイスでのプレビューを行うためには、プレビューに必要なAdobe XDのモバイルアプリをインストールする必要があります。iOS用とAndroid用の公式アプリが配信されているので、お手持ちのデバイスのOSに応じてアプリをインストールしましょう。

iOS

Android

3-14-2 アプリの起動と機能説明

はじめてモバイルアプリを起動すると、ログイン画面が表示されるので、普段XDのデスクトップアプリをお使いの方は、ご自身のAdobe IDとパスワードでログインしてください。

このモバイルアプリでは、以下のことができます。

- **クラウドドキュメントのプレビュー**
- **共有されたアイテムのプレビュー**
- **USB経由のリアルタイムプレビュー**
- **プレビュー中の画面の共有**

また、2021年2月現在、モバイルアプリではデザインやプロトタイプの編集を行うことはできません。

ログインすると、最初にクラウドドキュメントを選択する画面が表示され、下のタブメニューで左から順に、クラウドドキュメント、共有されたアイテム、USB経由、設定を切り替えられます。

クラウドドキュメントと共有されたアイテムに関しては、第4章で詳しく説明されていますが、プレビュー時の操作方法は共通のものとなるため、この章ではUSB経由のリアルタイムプレビューをメインに説明します。

設定では、プレビュー時のデータをどれくらいローカル領域に保存するか、アプリ内で使用可能なAdobe Fontsを確認できます。

3-14-3 USB経由でリアルタイムプレビュー

モバイルアプリのタブメニューでUSB経由を選択して、モバイルデバイスをWindows、もしくはMacにUSBケーブルで直接つなぐと、デスクトップアプリのAdobe XDで選択したアートボードを、モバイルデバイスのアプリ上でリアルタイムにプレビューすることができます※。

※ Windows 10とAndroidデバイスの組み合わせだと、USB経由のリアルタイムプレビューができません。iOSデバイス、もしくはMacと組み合わせてください。

このとき、デスクトップアプリ上は、デザインモードでもプロトタイプモードでも、どちらでもかまいません。それぞれのモードで編集を行うと、モバイルアプリ上のプレビューにリアルタイムで反映されます。

プロトタイプモードで画面遷移やインタラクションが設定されていた場合、モバイルアプリ上の画面をタップやドラッグすることでプロトタイプとして動作します。

また、モバイルアプリ上のプレビューサイズは、デバイスの画面サイズに合わせて自動的に横幅がフィットしますが、縦幅はデスクトップアプリのデザインモードで設定したスクロールとビューポートのサイズによって決まります。

3-14-4 モバイルプレビューの設定

プレビュー中に、モバイルアプリの画面を素早く3回タップすると、モバイルプレビューの設定が表示されます。

モバイルプレビューの大きさを選択します。「幅に合わせる」だと、デバイスの画面幅に合わせます。「100%表示」だと、デスクトップアプリのアートボードの横幅に合わせます。「フリーフォーム」だと、2本指でパンとズームで調整できます。

フローとアードボードを参照
デスクトップアプリのプロトタイプモードで設定したプロトタイプのフローごと、もしくはすべてのアートボードの中からプレビューする画面を選択します。

この画面を画像として共有
モバイルプレビューで表示している画面をキャプチャ画像として保存し、メールなどで共有します。

ホットスポットのヒント
ONにすると、プロトタイプのトリガーを設定した部分がどこにあるかのヒントを表示します。

スワイプにより操作
ONにすると、プレビュー画面をスワイプしたときに、次のアートボードに遷移します。

モバイルプレビューをなるべく実装時の環境に近づけて検証したい場合は、ホットスポットのヒントと、スワイプにより操作をOFFにしましょう。

プロトタイプ終了を選択すると、タブメニュー表示に戻ります。

モバイルプレビューを効果的に使用することで、実装後のデザインや操作感の認識のズレを極力減らすことができます。

4
章

デザインとコミュニケーション

本章ではAdobe XDを利用する共有方法について解説していきます。機能的な共有方法の解説だけでなく、チームコミュニケーションを円滑にするためのデザインシステムについても紹介します。

第4章

1 共有

XDで制作したコンテンツや実装に必要な情報を、関係者間でスムーズに共有して、コミュニケーションをとる方法を学びます。

4-1-1 共有機能について

XDで制作したデザインカンプやプロトタイプは、Adobe Creative Cloudにファイルをアップロードして、第三者に簡単に共有できます。また、共有される側は、特別なツールがなくても、ブラウザ上で見た目や動きのレビュー、コメントによるフィードバック、コーディング用のデザイン素材のダウンロードなどを行うことができます。

4-1-2 共有モード

デザインを共有するためには、ワークスペースのデザイン、プロトタイプと並んだ「共有」タブを選択し、共有モードに切り替えます。

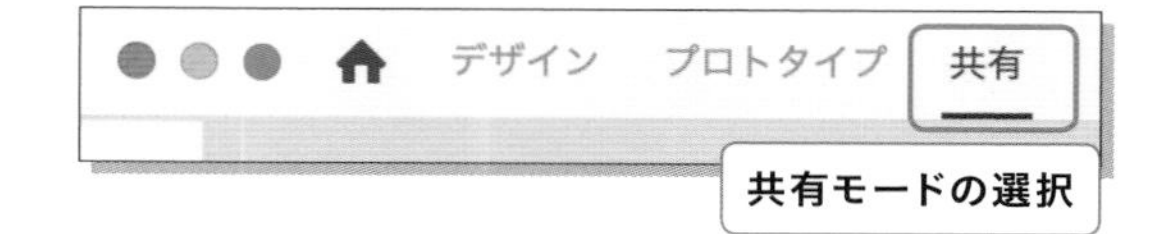

共有モードの選択

共有モードでは、プロトタイプモードで画面遷移の起点となるフロールートマークのついたアートボードと、そこからワイヤー接続した一連のアートボードを1セットのフロー（下図フロー 1）として選択できます。

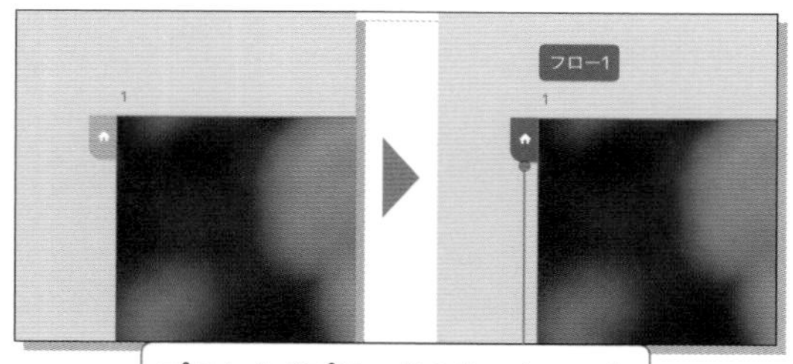

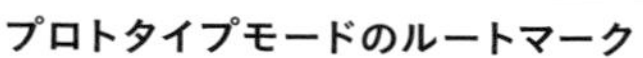
プロトタイプモードのルートマーク

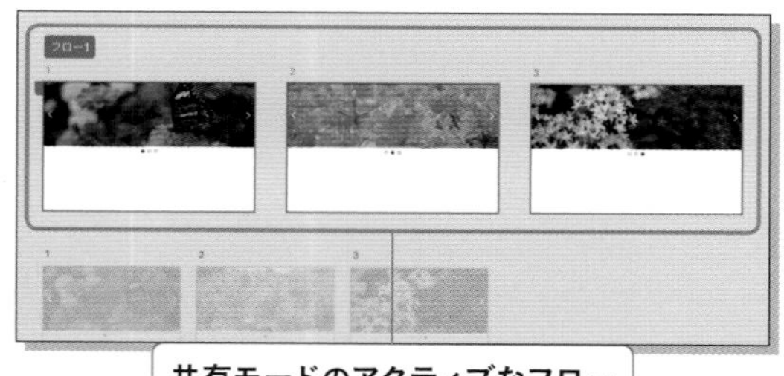

共有モードのアクティブなフロー

1つのXDファイルで、複数のフローを作成・管理することができますが、プロトタイプモードでフロー（ルートマーク）が1つもない場合は、ワイヤー接続されていないアートボードを含めて、共有モードですべてのアートボードを選択できます。画面遷移はなく、デザインだけ確認したい場合に有効です。

4-1-3　共有設定

共有モードでフローを選択した状態で、右パネルから共有のリンク設定を行います。

リンク

「リンク」は、共有されたものが分かるような任意の名前を入力します。初期値はフローの名前です。
「リンク」のドロップダウンメニューより、過去に共有したリンクの管理と、複数のフローの切り替え、新規リンクの作成を行えます。

表示設定

「表示設定」は、誰に何を共有するかに応じて、最適な見せ方を選択できます。

デザインレビュー	デザインまたはプロトタイプに関するフィードバックを得る
開発	デザインまたはプロトタイプを開発者と共有する
プレゼンテーション	デザインのプレゼンテーションに最適
ユーザーテスト	プロトタイプのテストに最適
カスタム	視聴体験をカスタマイズ

どの設定にするか迷ったら、カスタムを選んで、必要なものだけにチェックをして公開すれば問題ありません。

リンクへのアクセス

「リンクへのアクセス」は、公開したものを誰が閲覧できるかの権限を、以下のように選択することができます。

- **リンクを知っているすべてのユーザー**
- **パスワードを知っているユーザー**
- **招待されたユーザーのみ**

アクセス権の権限レベルの高さで比較すると、
招待されたユーザーのみ ＞ パスワードを知っているユーザー ＞ リンクを知っているすべてのユーザー
の順となるため、共有するコンテンツの秘匿性に応じて最適なアクセス権限を設定するようにしましょう。

すべての設定を確認したら、「リンクを作成」のボタンをクリックすると、Adobe IDに紐付いた自分のCreative Cloudにコンテンツがアップロードされ、共有リンクが発行されます。そして、共有リンクをコピーし、第三者に伝えることで、デザインやプロトタイプなどのコンテンツを手軽に共有することができます。

このとき「リンクへのアクセス」を、「招待されたユーザーのみ」にしていた場合、招待したユーザーのメールアドレスに自動的に共有リンクが送信されます。

4-1-4 レビューとフィードバック

共有リンクを受け取ったユーザーは、共有されたコンテンツをブラウザアプリから閲覧できます。

アクセス権限に「招待されたユーザーのみ」で共有された場合は、閲覧に際し、Adobe IDのメールアドレスとパスワードが、「パスワードを知っているユーザー」で共有された場合は、設定されたパスワードが必要になりますが、基本的にブラウザさえあればデザインのレビューを行うことができます。

PC（Mac)、もしくはモバイル端末などの各デバイス向けのデザインは、対象となるデバイスのブラウザでアクセスすることで、より本番に近い環境でプロトタイピングを行うこともできるため、実装前のユーザーテストとして活用しましょう。

共有リンクをブラウザで確認

コメントを記入する

共有モードの「表示設定」で、「デザインレビュー」を選択、もしくは「カスタム」で「コメントを許可」にチェックを入れていた場合、任意のコメントを登録できます。また、コメントボックスのピンアイコンをクリックすると、デザインの中で、コメントを入れる箇所をピン留めすることもできます。

このように、ブラウザで常に最新のデザインを確認しながら、ディレクターからデザイナーへ、デザイナーからクライアントへ、など、関係者間でスムーズにコメントをやり取りできます。

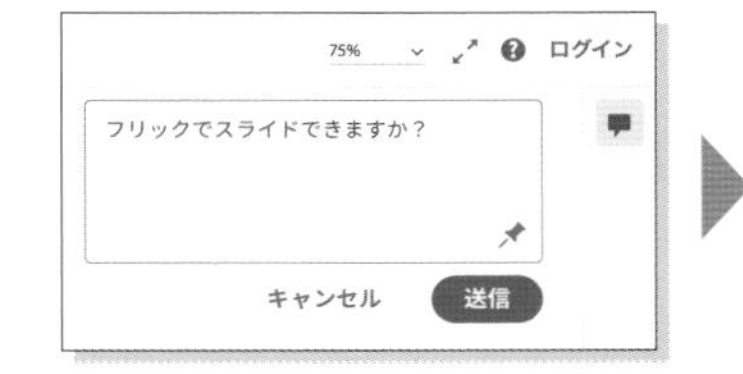

デザインカンプやプロトタイプを修正した後は、再度共有モードで共有データを更新して、コメントによるフィードバックのスレッドを解決しましょう。

4-1-5 デザインスペック

デザイン確定後に実装工程に移行するにあたって、デザイナーはエンジニアに、デザインデータや、それに付随する画像素材、アニメーションに関する仕様など、さまざまな情報の受け渡しを行う必要があります。

このような場合は、共有モードの「表示設定」で「開発」を選択、もしくは「カスタム」で「デザインスペックを含める」にチェックを入れて共有すると、コーディングに必要な情報もブラウザ経由で取得できます。

また、「ダウンロード可能デザイン素材」にチェックを入れることで、デザインモードのレイヤーで書き出し対象にしたオブジェクトを、ブラウザから直接画像素材としてダウンロードすることもできます。

この状態で共有リンクを作成し、ブラウザで閲覧すると、画面右のタブエリアに「</>」というアイコンが表示され、選択するとデザインスペックに切り替えられます。

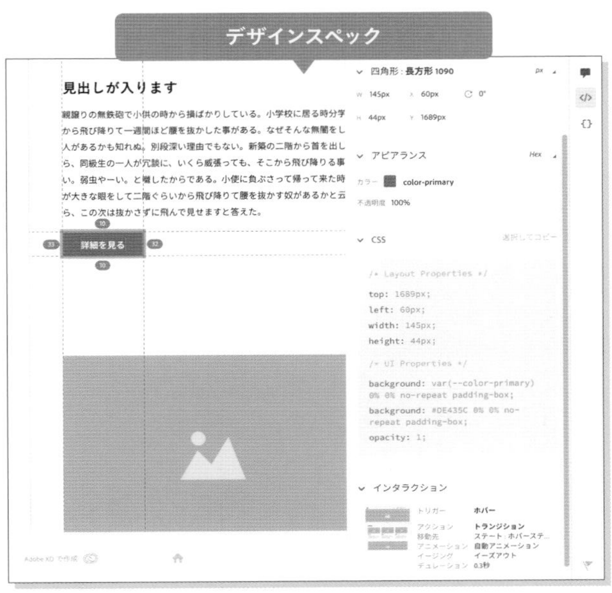

デザインスペックでは、画面上の任意のオブジェクトを選択することで、そのオブジェクトの周りからの距離（px）を直感的に確認できます。同時に右パネルでは、オブジェクトの大きさ（幅Wと高さH）や位置（左上起点のXとY座標）、色（塗りや線）、フォントなどの見た目の情報と、HTML化したときのCSSコード、画面遷移やホバーボタンなどのインタラクション情報を見ることができます。

◉ 画像素材の取得

共有モードの設定で「ダウンロード可能デザイン素材」にチェックを入れて共有した場合、ブラウザから画像素材のダウンロードを行うこともできます。

事前準備として、画像素材として書き出したいものは、デザインモードのレイヤーで「書き出し対象アイコン」をアクティブにしておきましょう。

書き出し対象にしたオブジェクトを、ブラウザのデザインスペック上で選択すると、右パネルから画像形式を選んでダウンロードできます。

ただし、コーディングのときに元画像データが必要な場合もあるため、画像の受け渡しとしてはデザインスペックを過信せず、別の手段で受け渡しができるように別途管理しておきましょう。

◉ コードの取得

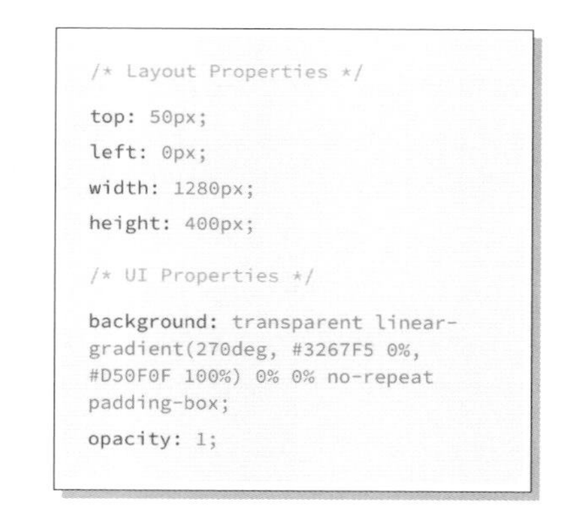

エンジニアが実際に構築するCSSは、HTMLの文書構造やCSS設計に依存するため、デザインスペックでオブジェクトの選択ごとに表示されるCSSコードは、必ずしもそのまますべて流用できるものではありません。

一方で、グラデーションやドロップシャドウなど、一から入力すると手間がかかるデザイン的な装飾のようなコード表記は、コーディングの効率化に役立つこともあります。

必要な部分だけをコピーして使用する、という補助的なコード情報と捉えておきましょう。
インタラクションに関してはコード化されていませんが、アクションが発生するオブジェクトを選択すると、トリガーと種類、移動先、イージングの種類、発生までのデュレーションの数値などの情報が表示されます。エンジニアは、共有されたプロトタイプで実際の挙動を確認しつつ、CSSやJavaScriptでのアニメーション制御に必要な情報として読み取ることができます。

デザイントークン

デザイントークンは、デザイナーとエンジニアが共通の認識としてやり取りできる「名称」です。例えば、あるWebサイトデザインのメインカラーを定義するときに、「#DE435C」のようなHex値でやり取りするよりも、「red」や「color-primary」のような、意味が想像できる名称でやり取りするほうがコミュニケーションを取りやすい場合があります。

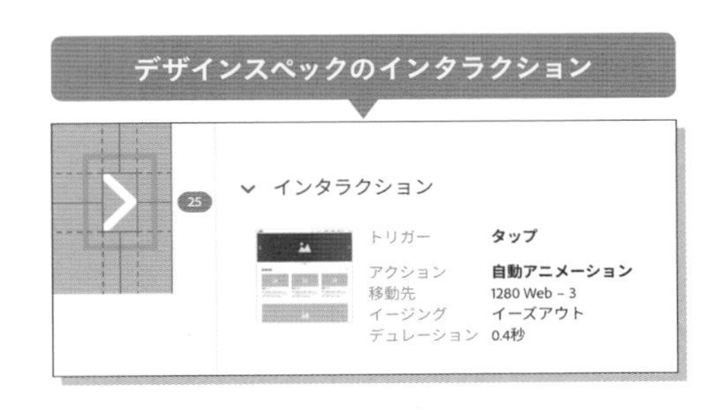

XDのドキュメントアセットでは、カラーや文字スタイルを登録できますが、デフォルトではそれぞれ、Hex値とフォント名が入ります。これを後から任意の名前に変更することで、デザインスペックを通してデザイントークンとして運用できます。

共有リンクの画面右のタブにある「{}」アイコンを選択すると、ドキュメントアセットでの各アセット名が、CSSカスタムプロパティ（変数）として定義されており、デザインスペック中のCSSコードも、これらの変数を用いた記述になります。

ブラウザによってはCSSカスタムプロパティに対応していない場合もあるため、必要に応じてSassなどのCSSプリプロセッサ構文に変換して使用してください。

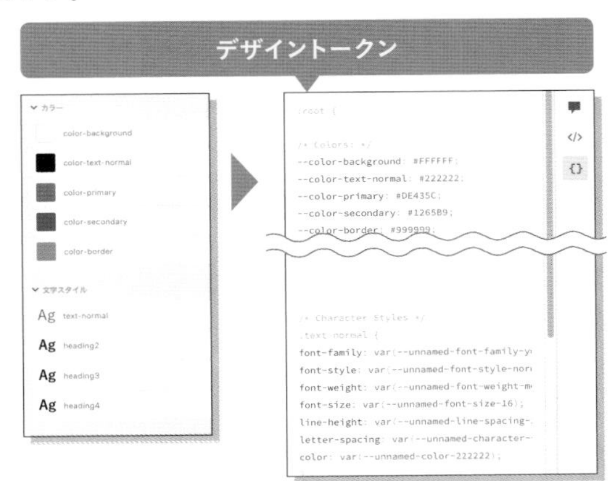

あらかじめエンジニアとネーミングルールを統一しておけば、これらの変数を共通認識の名称として扱うことができ、後にデザイン側で特定のカラーの変更があったとしても、エンジニアはそれに紐づくデザイントークン（変数定義）を修正するだけで、その変数を用いた全体のCSS設計に修正を反映できます。

デザインスペックは、デザインデータから実装に必要な情報を自動的に数値化して伝えることができる非常に便利な機能ですが、プロトタイプ共有におけるコメント機能のように、双方向のやり取りはできないため、足りない情報や画像素材、その他実装における齟齬や疑問点に関しては、別途お互いにコミュニケーションをとることが大切です。

第4章

2 グループワーク

プロジェクトの規模が大きい場合など、グループワークでデザインや実装作業を行うときに、便利な機能や運用方法を紹介します。

4-2-1 クラウドドキュメント

まずXDは、ファイルを新規作成した場合、デフォルトでクラウドドキュメントとして保存されます。自分のPCのローカル環境に保存したい場合は、明示的に、ファイル＞ローカルドキュメントとして保存、を選択することで、ローカルドキュメントに切り替えられます。逆に、ローカルに保存したドキュメントをクラウドに移動したい場合は、ファイル＞別名で保存、でクラウドドキュメントとして複製保存できます（ローカルのドキュメントはそのまま残ります）。

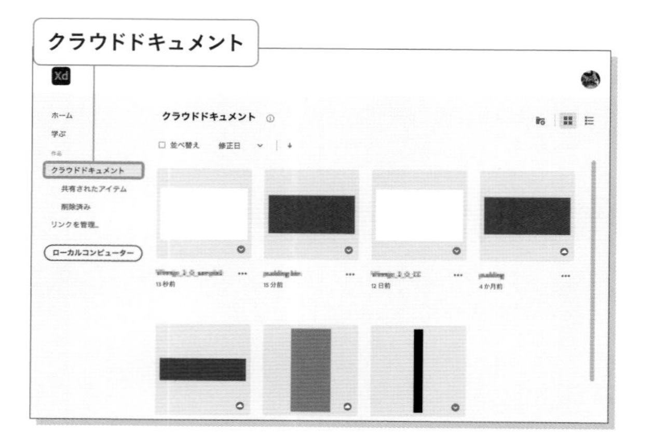

クラウドドキュメントは、その名のとおり、自分のAdobe IDに紐付いたAdobe Creative Cloudのクラウドストレージに保存するドキュメントです。クラウドストレージの容量や使える機能は、Creative Cloudメンバーシップの種類に応じて異なるため、詳しくはアドビ公式サイト（https://www.adobe.com/jp/products/xd/pricing/individual.html）をご確認ください。

クラウドドキュメントは、その性質上、インターネットにつながった環境で使用できますが、一旦ファイルを開いたあとはオフラインでも使用可能になります。
クラウドドキュメントを使うことによって、個人での利用だけではなく、グループで制作を行う場合にもさまざまな恩恵を受けられます。

4-2-2 ドキュメント履歴

クラウドドキュメントとして保存した場合、ドキュメント履歴というバージョン管理機能が使用できます。

クラウドドキュメントを上書き保存すると、一定期間、自動的にドキュメント履歴（バージョン）が記録されます。ドキュメント名の右にあるドロップダウンメニューをクリックすると、過去のバージョンを確認でき、選択したバージョンの状態をいつでも開くことができます。

ドキュメント履歴が自動保存される期間は、Creative Cloudメンバーシップの種類によって異なり、期間を過ぎたバージョンは消去されるため、残しておきたいバージョンはブックマークアイコンをクリックすることで「保護されたバージョン」として無期限に保存できます。

また、タイムスタンプ（日付）として自動保存されたバージョンを、修正内容に応じた任意の名前に変えることができます（バージョン名を任意の名前に変えると自動的に保護されたバージョンになります）。

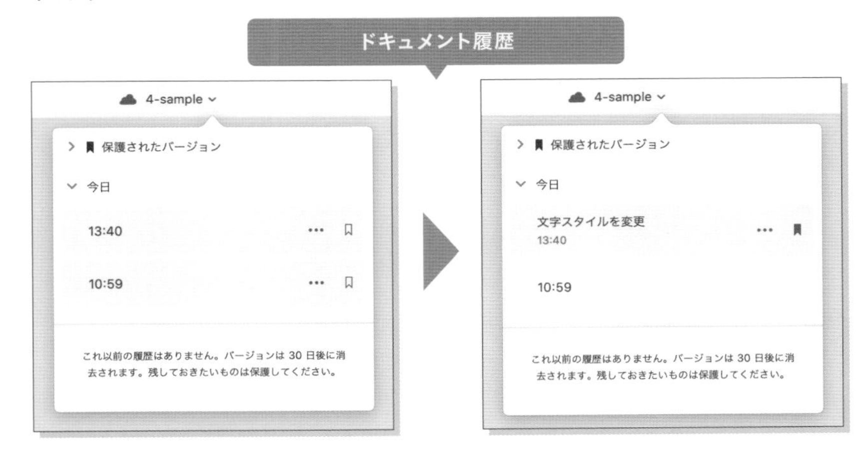

後述する共同編集機能で、自分以外のユーザーがクラウドドキュメントを編集する場合、ドキュメント履歴を使うことで、すべてのユーザーに対して競合を回避したり、修正内容をわかりやすく管理・運用したりすることもできます。

4-2-3 共同編集

ドキュメントに招待する

クラウドドキュメントとして保存したXDファイルは、ユーザーを招待することで、クラウドを通じてそのファイルを他ユーザーが編集できるようになります。

ウィンドウ右上にある「ドキュメントに招待する」アイコンをクリックすると、Adobe ID、もしくはメールアドレスで共有者に招待メールを送ることができます（Creative Cloud デスクトップアプリケーションにも通知が飛びます）。

メールを受け取ったユーザーは、メールに記載されたリンク先にアクセスするか、Creative Cloudデスクトップツールから、共有されたクラウドドキュメントを開いて編集できます。

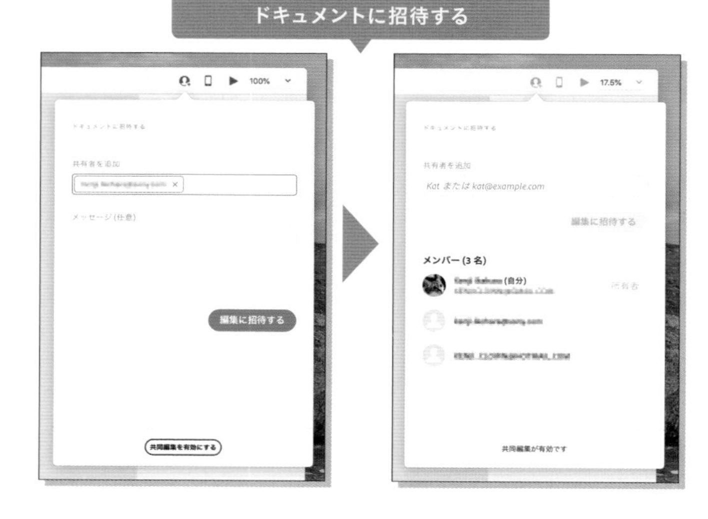

共同編集を有効にする

また、「共同編集を有効にする」ボタンをクリックすると、共有されたユーザーがそのドキュメントに同時にアクセスして、複数人でリアルタイムに同時編集することが可能になります。

共同編集中は、ウィンドウの右上に、同時アクセス中のユーザーが色分けされたアイコンで表示されます。編集画面では、各ユーザーが選択中のオブジェクトがそれぞれの対応色でアクティブになるので、誰が何を編集しているのか分かるようになっています。

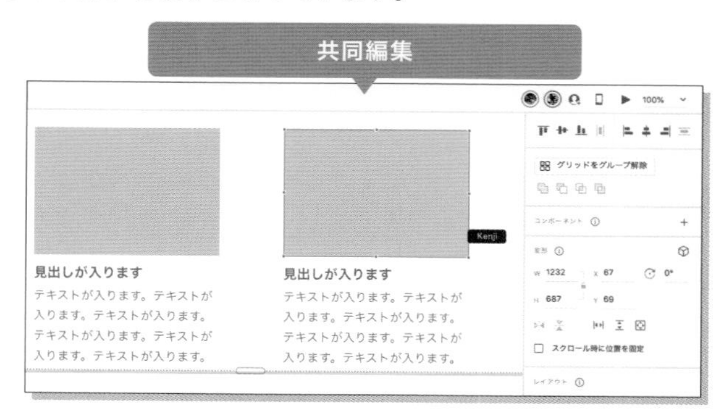

対面ではなく、オンラインのみで共同編集を行う場合、意思疎通の食い違いを防ぐために、ボイスチャットなどのコミュニケーション手段と併用して作業することを推奨します。

共同編集の機能を使うことで、オンラインでコミュニケーションを取りながらのペアデザイン的なブレインストーミングや、デザインに対するフィードバックをリアルタイムに反映するブラッシュアップに活用できます。

4-2-4 アセットのリンク

規模の大きなプロジェクトでは、デザインの一貫性を保つために、共通するカラーパレットや文字スタイル、ロゴやアイコンなどの汎用ライブラリを、制作に携わるメンバー内で共有する必要が出てきます。

XDでは、1つのXDファイル内で作成したアセットだけではなく、別のXDファイルからアセットをリンクして、編集内容を同期しながら使用することができます。

クラウドドキュメントアセットをリンク

クラウドドキュメントとして保存したXDファイルから、アセットをリンクすることができます。まずは、リンク元となるXDファイルを開いたときに、ドキュメント名の左にクラウドアイコンがあることを確認しましょう。

このクラウドドキュメント（assets）は、いくつかのファイルで共通して使用するカラー、文字スタイル、コンポーネントがドキュメントアセットとして登録されています。

共通アセットをリンクして使用する場合は、このように各種アセットだけを取りまとめたファイルを作っておくと管理が楽になります。

また、デザインスペックの項で説明したデザイントークンを意識して各アセットに名前を付けておくと、エンジニアとのやり取りもスムーズになるでしょう。

このような状態のクラウドドキュメントが準備できたら、次に、アセットを読み込む側のXDファイルを新規作成します。このとき、アセットを読み込む側のXDファイルは、クラウドドキュメントでもローカルに保存でも、どちらでも構いません。

新規作成したXDファイル上で、ファイル＞クラウドドキュメントアセットをリンク、を選択します。
アセットリンク元を選択する画面が表示されるので、クラウドドキュメントの中の、assetsというファイルを選択します。

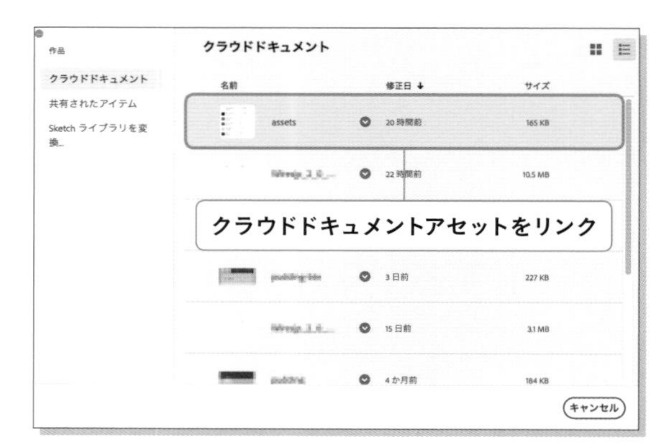

クラウドドキュメントアセットをリンクすると、新規作成したファイルのドキュメントアセットに、元となるassetsで登録したアセット群が表示（リンク）されます。

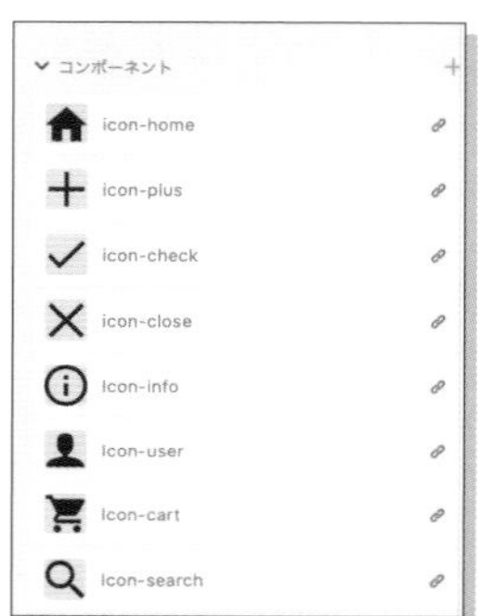

リンクされたアセットは右にリンクアイコンが表示されていて、通常のアセットと同じように使用することができますが、右クリックで表示されるコンテキストメニューが通常のアセットと異なり、名前の変更や削除ができないことに注意してください。

また、リンクされたアセットを編集するには、コンテキストメニューの「ソースのメインを編集」を選択して、リンク元のクラウドドキュメントを開いて該当アセットを編集する必要があります。

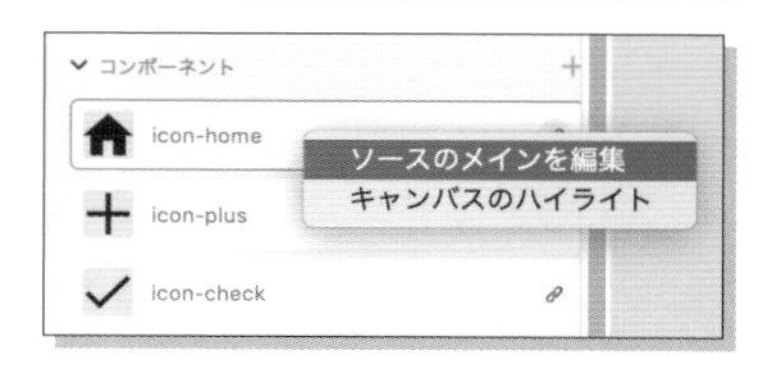

リンク元のクラウドドキュメントで各アセットを編集した場合、リンク先のファイルのアセットに対して編集があったことの通知が表示されます。

例えば、リンク元のクラウドドキュメント（assets）で、以下のアイコンコンポーネントを編集しました。

次にリンクされた側のXDファイルを見ると、編集したコンポーネントのリンクアイコンが青色になっています。これがリンク元のアセットに何らかの編集が行われたという通知になります。青色のリンクアイコンにカーソルを合わせると、編集後のコンポーネントが表示され、アートボード上に配置したインスタンスも編集後のものになります。

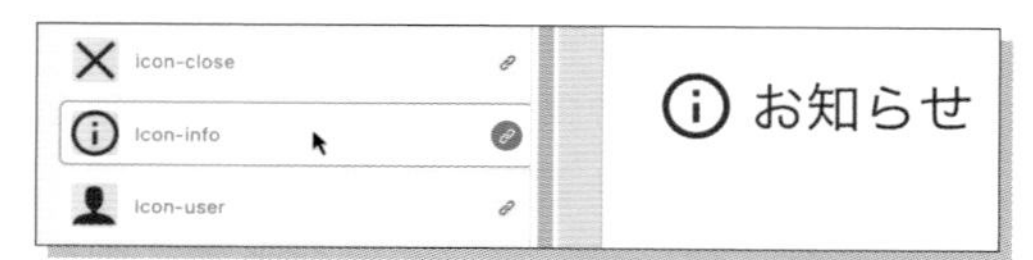

この状態ではまだ編集は反映されていません。編集後の表示を確認して、問題なければリンクアイコンをクリックして編集を反映できます。

このように、クラウドドキュメントアセットをリンクすることで、デザインを統一したい汎用的なアセットをマスターとして一括管理し、マスターに編集があった場合に、各ファイル上で同期させられます。

この例は自分が作成したクラウドドキュメントとのリンクでしたが、「共同編集」の項で説明した、「ドキュメントに招待する」機能を使うことで、アセットリンク元となるクラウドドキュメントを複数人のチーム内で共有し、汎用ライブラリとしてデザインの一貫性を保ちつつ共同制作を行うこともできます。

ローカルドキュメントアセットをリンク

アセットのリンクは、クラウドにドキュメントを保存した状態で使用することを想定していますが、実はローカルに保存したドキュメント同士でも一部のアセットをリンクさせられます。

Aというローカルドキュメント内に以下のようなコンポーネント群がある場合、これらのコンポーネントをコピーして、別のBというローカルドキュメントにペーストすると、Aからリンクされたコンポーネントとして登録されます。

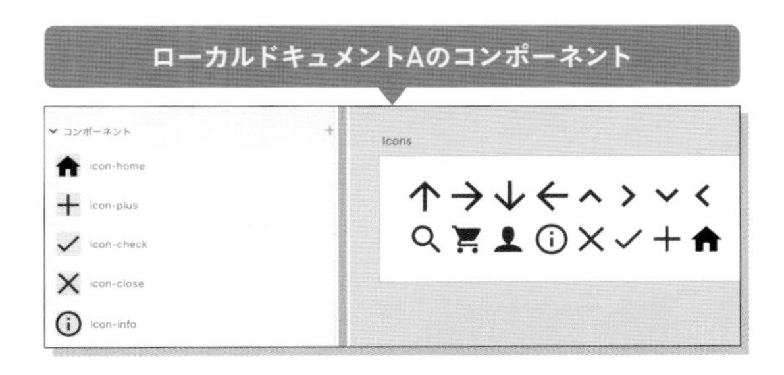

あとはクラウドのアセットリンクと同様に、マスターであるAのコンポーネントの編集内容と同期させられますが、以下の点に注意してください。

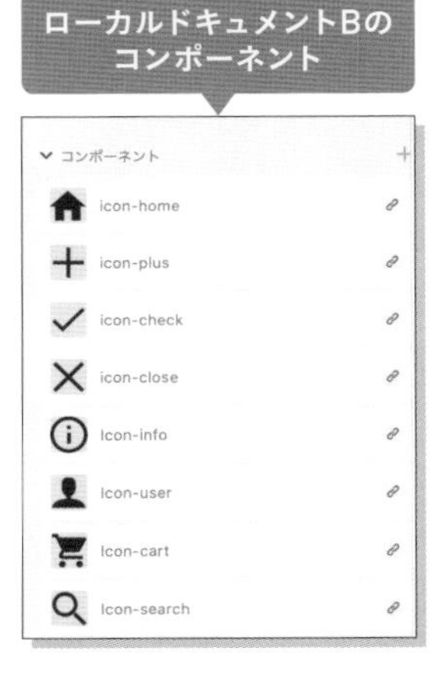

- **ローカルドキュメントでは、カラーと文字スタイルはリンクできない**
- **ローカルドキュメント同士の保存状態によってはリンク切れになることがある**

ローカルドキュメントアセットのリンクは、クラウドドキュメントに比べるとその機能が限定され、コンポーネントのリンクも強固ではない印象ですが、1つのメリットとして、Adobe ID依存ではなく、ファイル依存の関係にできるということが挙げられます。

クラウドドキュメントはその特性上、制作者のAdobe IDに依存します。クラウドドキュメントの制作者がプロジェクトから外れる場合、Adobe IDに紐づいたクラウド上のマスターデータが失われ、共同編集者や、そこからリンクされたアセットがすべてリンク切れになる危険性があります。

クラウドドキュメントを一旦ローカルに保存することは可能ですが、リンクされたアセットも含めて再度調整が必要です。

小規模プロジェクトや、個人制作、社内のファイルサーバーで共同管理する場合などは、あえてローカルドキュメントアセットのリンクを使用することで、最小限のコンポーネント同期を行う運用も検討してみると良いかもしれません。

4-2-5 デザインシステムの構築

デザインシステムとは?

1つのプロジェクトをグループ内で分担制作するだけではなく、複数のプロジェクトをまたぐ共通のサービスや製品が存在する場合、そのブランドアイデンティティを保持しつつ、効率的な運用を行うために、「デザインシステム」の構築が求められることが増えています。

デザインシステムと聞くと、Legoブロックのように「細かいパーツを組み合わせて、大きなコンテンツを作る仕組み」という印象があるかもしれませんが、それがすべてではありません。

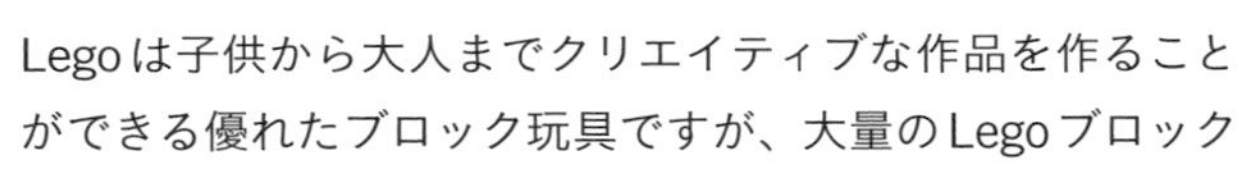

Legoは子供から大人までクリエイティブな作品を作ることができる優れたブロック玩具ですが、大量のLegoブロックだけを与えられても、そこから出来上がるものは人それぞれ違ったものになるでしょう。
そんなときは、カテゴリや使える個数、色など、いくつかルールを設定することで、作品の品質を平均化することができます。

これらの言語化されたルールや、色や形で表された材料などをすべてひっくるめたものが「デザインシステム」と呼ばれるものです。

デザインシステムを構成する要素

デザインシステムを構成する要素をもう少しまとめると、組織によって考え方が異なる部分もありますが、大きく分けて

1.「デザイン概念・原則」：プロダクトやサービスがもつ重要なテーマ、ユーザーに与えたいイメージ
2.「スタイルガイド」：デザイン全体を統一された見た目にするためのルール・お作法
3.「コンポーネントライブラリ」：コンテンツ内に繰り返し登場する汎用的なパーツ群

の３つの要素に分類され、重要度でいうと、まず「デザイン概念・原則」が第一にあり、「スタイルガイド」「コンポーネントライブラリ」に続く階層構造になっています。

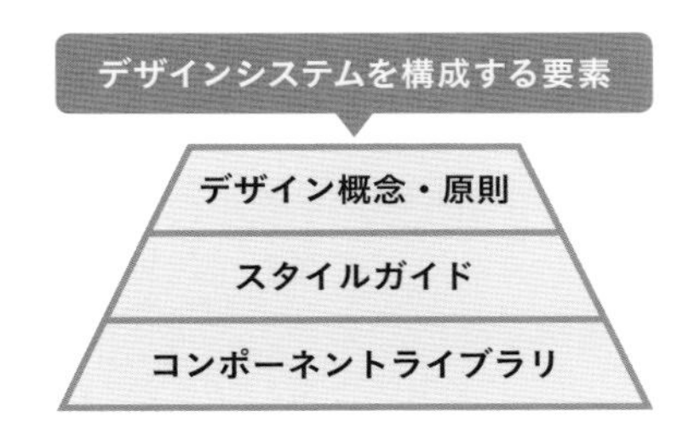

すなわち、XDに限らず、多くのデザインツールで重視しがちなコンポーネントライブラリは、デザインシステムの一要素に過ぎず、ドキュメント化されたルールやガイドラインの方が重要な場合があるということを理解する必要があります。

XDでライブラリを公開・参照する

前項で説明したアセットのリンクも含め、XDには優れたコンポーネントライブラリの機能があります。

クラウドドキュメントでは、カラー、文字スタイル、コンポーネントのセットを、ライブラリとして公開することができます。公開したライブラリは、共有者を追加することで、ドキュメントアセットとは別に、CCライブラリとしていつでも参照することができます。

まず、クラウドドキュメントのドキュメントアセットパネルにある、「ライブラリとして公開」のアイコンをクリックします。

ライブラリウィンドウが表示されるので、現在のファイル名を確認し、公開ボタンをクリックします。
ファイル名がそのままライブラリ名になるので、わかりやすい名前にしておきましょう。

公開したライブラリを自分以外に共有する場合は、共同編集の「ドキュメントに招待する」
と同様に、共有者を追加します。このとき、共有者の権限を「閲覧のみ」か「編集可能」を選択できます。コンポーネントのマスターデータを編集されたくない場合は「閲覧のみ」を選択しましょう。

ドキュメントアセットパネルの←アイコンをクリックすると、CCライブラリに切り替えられます。再度ドキュメントパネルに戻るときは、CCライブラリのドキュメントアセットをクリックします。

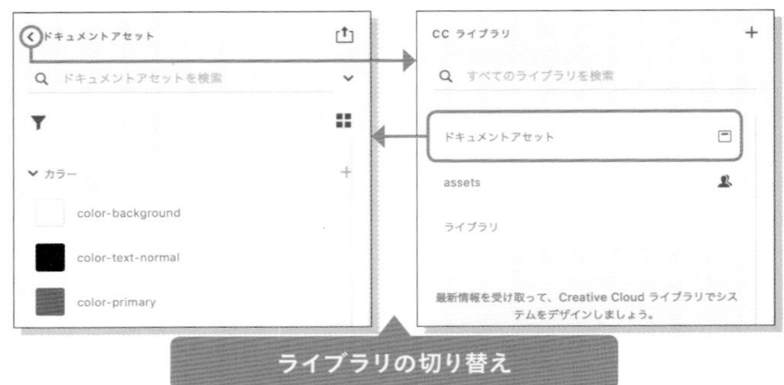

事前に公開したライブラリ「assets」の共有メンバーのCCライブラリに、「assets」が表示されていることを確認したらクリックして展開します。

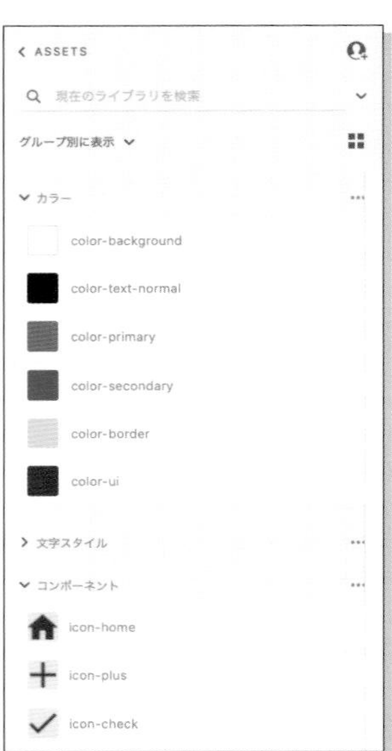

公開したライブラリ「assets」のカラー、文字スタイル、コンポーネントが使用できます。

クラウドドキュメントアセットのリンクと似ていますが、アセットのリンクが、最初にマスターとなるファイルからアセット一式を読み込んで使用することに対して、CCライブラリとしての参照は、ローカルなドキュメントアセットとは別に、好きなときに好きな分だけ参照して使用することができます。

また、CCライブラリは、XDだけではなく、Adobe PhotoshopやAdobe Illustratorなどの、ほかのアドビ製品からも同様に登録・共有できます。

画像編集したメインビジュアルはPhotoshopで、精細なロゴやアイコンはIllustratorでCCライブラリに登録する、といった使い分けを行うことで、デザインシステムの一要素であるコンポーネントライブラリとして、XDで集約して使用することができます。

5

章

業種別に作るWebサイト

本章ではAdobe XDを利用するワイヤーフレームについて解説します。業種別ワイヤーフレームをダウンロード特典として準備しているので、そちらと併せて確認いただくことをおすすめします。

第5章 1

ワイヤーフレームとは

ここでは5-2以降で解説するワイヤーフレームの基礎知識を紹介します。本書で紹介するワイヤーフレームの特徴についても触れます。

5-1-1 ワイヤーフレームとは

ワイヤーフレームとは、ページごとに含まれるコンテンツや大まかなレイアウトなどを確認するためのWebサイトの設計図です。多くの制作現場では、詳細なデザインの前にワイヤーフレームを作成することによって、制作チーム全体でイメージのすり合わせを行います。またクライアントサイドとワイヤーフレームを共有し、要件定義内の過不足項目の確認や、ページ内のストーリー展開などを検討することは、Webサイトの骨格を決定する上でとても重要なプロセスになります。

ワイヤーフレームの詳細度は、プロジェクトごとの特徴や制作チームの方針によって多岐にわたります。そのため作成者は、あらかじめワイヤーフレームの役割における目標を設定して、それを達成するように努めます。また、近年ではマルチデバイス化の動きを汲んで、同一ページで複数の幅のワイヤーフレームを作成する取り組みも主流となっています。そのときは必ずそれぞれ実機で表示して、どのようなデバイス環境でも必要な情報にアクセスできることを確認をしておきましょう。

5-1-2 ワイヤーフレームをXDで作成するメリット

簡単なテキストの編集やパーツのレイアウト変更ができる

初期段階のワイヤーフレームは、多くの場合でサンプルデータを使用しての構成となります。XDでは、そのようなサンプルデータ周りに対してパディングを活用することで、後にデータの差し替えがあったときにも、パーツエリアとデータ間の余白調整を自動化することが可能です。

また、複数のパーツを一定方向に配置するレイアウトに対してスタックを活用すると、余白を考慮してテンプレートを構造化できます。調整はドラッグと簡単なキーボード操作のみで完了するため、煩わしい手作業での修正は不要です。配置規則を整えたり、パーツの順列を入れ替えるときにも、より効率的に作業ができるようサポートしてくれます。

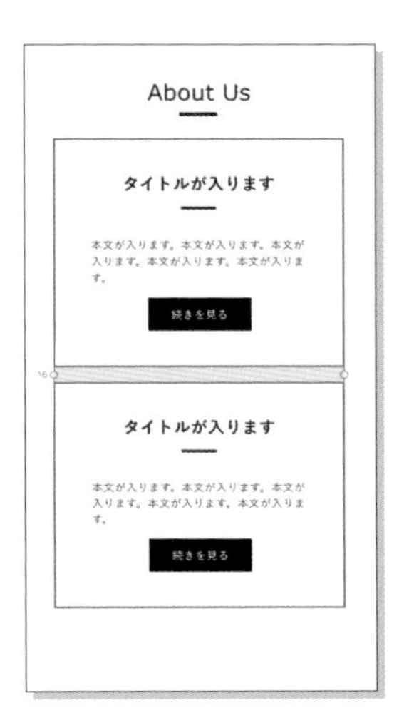

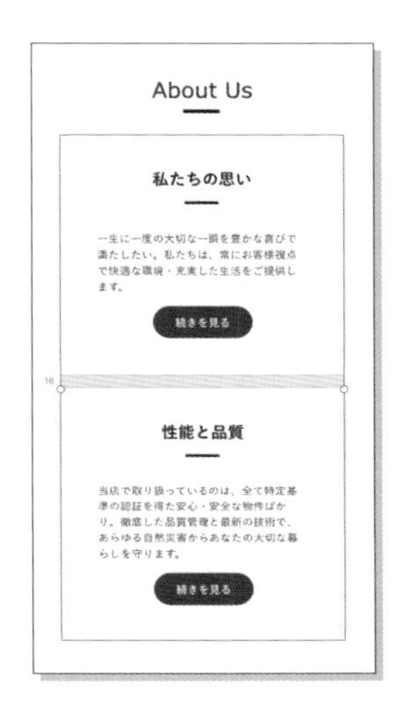

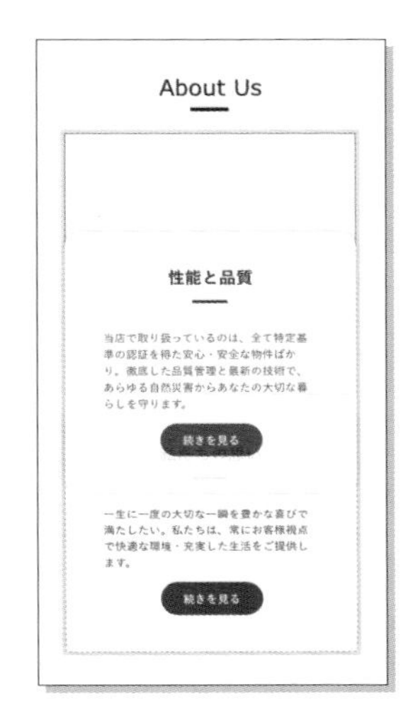

◉ ドキュメントアセットを利用した一括管理ができる

ワイヤーフレームはあくまでも設計重視のため、使用する文字スタイルやカラーなどの細かな作り込みは重視されません。作成にかかる工数を考慮する面でも、ドキュメントのルールはなるべく単純化されるのが一般的です。XDでは、そのような仮置きしている値をドキュメントアセットで定義づけることで、一箇所での編集作業をドキュメント全体に反映することができます。さらにワイヤーフレーム専用のライブラリを作成しておけば、アセットの用意も一瞬です。

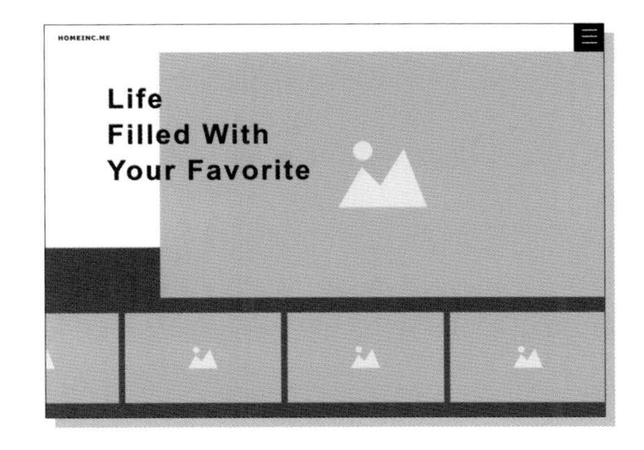

また、Webサイトで繰り返し使用するパーツについても、コンポーネントによって一括管理することが可能です。メインコンポーネントとインスタンスを使い分けることで、パーツの関係性に優先度を生み出すこともできます。さらに、ワイヤーフレームの作成段階で増えすぎてしまったパーツは、コンポーネントの置換を使って1つに集約できるため、デザインのフローに移りやすくなるといったメリットもあります。

簡単にプロジェクトチーム全体での共有やフィードバックができる

ワイヤーフレームは作成したら終わるものではなく、プロジェクトチーム全体におけるフィードバックが要になります。XDの共有モードは、さまざまな場面においてより適切な形で新規ドキュメントや更新内容を共有する機能が揃っています。いずれも少ない操作で完結するため、従来のデザインツールのようなページごとの書き出し作業はもう必要ありません。

例えば共有時にコメント機能を適用すれば、フィードバックの言及箇所をピンで示して、テキストコミュニケーションにおける認識のズレを防ぐことができます。また、XDを外部ツールと連携すれば、チームが使い慣れている様式で管理をすることも可能です。さらに共同編集としてファイル内に招待することもできるので、デザイナーに限らず、チームに参加しているすべての人がコンテンツを追加したり、オリジナルページを作成することもできます。

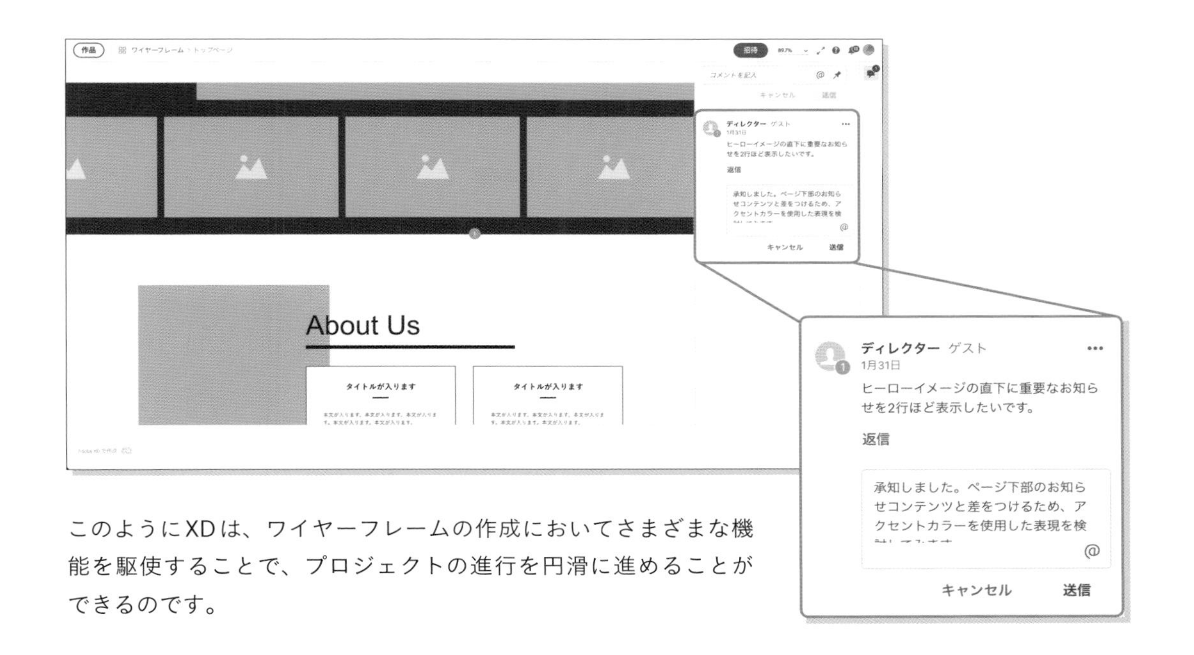

このようにXDは、ワイヤーフレームの作成においてさまざまな機能を駆使することで、プロジェクトの進行を円滑に進めることができるのです。

5-1-3 本書で提供するワイヤーフレームの特徴

本書では、業態別に分類した6種類のサイトについて、制作フローに則ったワイヤーフレームの作例をご紹介しています。

- **コーポレートサイト**
- **リクルートサイト**
- **ECサイト**
- **サービス紹介サイト**
- **キャンペーンサイト（LP）**
- **メディア・ブログサイト**

これらのワイヤーフレームにおいては、命名規則やアートボード幅にあえて統一した規則を設けず、それぞれのページ構成や特徴的なコンテンツに最適化しています。また本書各節の導入部分で、それぞれのサイトの制作フローやサイトマップ例、さらに付属のワイヤーフレームの構成やカスタマイズの方法を記載しています。ここで紹介しているさまざまな方法を参考に、ご自身にとって最も管理しやすい方法を模索してみてください。

もちろん実際のWeb制作現場でご利用いただいても差し支えありませんが、編集したワイヤーフレームをインターネット上に再配布する行為は、営利非営利を問わずお控えください。

その他の詳しい解説や注意点などは、各作例の導入部分にてご案内しています。

第5章

2 コーポレートサイト

ここではコーポレートサイトの制作について解説します。コーポレートサイトに求められる用件だけでなく、変化に対応しやすい方法を説明していきます。

QRコードにアクセスして
動画でチェック!

収録範囲
5-2-2
5-2-4

5-2-1 コーポレートサイトの特徴

コーポレートサイトとは

コーポレートサイトとは、企業のプロフィールとなるサイトのことで、主な目的はクライアントや投資家などのさまざまなステークホルダーに対して企業情報を知ってもらい、信頼を獲得することです。
そのためには、多くの情報を整理して閲覧者に見せる必要があります。
企業のイメージを視覚化する必要もあり、多くの場合、コーポレートカラーに合わせた落ち着いたデザインでわかりやすい構成のサイトになります。
しかしベンチャー企業などを中心に、他社との差別化やブランディングを狙ったデザインもあり、企業の成長ステージにあわせてトンマナが変わる傾向にあります。
その他にも人材採用へ影響があったり、カスタマーサポートがスムーズになったり従業員にとってもモチベーションの1つになることがあります。

コーポレートサイト制作のポイント

- **多くの情報をわかりやすく掲載する必要があるため、あらかじめ情報を整理し、優先度を決定しておきます。**
- **企業の成長ステージや目的にあわせて、情報設計やトンマナを作成します。**
- **社員や実績などの写真素材は、可能な限りストックフォトを使用せず、高品質でリアルなものを用意することで信頼できるサイトを目指します。**
- **サービスサイトやリクルートサイトを別にもつ場合は役割分担を決め、情報をどこまで掲載するかを明確にします。**

コーポレートサイトの制作フロー

1. 要件定義
2. 情報設計
3. サイトマップ作成
4. ワイヤーフレーム作成
5. デザイン・プロトタイプ作成
6. 素材作成（撮影、原稿など）
7. 実データ差し替え
8. コーディング
9. 確認・調整
10. 公開・運用

本節では上記でハイライトした箇所を取り扱います。

コーポレートサイトのサイトマップ例

受託制作：マーケティング企業の新規サイト作成依頼とする

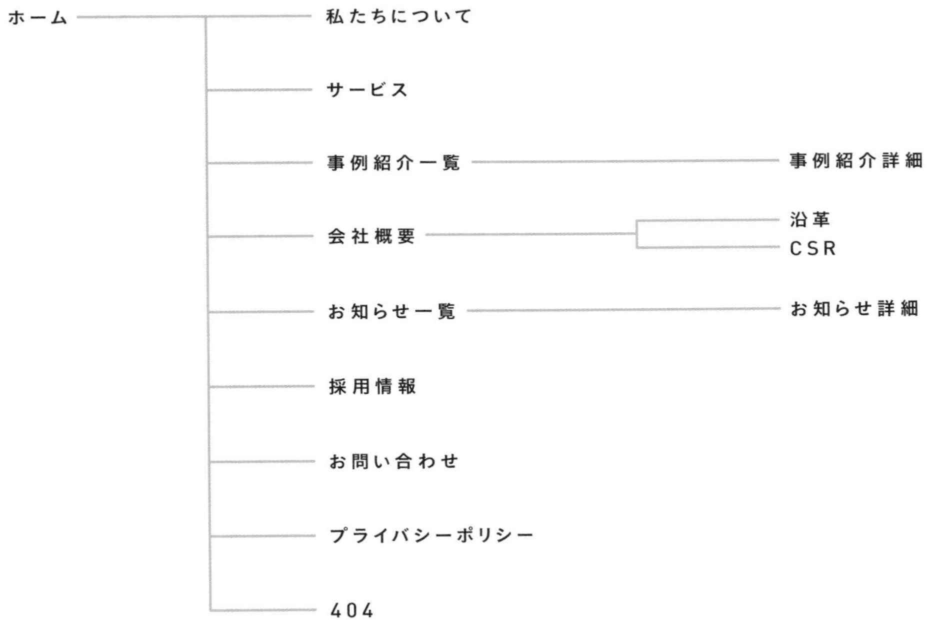

- ホーム
  - 私たちについて
  - サービス
  - 事例紹介一覧
    - 事例紹介詳細
  - 会社概要
    - 沿革
    - CSR
  - お知らせ一覧
    - お知らせ詳細
  - 採用情報
  - お問い合わせ
  - プライバシーポリシー
  - 404

第5章

5-2-2 付属のワイヤーフレームについて

概要

このワイヤーフレームは3つのデータに分かれており、正しく使用することで効率的にオリジナルのワイヤーフレームを作成できます。
ここでは、これら3つの構成について紹介します。

1つ目は、ボタンなどの細かいパーツを統一するために用いるメインコンポーネントを集めたアートボードです。

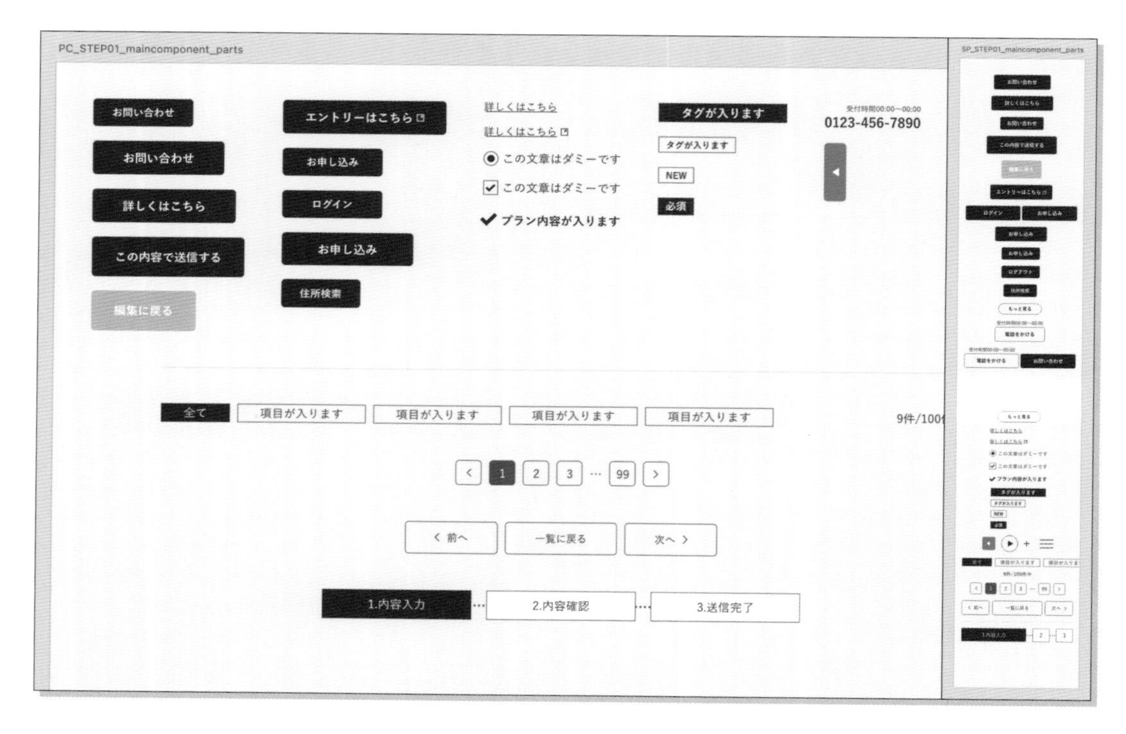

例えば、「詳しくはこちら」というテキストを「詳細を見る」に変更したい場合、こちらのアートボードにあるテキストを変更すれば、すべてのアートボードのテキストを一括変更できます。

2つ目は、さまざまなレイアウトで構成されたセクションごとのテンプレートです。
こちらは今回配布するワイヤーフレームをオリジナルの構成に変更する場合や、ご自身で新たにワイヤーフレームを作成する場合に、使用したいセクションをコピー＆ペーストして用意します。
すべてのセクションは、スタックやリピートグリッド、パディングなどを使用して作成されているため、効率的にレイアウトを変更できるよう設計されています。

例えばテキスト量が増えた場合でも、下のセクションにテキストが重なることなく、自動的にレイアウトが変更されます。

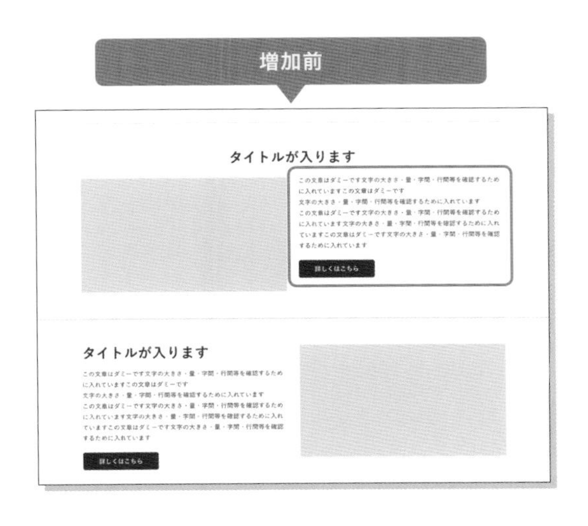

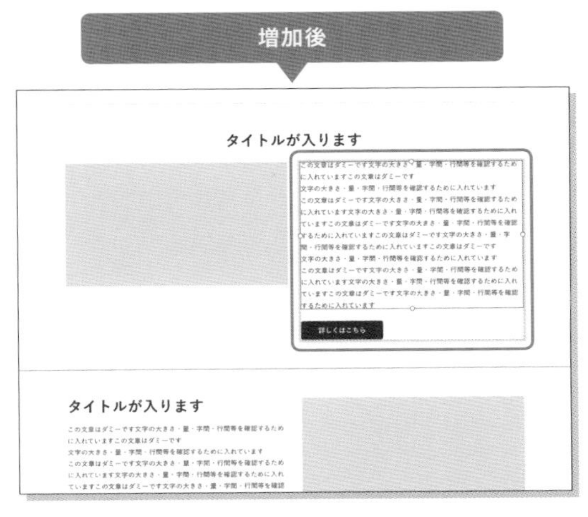

また要素の増減も、Command（Ctrl）＋Dでレイヤーの複製、または削除を行うだけで自動的にレイアウトが調整されます。
要素の左右や上下の入れ替えも、ドラッグまたはレイヤーを移動するだけで変更できます。

3つ目は、実際に使用するワイヤーフレームです。
ヘッダーやフッター、CTAなどの何度も使いまわすセクションはコンポーネント化し、専用のアートボードで管理することで修正などの管理が簡単になります。

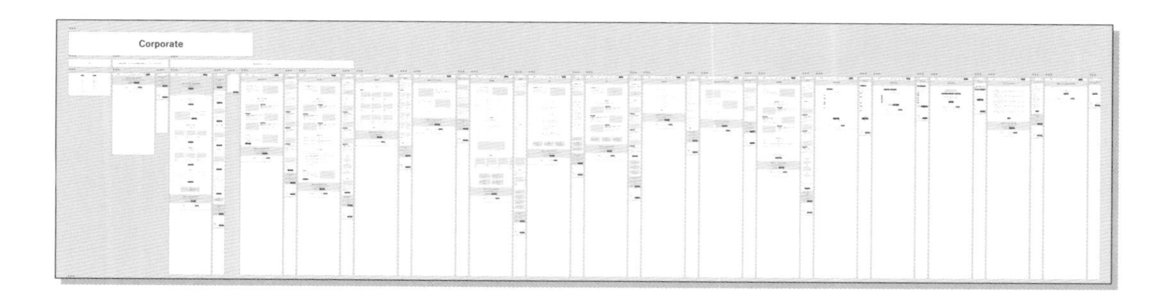

実演

ここでは実際にテンプレートからワイヤーフレームにセクションを追加してみます。
まずテンプレートから使用したいblockレイヤーをコピーします。

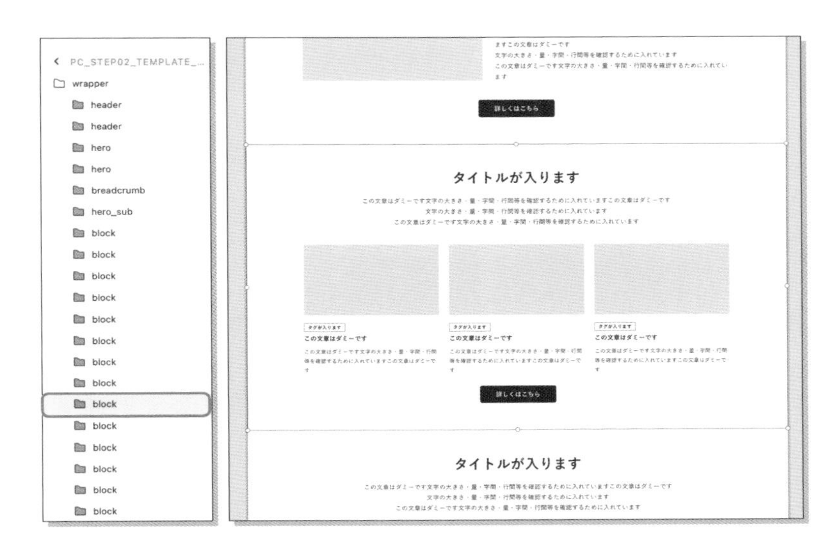

セクションを追加したいワイヤーフレームのcontents直下のレイヤーを選択し、ペーストします。

選択したレイヤーの下にblockレイヤーが追加されました。
blockレイヤーを好きな位置に移動することで、レイアウトの順番を変更できます。

特殊テンプレートの解説

パン屑リスト

パン屑リストはliレイヤーを複製することで、階層を増やせます。

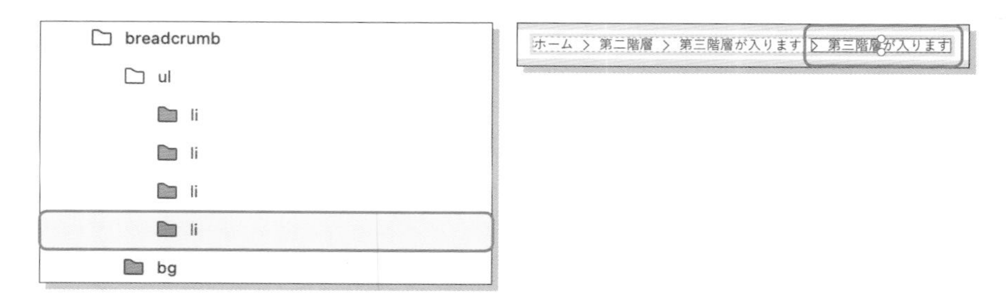

またスマホ版では、デバイスの幅を超えた場合、水平スクロールが可能になります。

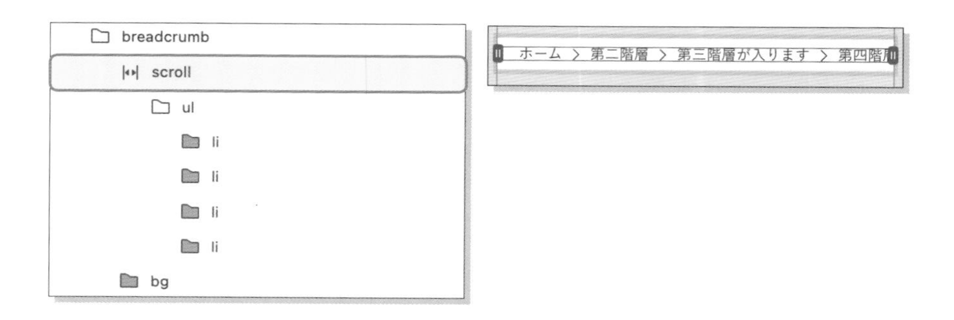

テーブル

テーブルは二重にスタックが適用されています。

縦軸を増減させるにはtrレイヤーを複製または削除し、横軸を増減させるにはtdレイヤーを複製または削除します。

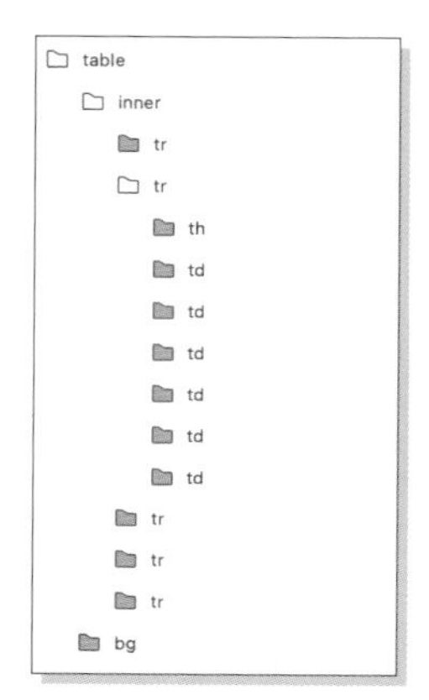

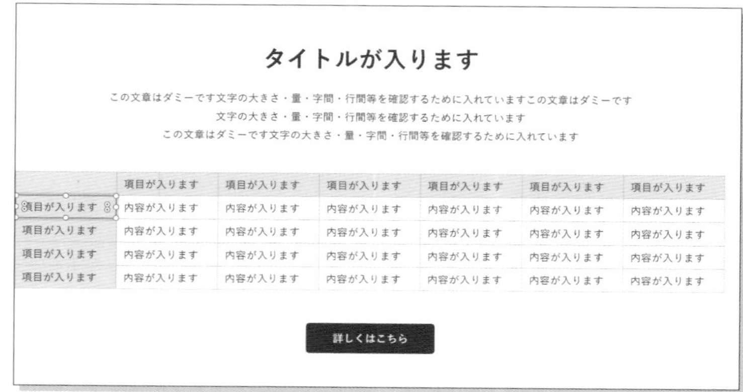

沿革用テンプレート

沿革用のテンプレートは、日付とテキストを含むレイヤー（history > div > div）の複製または削除により、時系列を表す点線が自動で伸縮します。

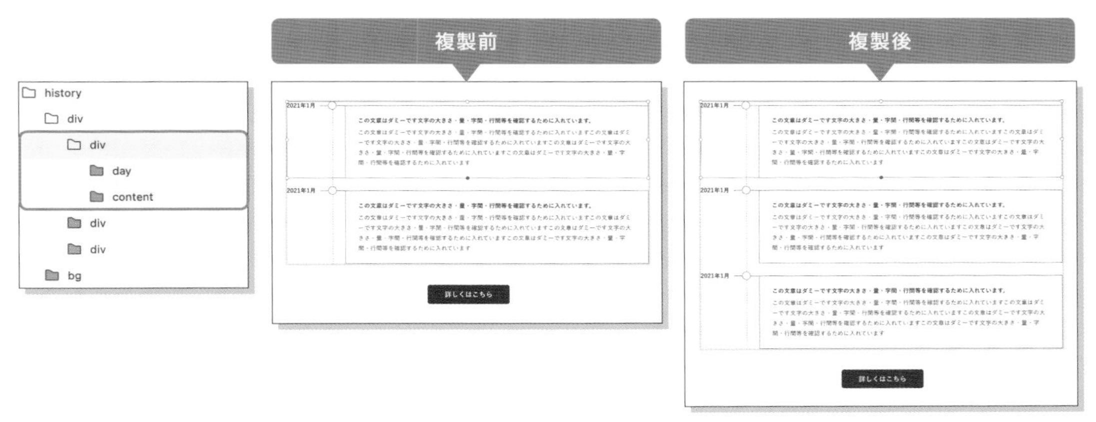

スマホ版では、長くなりがちな沿革に対応するため「もっと見る」ボタンを用意しています。
historyレイヤーとmoreレイヤーを下揃えにするとグラデーションマスクがかかったような状態になります。

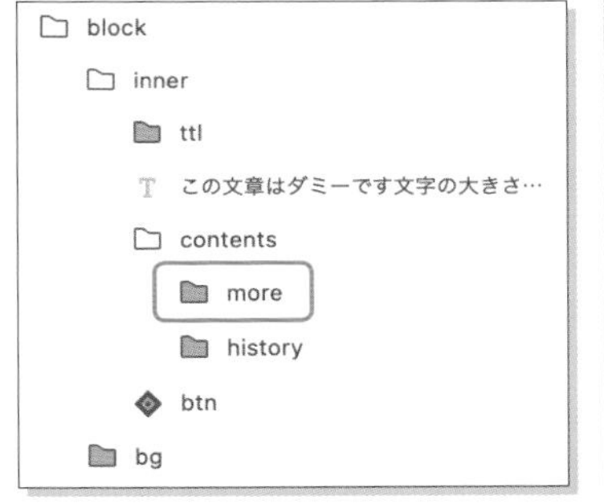

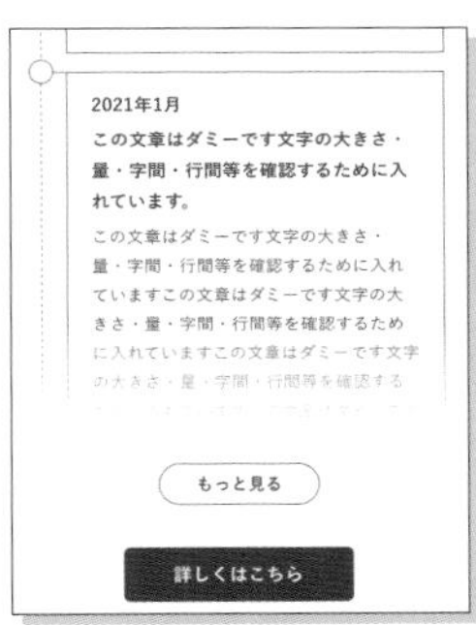

ステートをもつパーツ

今回作成したテンプレートにはステートをもつパーツが存在しています。
例えば、フォームで使用している必須タグには任意ステートが用意されています。
また、ラジオボタンとチェックボックスもステートを用いてオンとオフを切り替えられます。
その他に、アコーディオンの＋ーアイコンなどもステートをもつパーツの１つです。

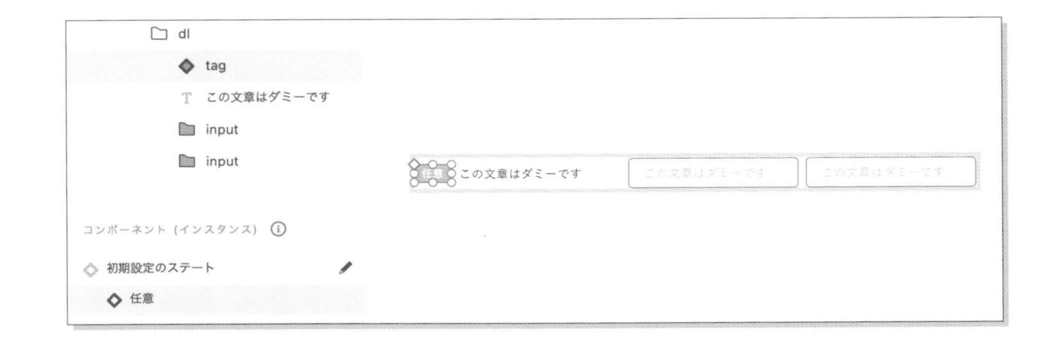

第5章

◉ 情報設計意図

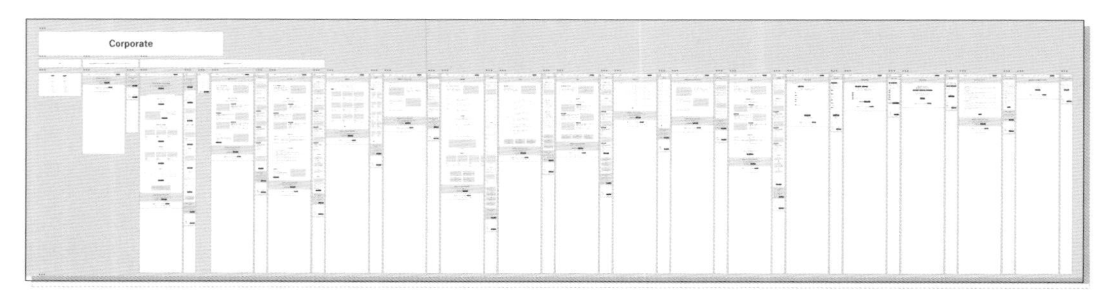

サイトの顔となるトップページは、企業情報のアピールと信頼の獲得、比較検討時のイメージ向上というサイトの目的に合わせて設計しました。
ファーストビューで企業のイメージを大きくアピールした後、企業やサービス内容を紹介し、興味をもったユーザーが比較検討するために強みや事例紹介などを参考にする流れを想定したレイアウトです。
ニュースに関しては大企業であれば情報公開の優先度が高いため、ヒーローの直下にレイアウトされることが多いのですが、今回はベンチャー企業を想定しているため優先度を下げました。ただし、最新ニュースを1件ファーストビューに表示しています。
この辺りの優先度は、企業によって変更します。
ナビゲーションも同じ考え方でレイアウトしています。

LOGO
キャッチコピーが入ります
私たちについて
サービス
選ばれる3つの理由
事例紹介
お知らせ
CTAキャッチコピーが入ります
0123-456-7890
LOGO
キャッチコピーが入ります
タイトルが入ります
サービス
選ばれる3つの理由
事例紹介
お知らせ
CTAキャッチコピーが入ります
LOGO

第5章

全体設計では、先程想定したユーザーの流れにあわせて、ほとんどのページでCTAと次に見て欲しいページへの導線を用意しています。
例えば、「私たちについて」ページの最下層には「サービス」ページへのリンクが用意されています。

また、プライバシーポリシーや404にも導線を用意すると親切です。

最後に、すべてのサイトで共通しますが、フォームで確認画面を挟む場合はユーザーがどのステップにいるかを表示することで誤って離脱することを防ぐように設計しています。

5-2-3 沿革の作り方

コーポレートサイトで必要になるものとして沿革があります。
ここではスタックを用いて、レイヤーを複製するだけで、日付とテキストボックスが等間隔で増えたり、テキスト量に応じて可変したりする沿革の作成方法を紹介します。

ピックアップ機能

- テキスト（高さの自動調整）
- スタック
- パディング
- ステート

目次

1. ワイヤーフレームでの作り方
2. デザインでの作り方

ワイヤーフレームでの作り方

今回のワイヤーでは沿革をタイムラインで表示します。
そのとき、テキストボックス数やテキスト量によってタイムラインも伸縮するように設計していきます。

増加前

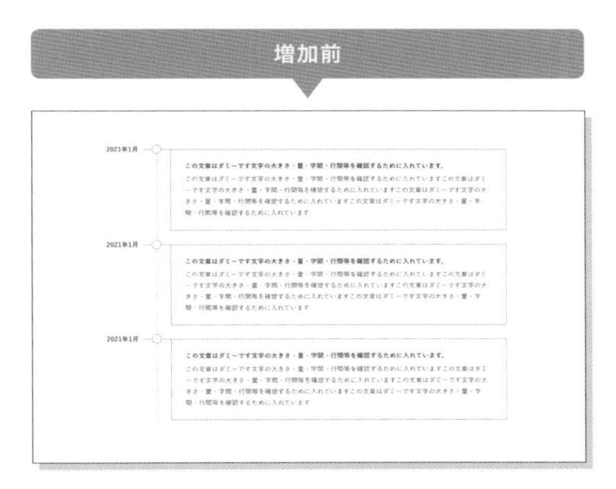

増加後

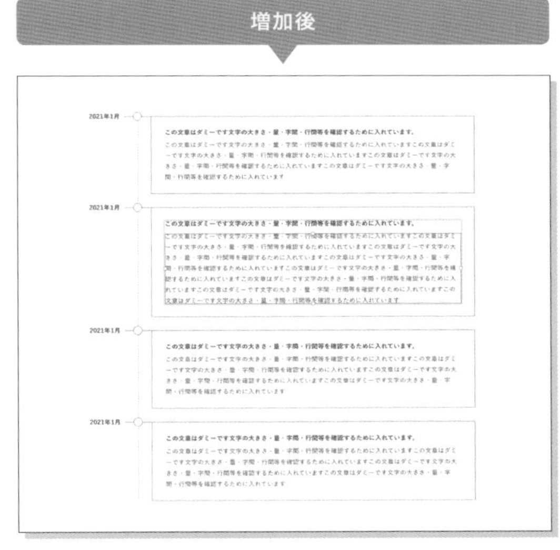

ここでは配布データのアートボードCorp_sample01を使って作成していきます。

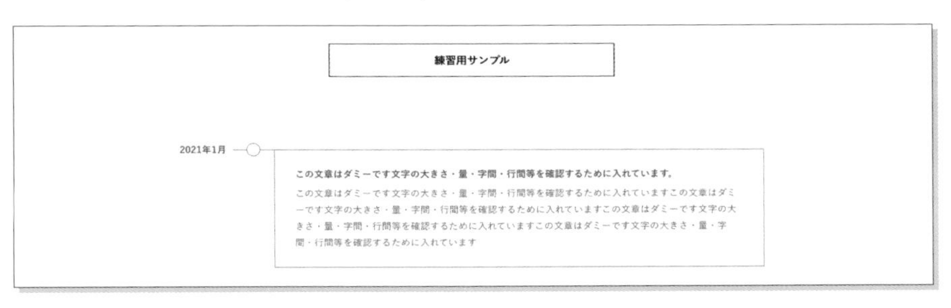

まずは練習用データにある要素をいくつか複製し、さらにグループ化（div）して縦方向にスタックを設定します。

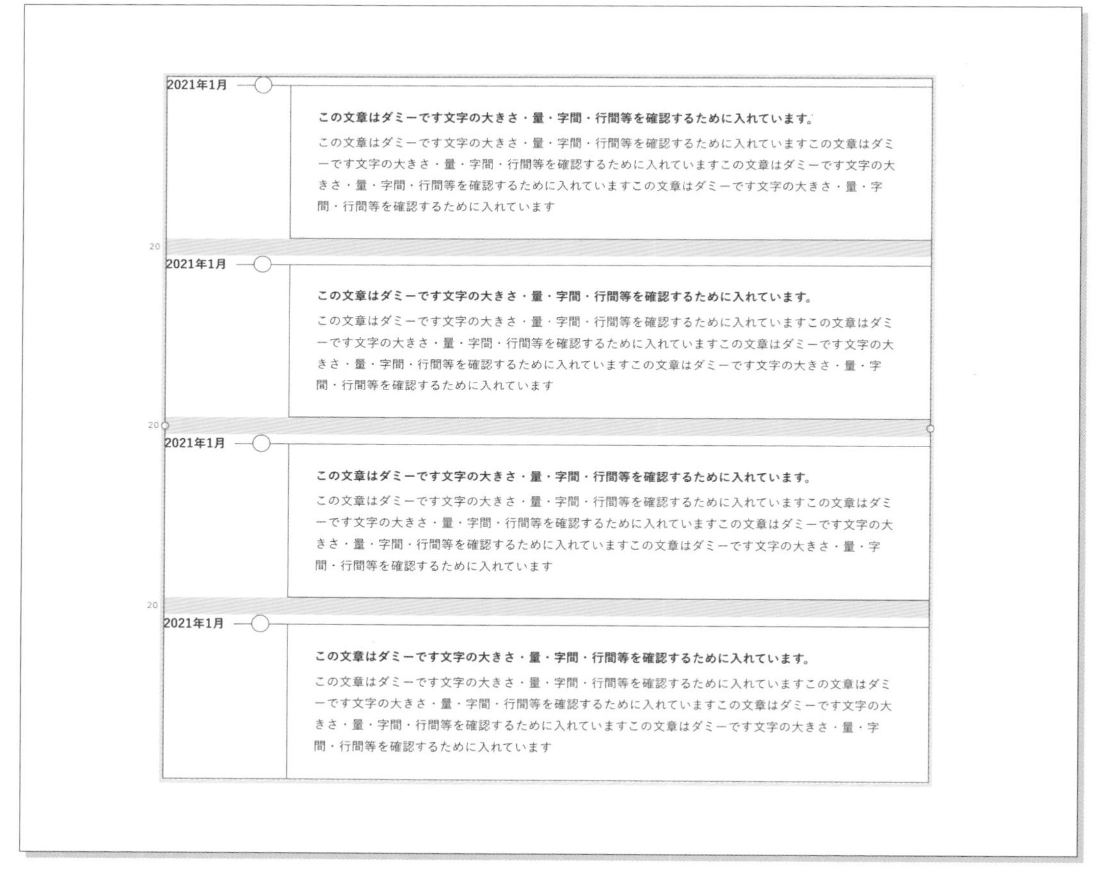

次にタイムラインを破線で作成し、グループ化（bg）して図のレイヤー階層に配置します。
ここでグループ化しないと、伸縮する線が作成できないため注意が必要です。

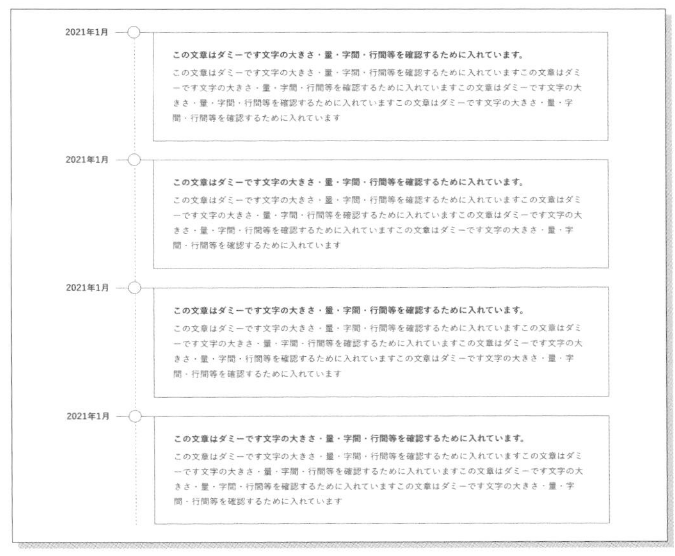

最後に、これらをさらにグループ化したレイヤー（history）にパディングを設定することで、伸縮するタイムラインが完成します。

history
div
div
day
content
div
div
div
bg
線 11

スマホ版ではコンテンツが長くなってしまうこともあります。
そこで、今回はもっと見るボタンを用意しコンテンツを一部非表示にしました。
片方の不透明度を0にしたグラデーションがかかった長方形とボタンを組み合わせて作成しています。

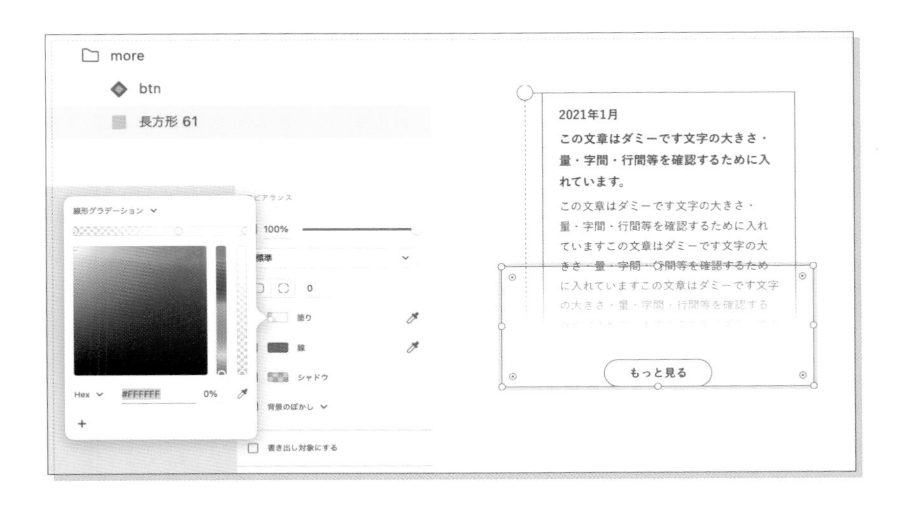

デザインでの作り方

デザインでは、カードを左右に振ったレイアウトに変更して作成してみましょう。

ここでは配布データのアートボードCorp_sample02を使って作成していきます。

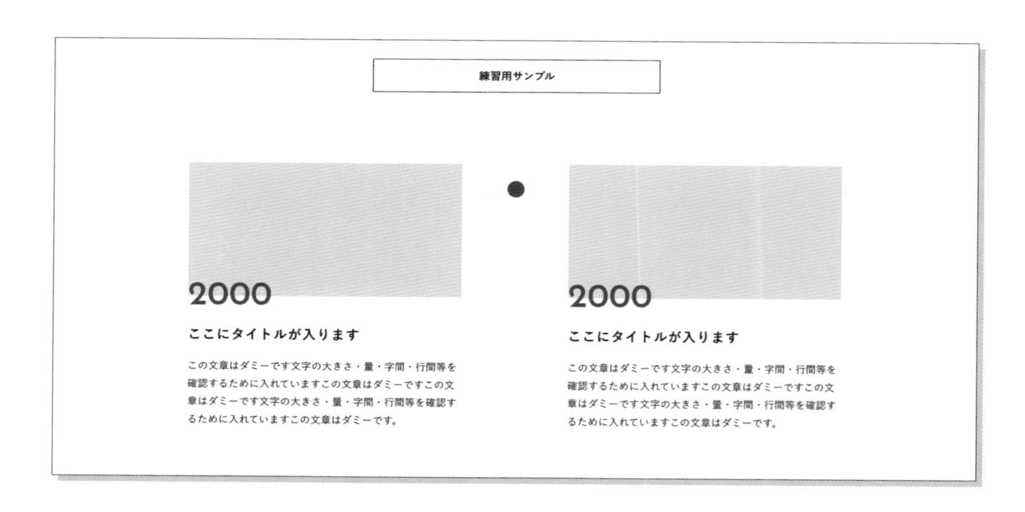

まずはステートを使って左右どちらのレイアウトを使用するか選択できるようにします。

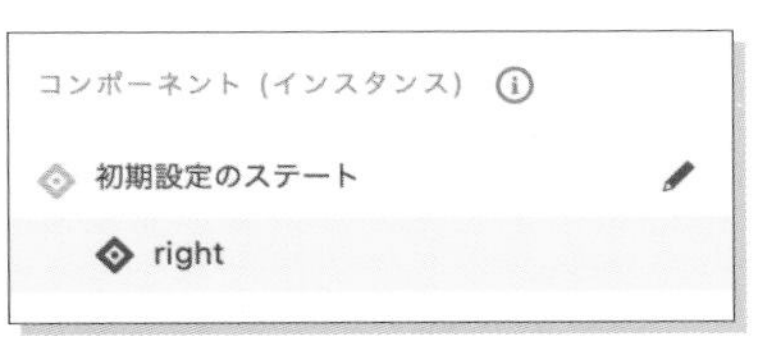

カードを必要な分だけ複製し、ワイヤー作成時と同様にタイムラインをパディングで設定して完成です。

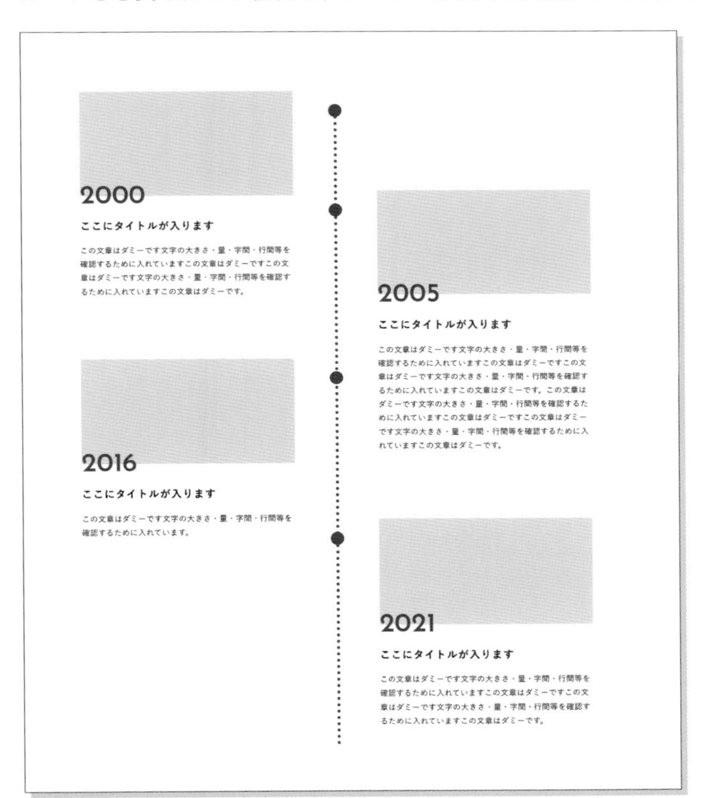

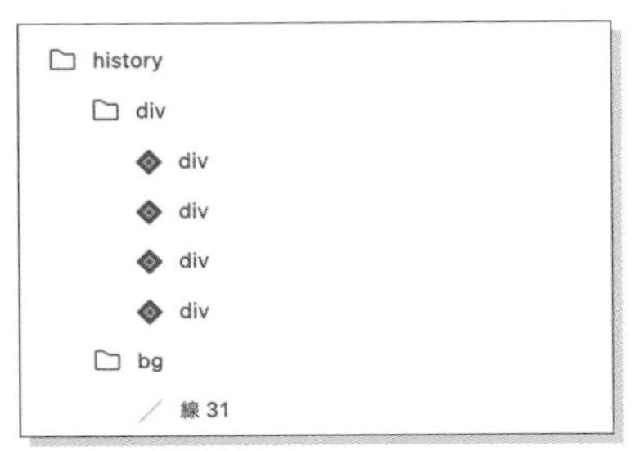

今回のようなレイアウトの場合は、カード全体をグループ化したレイヤー（history>div）にスタックをかけることはできません。
最初にスタックを使い、必要な個数のカードを複製してからスタックを解除し、レイアウトを整えると素早く作成できます。

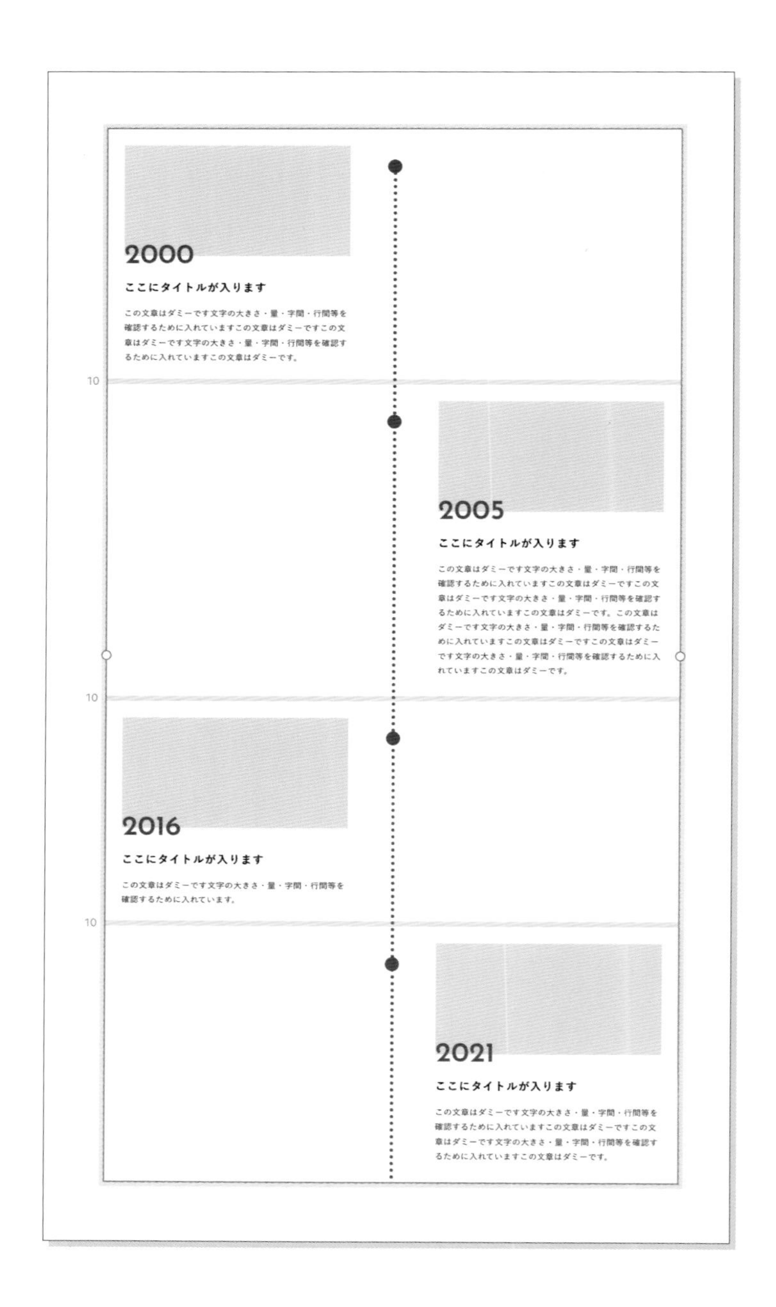
2000
ここにタイトルが入ります
この文章はダミーです文字の大きさ・量・字間・行間等を確認するために入れていますこの文章はダミーですこの文章はダミーです文字の大きさ・量・字間・行間等を確認するために入れていますこの文章はダミーです。
10
2005
ここにタイトルが入ります
この文章はダミーです文字の大きさ・量・字間・行間等を確認するために入れていますこの文章はダミーですこの文章はダミーです文字の大きさ・量・字間・行間等を確認するために入れていますこの文章はダミーです。この文章はダミーです文字の大きさ・量・字間・行間等を確認するために入れていますこの文章はダミーですこの文章はダミーです文字の大きさ・量・字間・行間等を確認するために入れていますこの文章はダミーです。
10
2016
ここにタイトルが入ります
この文章はダミーです文字の大きさ・量・字間・行間等を確認するために入れています。
10
2021
ここにタイトルが入ります
この文章はダミーです文字の大きさ・量・字間・行間等を確認するために入れていますこの文章はダミーですこの文章はダミーです文字の大きさ・量・字間・行間等を確認するために入れていますこの文章はダミーです。

5-2-4 ヘッダーや画像が時間差で表示される オープニングアニメーションの作り方

競合他社との差別化を図るためのオープニングアニメーションを作成します。アニメーションでの演出はコンペなどの提案時にも強い印象を残すことができます。今回は以下のようなオープニングアニメーションを作成します。
配布データのアートボードCorp_opening01 〜 04参照
使用するアートボードは4枚です。

❶空白
❷画像と英字がスライド表示
❸マーカーと日本語、ボタンがフェードイン表示
❹SCROLL DOWNの表示、ヘッダーとニュースが上下からフェードイン表示

アニメーションの制作手順は、アートボード4から1に向かって逆再生するイメージで作成する方法がおすすめです。

ピックアップ機能

- マスク
- 自動アニメーション

目次

1. アートボード4を準備
2. アートボード3を作成
3. アートボード2を作成
4. アートボード1を作成
5. アニメーションを作成

アートボード4を準備

ここでは配布データのアートボードCorp_sample03を使って作成していきます。
このデータは、英字は行ごとにレイヤーを分け、ちょうど英字が入る程度の大きさのシェイプで、それぞれの行にマスクをかけています。

アートボード3を作成

アートボード4を複製し、アートボード3を作成します。
アートボード3では、SCROLL DOWNの要素を非表示にし、ヘッダーを画面上部に移動し、ニュースを画面下部に移動してから非表示にします。

アートボード2を作成

アートボード3を複製し、アートボード2を作成します。日本語とボタンは非表示にします。
マーカーは左から右に向かってスライドさせたいため、3本ともW1pxに変更し、英字の左端に寄せてから非表示にします。

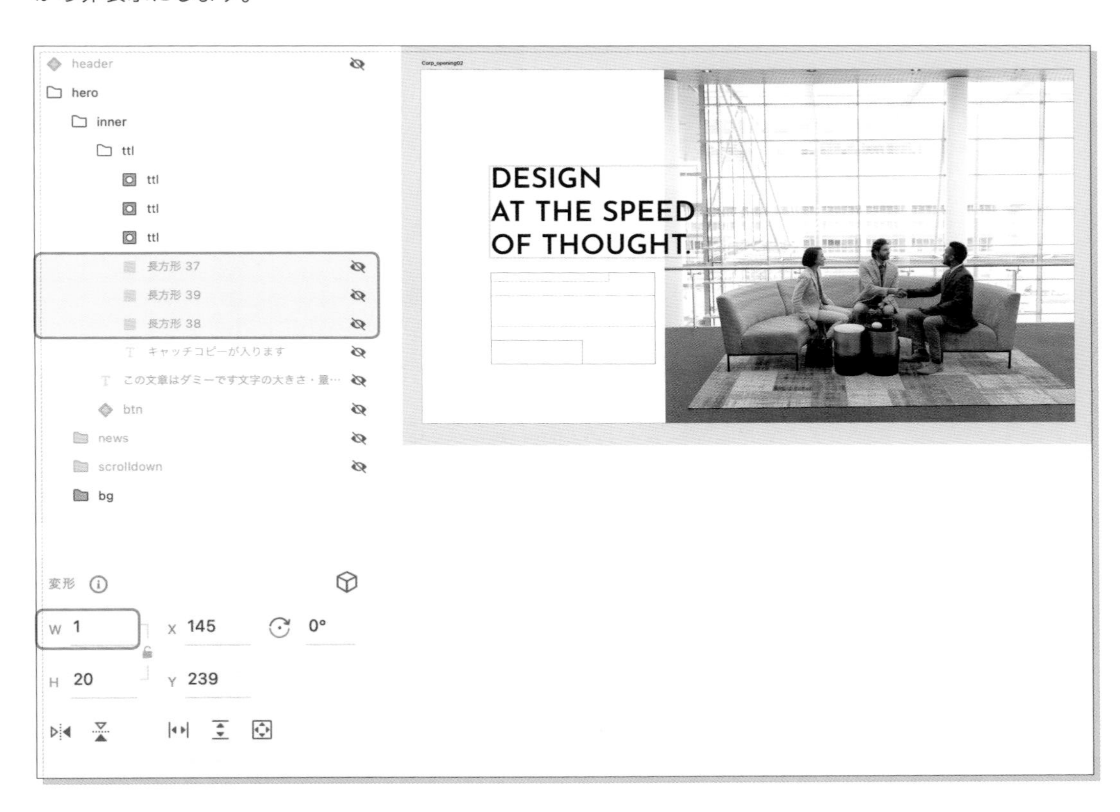

アートボード1を作成

アートボード2を複製し、アートボード1を作成します。横からスライドして表示される写真とグレー背景はW1に変更し、非表示にします。

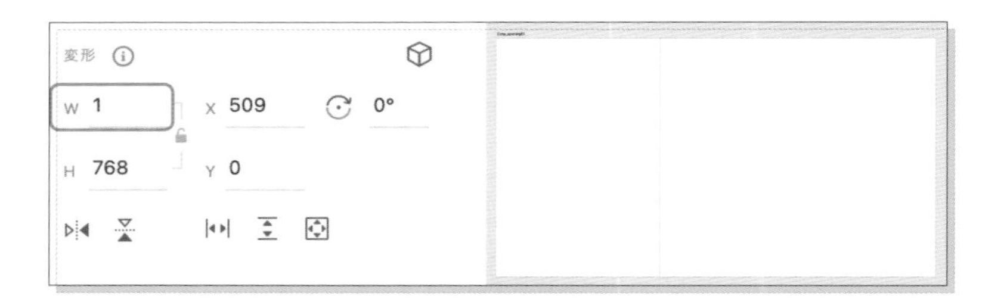

英字はマスクレイヤー内にあるテキストを下に移動することで、見えないようにします。
このとき、それぞれのテキストでマスクとの距離に差をつけることで、時間差のついたアニメーションが表現できます。

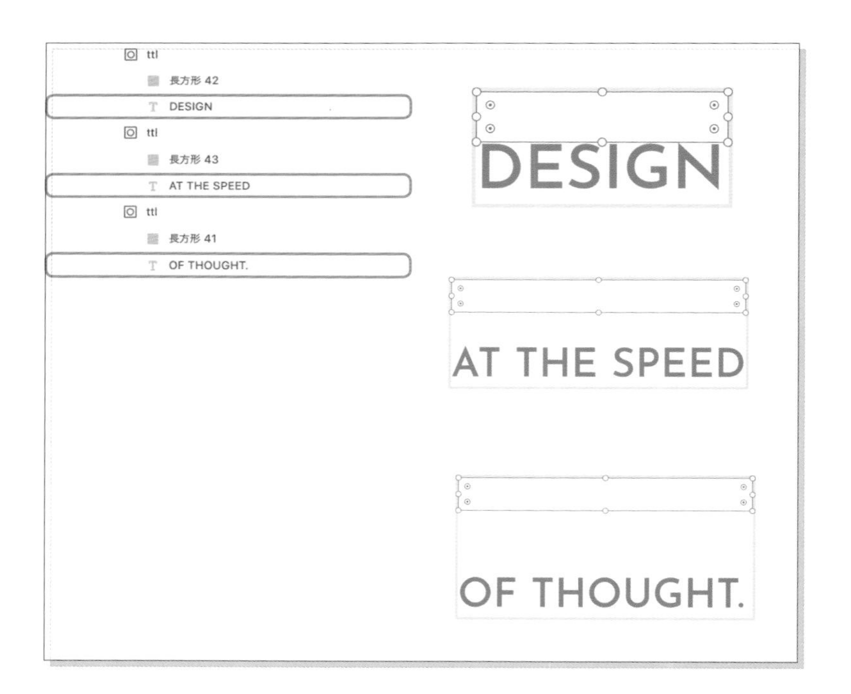

アニメーションを作成

プロトタイプモードに変更し、アートボードを自動アニメーションでつなぎます。
今回は以下のように設定しました。これで完成です。

DESIGN
AT THE SPEED
OF THOUGHT.

インタラクション
トリガー
時間
ディレイ
0.8秒
アクション
種類
自動アニメーション
移動先
Corp_opening02
イージング
イーズイン/アウト
デュレーション
1秒

DESIGN
AT THE SPEED
OF THOUGHT.
DESIGN
AT THE SPEED
OF THOUGHT.
キャッチコピーが入ります

インタラクション
トリガー
時間
ディレイ
0.2秒
アクション
種類
自動アニメーション
移動先
Corp_opening03
イージング
イーズイン/アウト
デュレーション
1秒

DESIGN
AT THE SPEED
OF THOUGHT.
キャッチコピーが入ります
LOGO
0123-456-7890
DESIGN
AT THE SPEED
OF THOUGHT.
キャッチコピーが入ります

インタラクション
トリガー
時間
ディレイ
0.2秒
アクション
種類
自動アニメーション
移動先
Corp_opening04
イージング
イーズイン/アウト
デュレーション
1秒

第5章

3 サービスサイト

ここではサービスサイトの制作方法について解説します。視覚的な魅せ方だけでなく、用途に合わせた設計も紹介します。

QRコードにアクセスして
動画でチェック！

収録範囲
5-3-4

5-3-1 サービスサイトの特徴

サービスサイトとは

サービスサイトとは、商品やサービスに特化したサイトで、24時間稼働しているWeb上での営業を役割とするサイトです。

サイトの目的はサービス理解だけでなく、購入や契約につなげることです。

商材によって、ターゲットとなるユーザーやデバイスが大きく変わるのも特徴の1つです。とくにBtoCサービスではスマートフォンでの閲覧が非常に多く、制作においてもスマートフォン向けの設計が重要視されています。

また、コーポレートサイトと分けて制作することで、各サービスに特化したトンマナを作成できるため、商材やターゲットに合わせたデザインや設計がしやすくなります。

サービスサイト制作のポイント

- **お客様の声やよくある質問、サービス開始の手順など、ユーザーの不安を解消するコンテンツが必要です。**
- **商材によってはコラムやお役立ち情報を紹介することで、見込み客を育成できます。また、SEO視点でも効果的な運用が可能になります。**
- **複数サービスが存在する場合は、サービスごとに分けることで、それぞれのトンマナを作成できるため、ターゲットを絞りやすくなります。**
- **サイトの品質がそのままサービス自体の品質としてイメージされます。**
- **コーポレートサイトのほかにサービスサイトにも運営会社の情報が掲載されていると安心感が高まります。**
- **同時にSEOやSNS、リスティング広告などの流入経路の確保も必要になるため、場合によっては新たにLPなどの制作も必要になります。**

サービスサイトの制作フロー

1. 要件定義
2. 情報設計
3. サイトマップ作成
4. ワイヤーフレーム作成
5. デザイン・プロトタイプ作成
6. 素材作成（撮影、原稿など）
7. 実データ差し替え
8. コーディング
9. 確認・調整
10. 公開・運用

本節では上記でハイライトした箇所を取り扱います。

サービスサイトのサイトマップ例

受託制作：毎月自宅に花が届くサブスクサービスの新規サイト作成依頼とする

- ホーム
  - サービス
  - プラン
  - お届けまでの流れ
  - よくある質問
  - お申し込み
  - 運営会社
  - お問い合わせ
  - ログイン
  - パスワードをお忘れの場合
  - パスワード再発行
  - マイページ
    - 退会
  - 404

5-3-2 付属のワイヤーフレームについて

ここで使用しているワイヤーフレームの使用方法は、第5章コーポレートサイトを参照ください。

情報設計意図

サイトの顔となるトップページは、サービスについての紹介やイメージ向上を目的にして設計しました。ファーストビューでサービスのイメージを大きくアピールしたのち、サービス内容とプランを紹介しています。その後サービスの流れを紹介し、ユーザーの不安を解消するためにお客様の声やよくある質問を紹介しています。
これは、サービスに興味をもったユーザーがプランの理解と不安を解消し、ご契約いただくといったストーリーを想定したレイアウトです。
また、トップページは少し長くなってしまったため、ページの途中にもCTAを設置し、契約したいと感じたときには探すことなくお申し込みできる機会を用意しました。
サービス登録済みのユーザーがどのページから流入してもログインできるよう、ヘッダーにログインボタンを用意しています。

全体のレイアウトもストーリーに沿うように、ほとんどのページでCTAと次に見て欲しいページへの同線を配置しています。自然なページ遷移とお申し込みまでの導線を用意しています。

またコーポレートサイトと同様、プライバシーポリシーや404にも戻ることができる導線を用意したり、フォームにはユーザーがどのステップにいるかを表示したりします。

その他にサービスサイトは、よくある質問ページに多くの質問が掲載されることが想定されるため、カテゴリーごとに質問を分けて表示することで探しやすいデザインにしています。

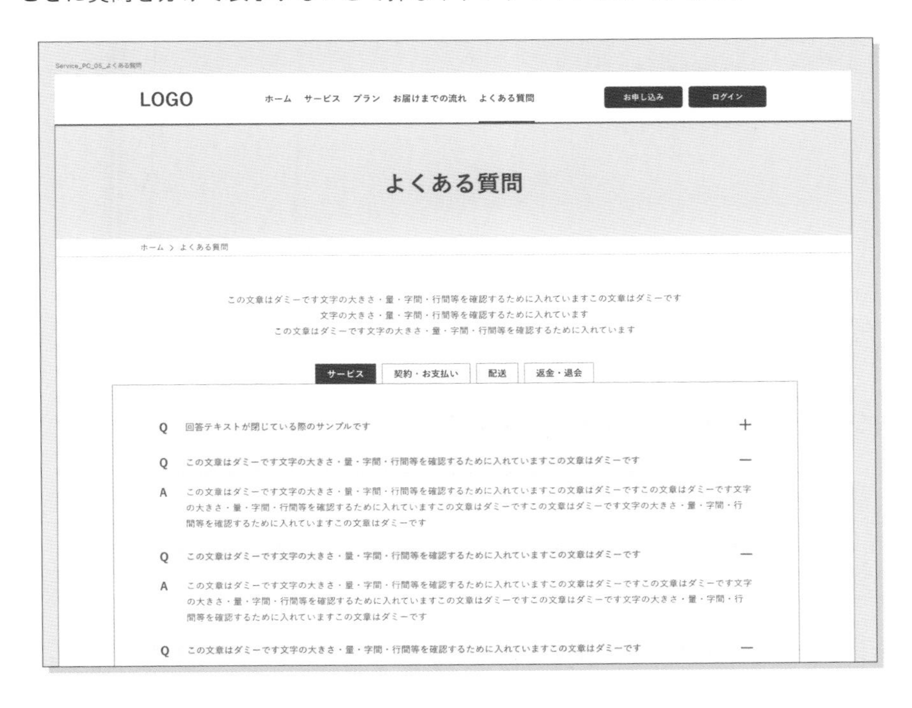

第5章

5-3-3 用途に合わせたアコーディオンの作り方

XDではプロトタイプモードを使用することで、実際にクリックで開閉するアコーディオンを作成できますが、用途によって作り方を変更する必要があります。
ここではそれぞれの作成方法と使い分けを紹介します。

ピックアップ機能

- ステート
- 自動アニメーション

目次

1. ワイヤーフレームでの作り方
2. デザインでの作り方
3. 複数アートボードを使ったアコーディオンの特徴
4. 複数アートボードを使ったアコーディオンの作り方
5. ステートを使ったアコーディオンの特徴
6. ステートを使ったアコーディオンの作り方

ワイヤーフレームでの作り方

ワイヤー時点でのおすすめは、開閉などの動きを作成しないことです。
理由としてワイヤーからデザインを起こすときに、テキストをコピーし難いという点があります。
そのため、アコーディオンの最初か最後に閉じている状態のイメージを用意し、その他テキスト情報が入った部分はすべて表示している状態で作成することをおすすめします。
動作に関してはデザインで確認していきます。

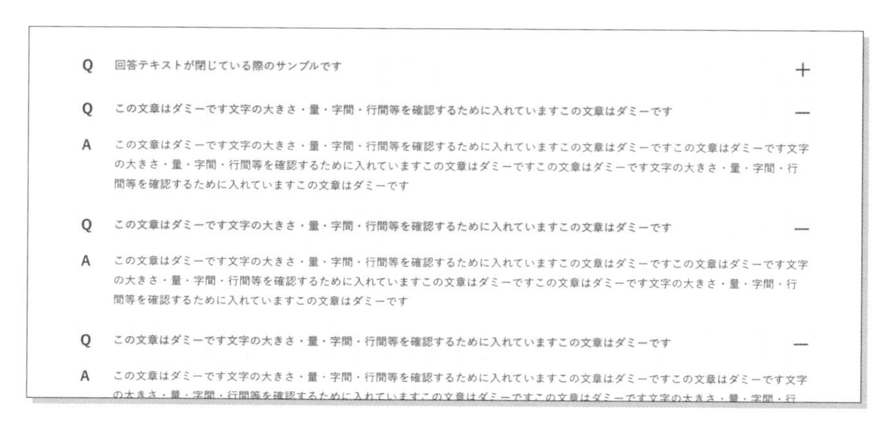

デザインでの作り方

デザインでは2タイプの作成方法がありますが、どちらもメリットとデメリットがあるため、状況に合わせた使い分けが必要です。

複数アートボードを使ったアコーディオンの特徴

複数アートボードを使用してアコーディオンを作成する場合は、閉じた状態と開いた状態のアートボードを用意することで、アコーディオンのプロトタイプを作成できます。この方法は、作成方法が簡単というメリットがあります。
ただし複数箇所を開閉する場合、開閉箇所の数だけアートボードが必要になります。
そのため、管理するアートボード数が増え、修正や調整の手間が増えてしまうデメリットがあります。
プロトタイプでは、すべての箇所を実装するのではなく、数ヵ所のみに抑えて、挙動の確認程度としてプロジェクトを進行することをおすすめします。

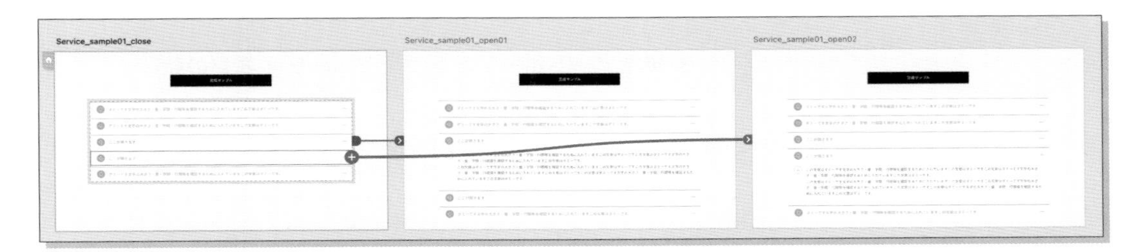

複数アートボードを使ったアコーディオンの作り方

ここでは配布データのアートボードService_sample01を使って作成していきます。
このデータはあらかじめステートを使用して、アコーディオンを開閉したときのデザインとアイコンの変形を設定しています。

まずは、アートボードを複製し、開きたいブロックのステートを初期ステートにします。

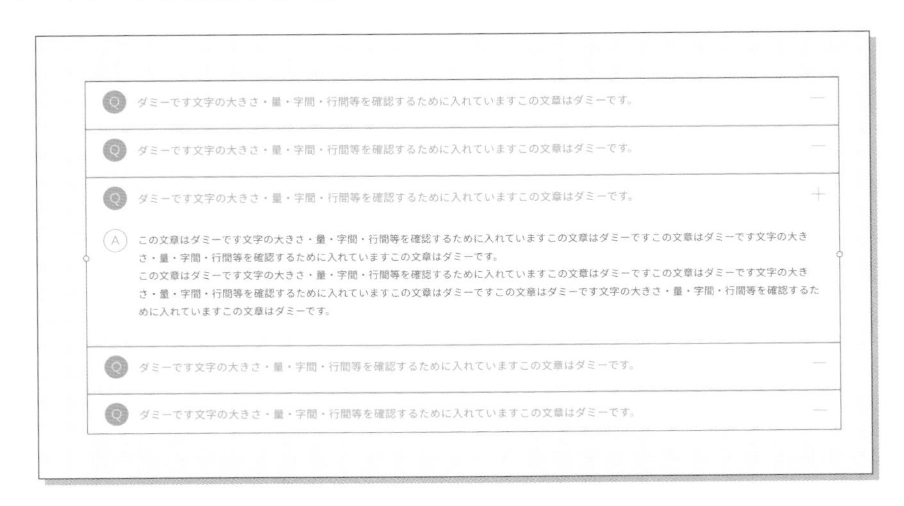

プロトタイプモードに変更し、リンクをつなげば複数のアートボードで作成するアコーディオンの完成です。

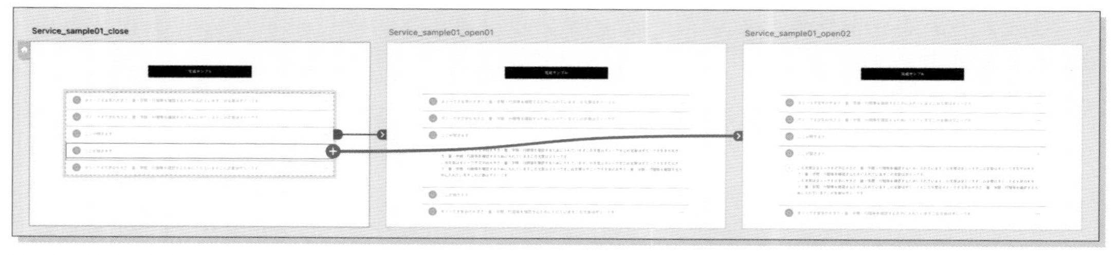

アニメーションが不要な場合は、自動アニメーションではなくトランジションでつなぐことも可能です。アートボードのビューポート外にアコーディオンがある場合は、「スクロール位置を保持」にチェックを入れないと画面遷移時にビューポートエリアまで移動してしまうため、注意が必要です。

・配布データのアートボードService_sample02_close参照

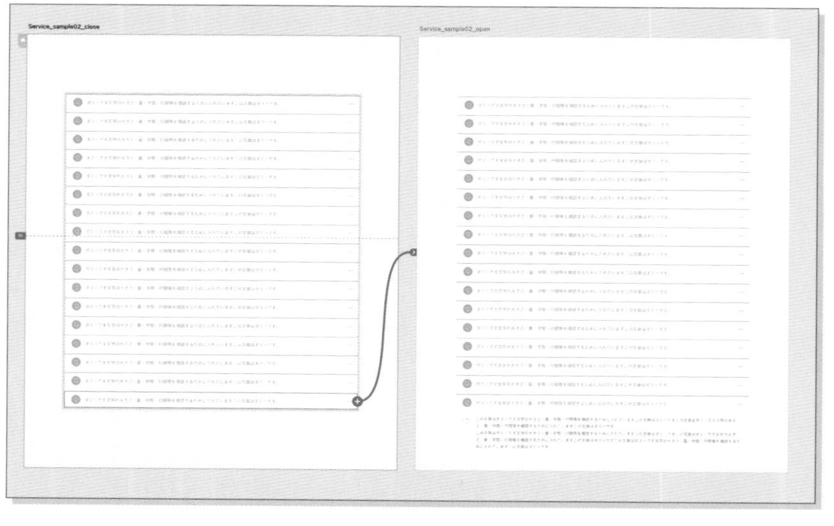

ステートを使ったアコーディオンの特徴

ステートを使用することで単体アートボードでアコーディオンを作成できます。
複数のアートボードを管理する必要がない点がメリットですが、リンクの設定が若干複雑になるというデメリットもあります。
また、プレビューではステート変更時の高さが反映されないため、アコーディオンの下にレイアウトしたコンテンツがスタックを使用しても重なってしまうという問題もあり、使用には制限が出てしまいます。

・配布データのアートボードService_sample04参照

デザインモードの挙動

Q ダミーです文字の大きさ・量・字間・行間等を確認するために入れていますこの文章はダミーです。
Q ダミーです文字の大きさ・量・字間・行間等を確認するために入れていますこの文章はダミーです。
A この文章はダミーです文字の大きさ・量・字間・行間等を確認するために入れていますこの文章はダミーですこの文章はダミーです文字の大きさ・量・字間・行間等を確認するために入れていますこの文章はダミーです。
この文章はダミーです文字の大きさ・量・字間・行間等を確認するために入れていますこの文章はダミーですこの文章はダミーです文字の大きさ・量・字間・行間等を確認するために入れていますこの文章はダミーですこの文章はダミーです文字の大きさ・量・字間・行間等を確認するために入れていますこの文章はダミーです。
Q ダミーです文字の大きさ・量・字間・行間等を確認するために入れていますこの文章はダミーです。
Q ダミーです文字の大きさ・量・字間・行間等を確認するために入れていますこの文章はダミーです。
Q ダミーです文字の大きさ・量・字間・行間等を確認するために入れていますこの文章はダミーです。
Q ダミーです文字の大きさ・量・字間・行間等を確認するために入れていますこの文章はダミーです。
Design at the

プレビューでの挙動

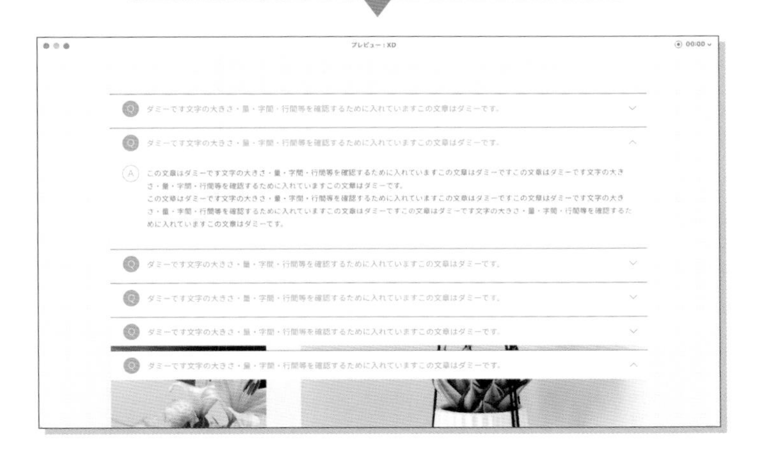

ステートを使ったアコーディオンの作り方

ここでは配布データのアートボードService_sample03を使って作成していきます。
このデータはあらかじめ、コンポーネント化し、アンサー部分のテキストを非表示レイヤーで用意しています。

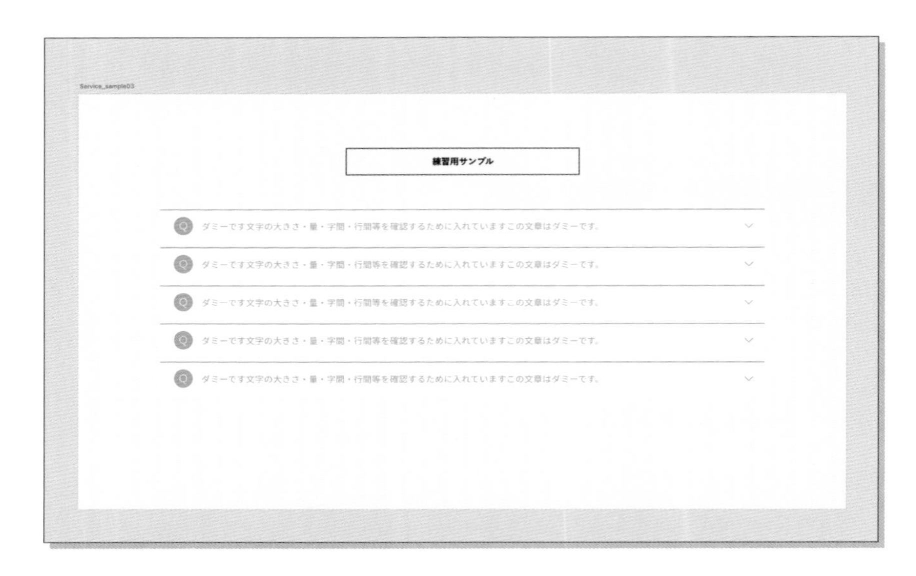

まずはアンサーを開きたい項目分だけステートを追加します。次に、それぞれのステートに対応するアンサーレイヤーを表示し、アコーディオンが開いた状態を設定していきます。

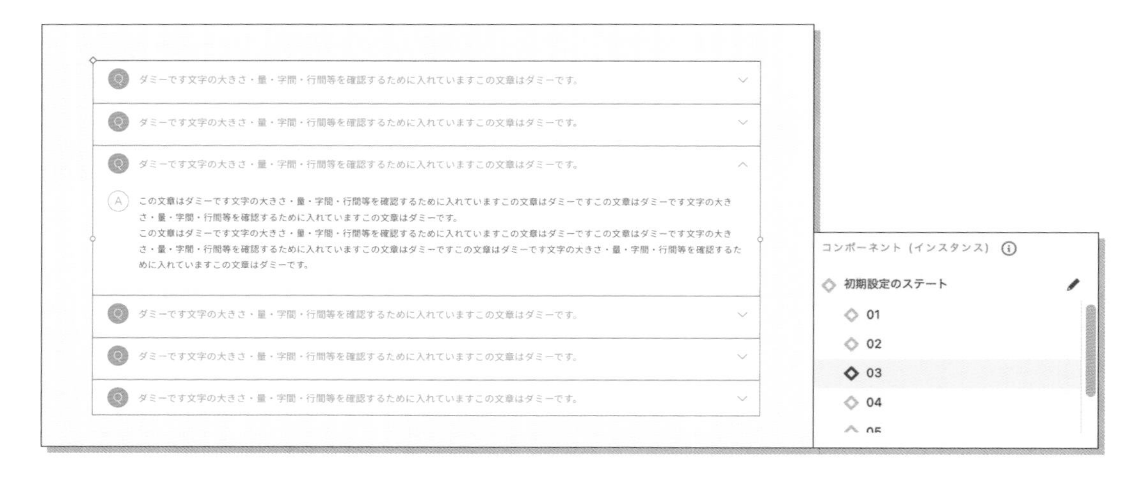

プロトタイプモードに変更し、各ステートの状態からリンクを設定します。

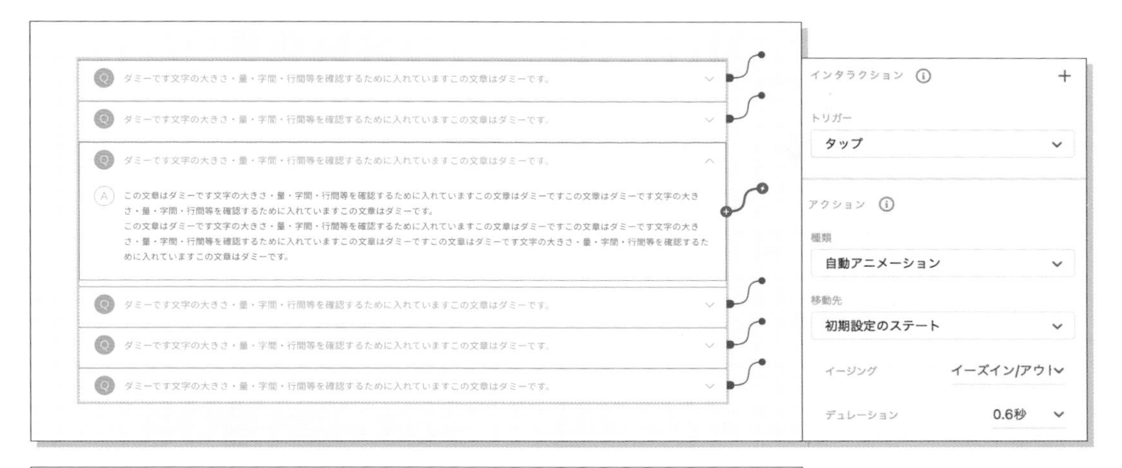

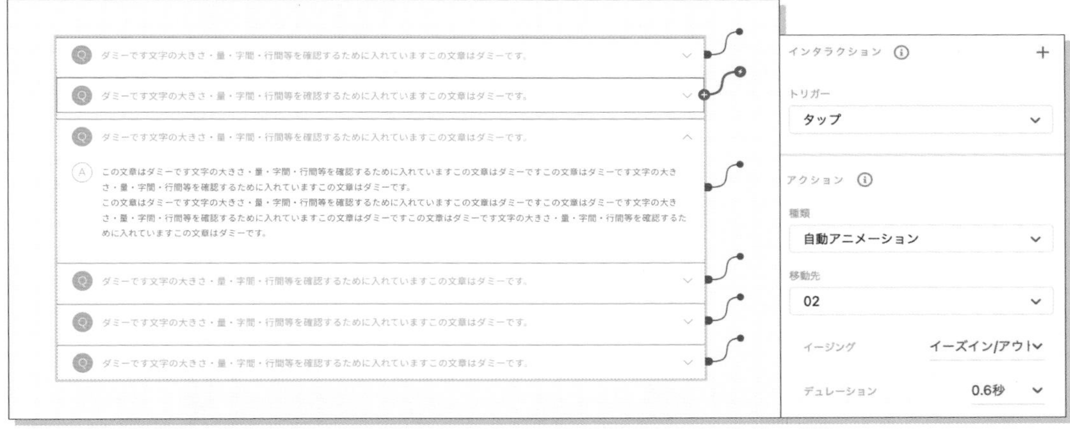

すべてのステートにリンクを追加したらアコーディオンは完成です。
また、非表示のアンサー部分を若干上に移動することでアンサーが滑らかに表示するアコーディオンを作成することができます。
・配布データのアートボードService_sample05参照

5-3-4 プログレスバー・ポップアップ・カルーセルをつなげたオープニングアニメーションの作り方

ここではサービスサイトでよく見られる訪問時のポップアップやカルーセルまでの一連の動作を再現してみます。
使用するアートボードは13枚です。
配布データのアートボード　Service_loading01 ～ 03、Service_opening01 ～ 06、Service_carousel01 ～ 04参照
少し長いので、4つの手順に分解して作成していきます。

第5章

ピックアップ機能

- マスク
- コンポーネント
- オブジェクトのぼかし
- 自動アニメーション

目次

ローディングの作成

ローディングは3章で作成したプログレスバーとカウントアップを同時に作成します。
最後にレイヤーを非表示にしたアートボードも用意します。
ご自身で作成する場合は配布データのアートボードService_sample06を使って作成していきます。

オープニングアニメーションとポップアップの作成

オープニングは、ぼかしのかかった画像から徐々に鮮明になり、テキストなどがフェードインします。その後、すぐにポップアップが表示されるという動きを作成していきます。

ここでは配布データのアートボードService_sample07を使って作成していきます。
このデータにはポップアップ用のレイヤーが非表示で重ねてあります。
ボタンなどのクリックで表示されるものであれば、別アートボードに用意してオーバーレイさせる方法があるのですが、今回は自動アニメーションでつなぐためレイヤーを重ねました。

また、ぼかした画像は専用のレイヤー（blur）を用意し、通常画像（img）の上に重ねてあります。
ぼかしはPhotoshopで作成したものを使用してもよいですが、今回はアピアランスを使用してXDで処理しました。

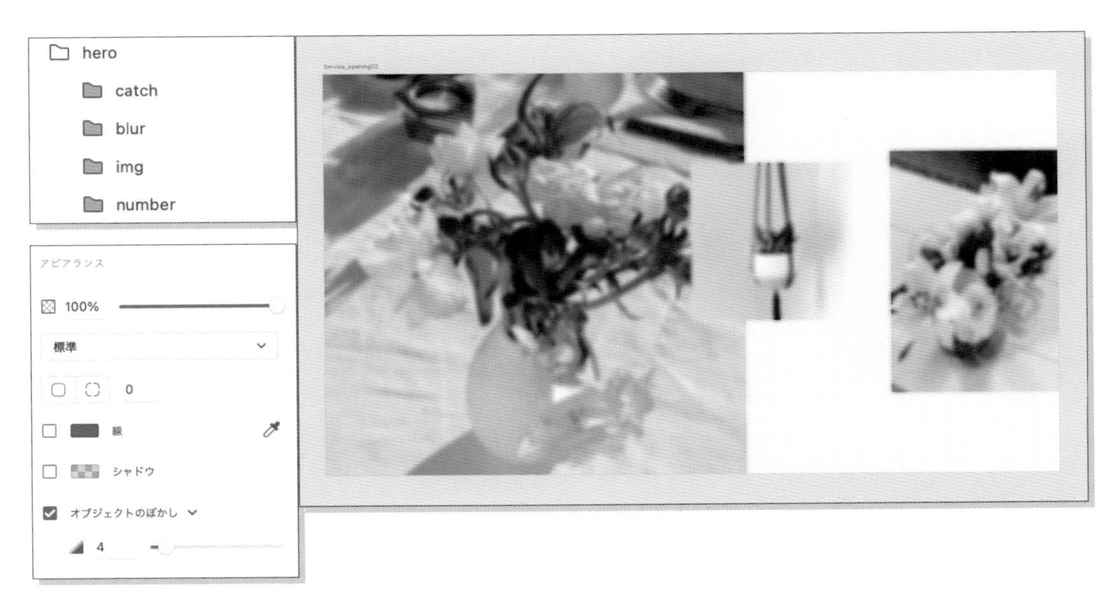

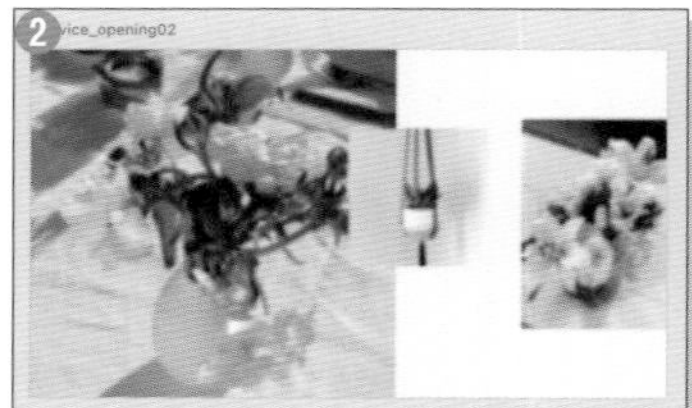

では、まずはアートボードを複製して、❶非表示→❷ぼかし画像表示→❸通常画像表示→❹テキストなどの表示→❺ポップアップ表示→❻通常デザインとなるようにレイヤーの表示・非表示で調整します。ポップアップ部分は下からフェードインするように❺のアートボード上で、少し上に移動します。

プロトタイプモードに変更してポップアップの表示まで、配布データを参考に自動アニメーションでつなぎます。

ポップアップから通常画面へは、クリックで遷移するようにつなぎます。今回は、閉じるためのアイコンか背景をタップしたときに遷移するように設定しました。
これでオープニングアニメーションとポップアップの完成です。

カルーセルの作成

ここでは配布データのアートボードService_sample08を使って、3ヵ所の画像が同時に変わるカルーセルを作成します。

このデータはあらかじめ、カルーセル用の画像を横一列に並べたものにマスクを使って、1枚分だけ表示しています。
画像の一番後ろは、1枚目に表示している画像と同じ写真を配置しています。

では、まずはアートボードを複製して、カルーセルが動いたときの画面表示にあわせてマスク内の画像を移動します。

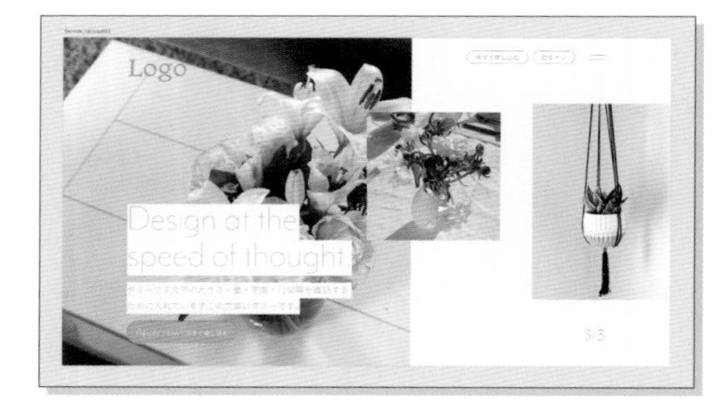

4枚目のアートボードは1枚目と見た目は同じですが、表示画像が異なるため注意してください。

プロトタイプモードに変更して、自動アニメーションでつなぎます。1枚目から3枚目までは以下のようにつないでください。
ディレイやデュレーションはお好みで調整してください。

4枚目から1枚目へのリンクは、ディレイ0秒、デュレーション0秒に設定することで、ループを再現します。これでカルーセルの完成です。

第5章

すべてのアートボードをつなげる

最後にここまで作成したアートボードを１つにつなげて完成です。
実は、作成してきた３つのアニメーションは、最後のアートボードと次のアニメーションで使用する最初のアートボードが、同じ見た目になるように作成してきました。

つまり、これらのアートボードをディレイ０秒・デュレーション０秒でつなげば、アートボード内のオブジェクトやレイヤー名に関わらず、綺麗にアニメーションをつなぐことができます。この場合、トランジションでつないでも構いません。

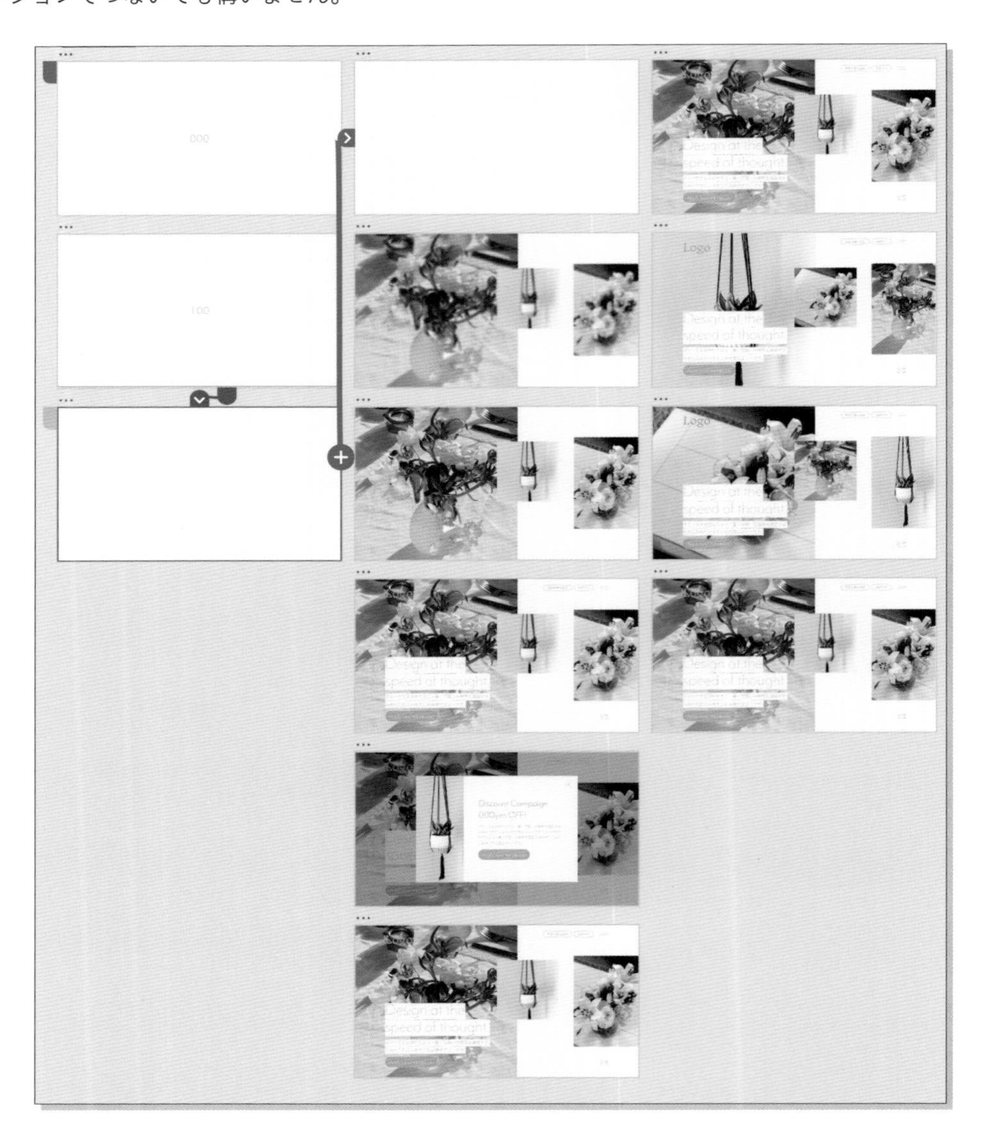

これですべてのアニメーションが完成しました。

第5章

4

リクルートサイト

ここではリクルートサイトの制作方法を解説します。 プロトタイプとして変化に強い作り方を説明していきます。

QRコードにアクセスして
動画でチェック！

収録範囲
5-4-5, 5-4-6
5-4-7

5-4-1 リクルートサイトの特徴

リクルートサイトとは

リクルートサイトとは、求職情報に特化したサイトです。一般的に、コーポレートサイトは、クライアントや投資家などのさまざまなステークホルダーを想定して作られるため、求職者に向けた情報を発信しにくくなります。そのため、求職者向けに、仕事内容や職場の声などを掲載し、具体的に働くイメージをもってもらうためにリクルートサイトを制作します。

また、リクルートサイトを制作したからといって、リクルートサイトからのエントリーが増えるとは限りません。求職者の多くは、複数の企業とのやりとりを求人サイトで管理しているため、求人サイトから応募する傾向があります。リクルートサイトからのエントリー数だけに注目せず、総合的に成果を評価すると良いでしょう。

リクルートサイト制作のポイント

求職者目線のコンテンツ

求職者が一番欲しいのは「自分がそこで働くイメージ」です。そのイメージとは、「自分に合った募集なのか？→仕事内容は？→どんな人と一緒に働くのか？→働くメリットは？」といったことが挙げられます。そのため、リクルートサイトでは求職者目線でコンテンツを提供する必要があります。求職者が求める情報を掲載し、エントリーしたくなる魅力を発信するよう心がけましょう。

企業が求めている人材のエントリー

自社にマッチする人材にアプローチできなければ、エントリーが増えても選考コストは上がってしまいます。また、求職者にも貴重な時間を無駄にさせることになります。企業側・求職者、お互いにミスマッチが起きないよう注意しましょう。

リクルートサイトの制作フロー

1. 要件定義
2. 情報設計
3. サイトマップ作成
4. ワイヤーフレーム作成
5. デザイン・プロトタイプ作成
6. 素材作成（社員撮影、インタビュー原稿など）
7. 実データ差し替え
8. コーディング
9. 確認・調整
10. 公開・運用

本節では上記でハイライトした箇所を取り扱います。

リクルートサイトのサイトマップ例

受託制作：架空の新規採用サイトの作成依頼とする

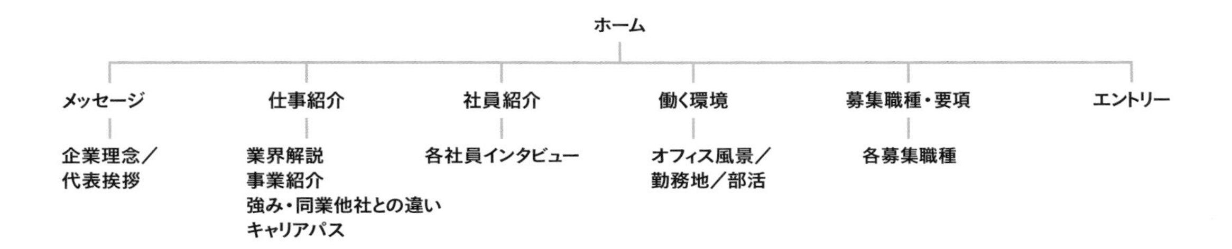

5-4-2 付属のワイヤーフレームについて

リクルートサイトの特徴として、社員の撮影やインタビュー記事など、自社社員をコンテンツ素材として扱う点が挙げられます。しかし、制作開始時にこれらの素材が揃っているケースはほとんどなく、制作と並行して準備を進めることになります。そのため、素材の差し替えやコンテンツの増減に対応できるデータ構造が重要になります。付属のワイヤーフレームは、編集に強いデータとして設計・用意されていて、本節では、その一部ページを元にデータの作成方法を紹介します。

5-4-3 実データに差し替えやすい仮データの作り方

サイト制作では、サイトに掲載する原稿や画像が最初から揃っていることは少ないでしょう。ワイヤーフレーム作成時には仮のデータで作成し、あとで実データに差し替える作業が発生します。ここでは「社員インタビュー」ページを例に、実データに差し替えやすいデータの作り方を紹介します。

仮データ

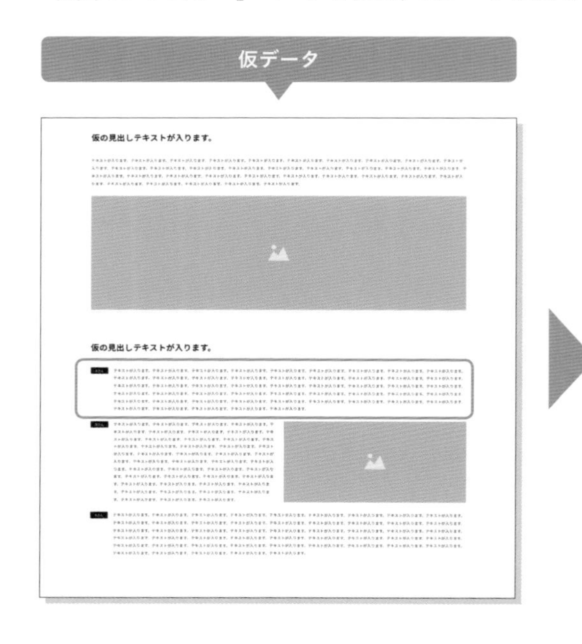

実データ差し替え後

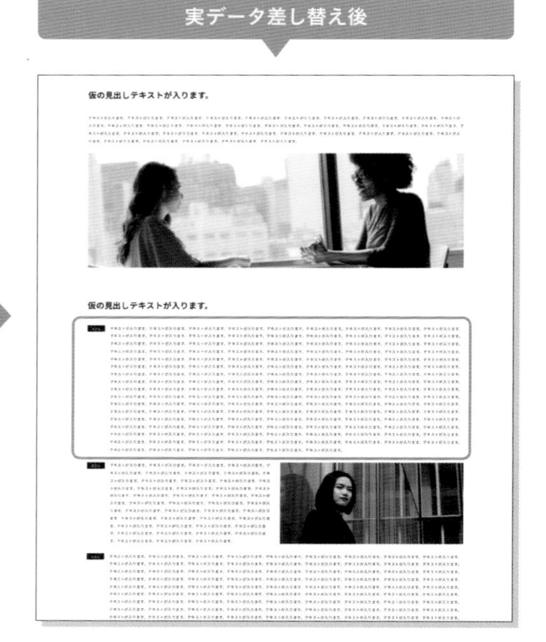

ピックアップ機能

- テキスト（高さの自動調整）
- スタック
- ステート

目次

1. 従来のフローとの違い
2. テキスト量の増減に適したテキストのモード
3. 「スタック」でレイアウト調整
4. 発言者ラベルを「ステート」で切り替え

従来のフローとの違い

仮データから実データの変更で手間がかかるのは、テキスト量の増減とそれに伴うレイアウトの調整です。この調整を自動化・簡略化するXDの使い方を紹介します。

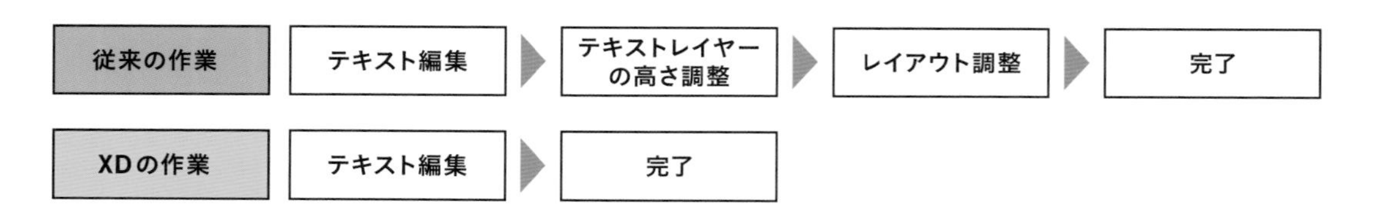

テキスト量の増減に適したテキストのモード

テキストツールには3つの入力モードがあります。「幅の自動調整」「高さの自動調整」「固定サイズ」。今回は「高さの自動調整」を使用します。「高さの自動調整」は、テキスト幅を固定したままコンテンツ量に合わせて高さを自動調整するので、仮データと実データのテキスト量の差分を自動で調整してくれます。

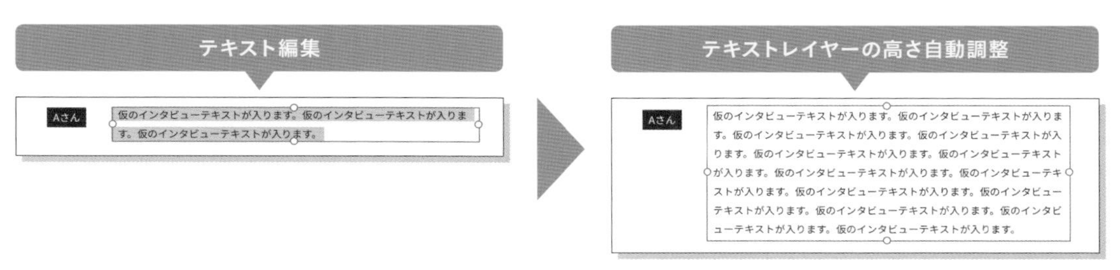

「スタック」でレイアウト調整

テキストレイヤーが広がると下のコンテンツに重なってしまい、レイアウトを調整する必要があります。「スタック」を使いレイアウト調整を自動化することで、作業時間を短縮できます。

「スタック」を設定することで、テキストレイヤーが広がると同時に、コンテンツ間のマージンを自動で調整してくれます。

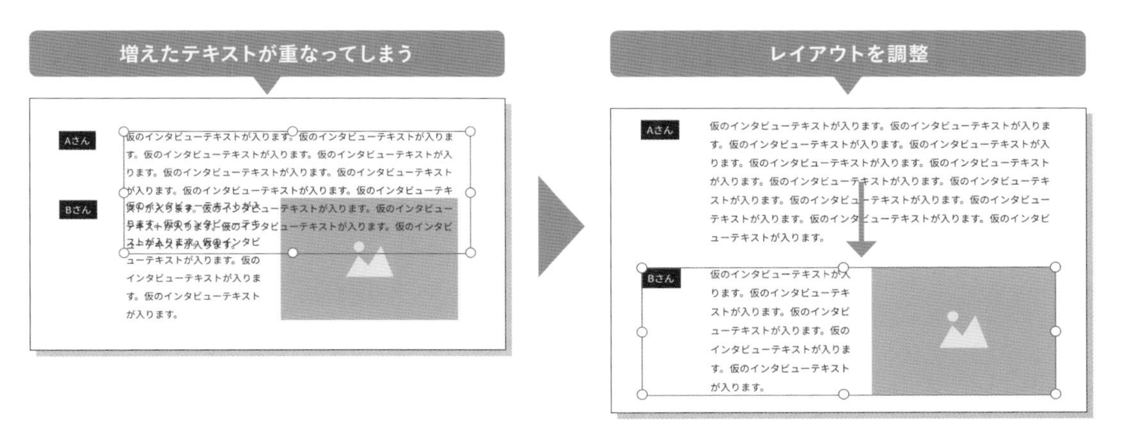

「スタック」を設定するときは、コンテンツのかたまりごとにグループ化しておくと、「スタック」でマージンを調整しやすくなります。ここでは、「発言者」と「コメントテキスト」の2つをグループ化します。

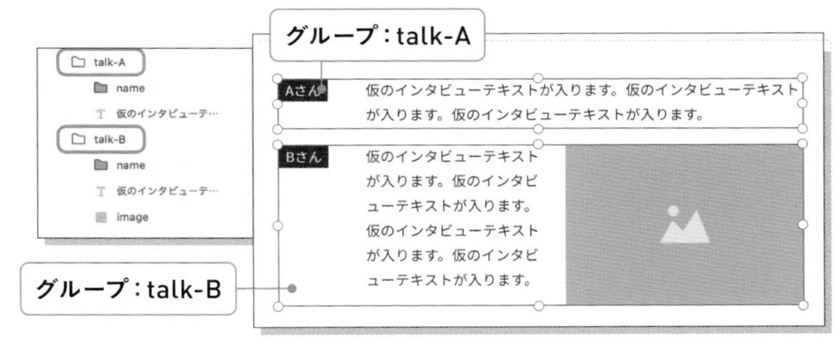

次に「talk-A」と「talk-B」をグループ化し、「スタック」を適用します。そのとき、「スタック」の向きが下向きに組まれていることを確認します。

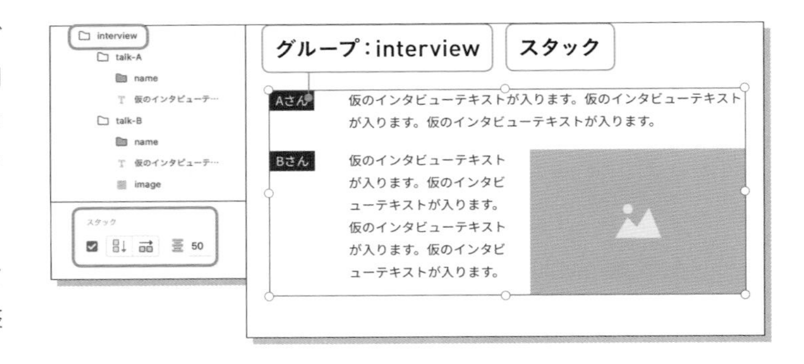

これで、テキスト量が増減してもすべて自動でレイアウト調整できるようになりました。つまり、仮データから実データへの差し替え作業がテキスト編集だけで済むため、作業時間を大幅に短縮できます。

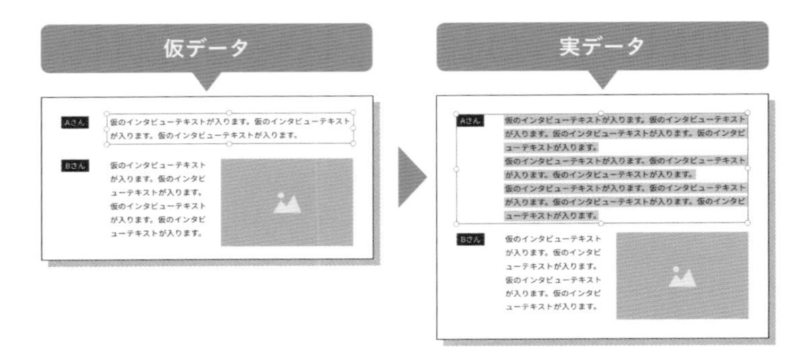

また、テキスト入力だけであれば、原稿を作成するライターや非デザイナーでも可能です。共同編集に招待し、XDのファイルにそのままライティングしてもらうことで、作業ファイルが分散せずに済むため、コピー＆ペーストなどのヒューマンエラーを起こりにくくできます。

発言者ラベルを「ステート」で切り替え

インタビューコンテンツの場合「発言者の氏名：ラベル」を記載することも多く見られます。このラベルを都度入力すると手間も多く、ミスが起きやすくなります。ここに「ステート」を使うことで、繰り返しの編集に強いデータにできます。

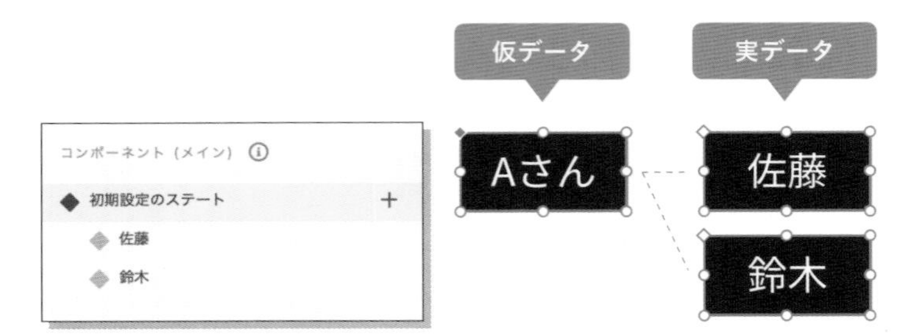

ここでは、繰り返し表示する発言者のラベルを、「ステート」で切り替えられるようにし、手入力の手間を減らすことでミスを防止します。

発言者の氏名のラベルをコンポーネント化し、状態変化＝発言者のラベルバリエーションを「ステート」で用意します。

5-4-4 スチール撮影を想定した仮画像の入れ方

リクルートサイトでは社員をスチール撮影し、サイトに掲載することが多くあります。ここでは、フローにスチール撮影がある場合に、XDだけで仮画像の準備・作成する方法を紹介します。

ピックアップ機能

- **プラグイン：PhotoSplash 2**
- **Photoshopで編集**

目次

1. 撮影前に構図イメージの共有
2. プラグイン：PhotoSplash 2とは
3. Photoshopとの連携

撮影前に構図イメージの共有

写真のアスペクト比は3:2や4:3が一般的ですが、その比率のままサイトに配置することは稀です。多くの場合、トリミングして配置したり、テキストを載せたりして写真を使います。
写真をどのようなレイアウトで使用するのか？　最終的な構図をカメラマンに伝えることは重要です。ダミー画像でよいので、撮影前に構図のイメージにアタリをつけておくことをおすすめします。

撮影データ

最終レイアウト

仮画像は手書きや仮撮影など、さまざまな手段がありますが、仮のイメージを作るだけならXDのプラグインで簡単に用意できます。ここでは、プラグイン：PhotoSplash 2を使って仮のイメージ画像を作成します。

プラグイン：PhotoSplash 2とは

PhotoSplash 2は、キーワードで検索したUnSplashの画像をXDの長方形や円形のシェイプに挿入できるプラグインです。無料版と有料版がありますが、ここでは無料版について紹介します。

インストール

1.「プラグインメニュー／プラグインを参照」or「プラグインパネルの「＋」」からプラグインマネージャーを起動
2.「PhotoSplash 2」で検索、インストール
3. プラグインメニューから「PhotoSplash 2」を選択
4. ログイン（要別途登録）

使い方

1. 画像を配置したいシェイプを選択（複数選択可）※パスやテキストには適用できません
2. キーワード（英語のみ対応）を入力
3. 候補の中から任意の画像を選択

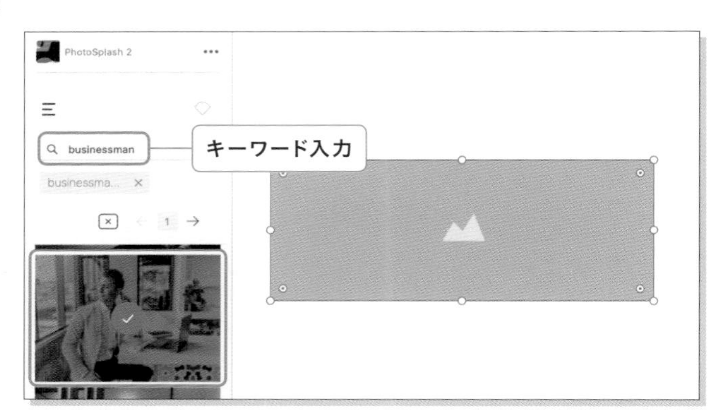

4.「Apply」で画像の配置を確定

5. 画像を配置したら、構図を確認します。理想の構図になっていればよいですが、必ずうまくいくとは限りません。調整するには画像をダブルクリックします。シェイプに画像ファイルをドロップしたときと同じように、マスクするように長方形に画像が配置されているため、画像の位置を調整します。

ダブルクリック

Photoshopとの連携

PhotoSplash 2で配置した画像も「少し色味を調整したい」「ゴミを取り除きたい」など、画像自体を調整したい場合もあります。そのような場合には、Photoshop（別途契約が必要）と連携し画像を補正します。今回は、画像の余白が不足していたため補正しました。

使い方

1. 画像を選択
2. 右クリック＞Photoshopで編集

3. Photoshopを起動
4. クリックした画像レイヤーはPhotoshop上で新規ドキュメントとして開かれる
（本書では、Photoshopの機能解説はしません）

第5章

5.Photoshopで編集後「保存」すると、その変更はすぐXDの画像に反映されます。
6.注意：Photoshopとの連携は一時的なファイルであるため、XDファイルを閉じてしまうとPhotoshopとの連携は解除されてしまいます。

撮影に必要なサイズ
最終イメージ

このように、XDとPhotoshopを連携すれば、他ツールに切り替えることなくシームレスに画像イメージをレイアウトに合わせて作成できます。
最終イメージに合わせると「撮影では思っているより人物を小さく撮影しなければならない」というケースはよくあります。撮影で失敗しないためにも、XDでイメージの誤差を埋め、撮影前に最終イメージを作成しましょう。

5-4-5 可変するテキストに追従するスタイリング

ブラウザ幅を広げたり縮めたりしたときに、見出しテキストの行数が可変表示になることを想定すると、スタイリングも行数の増減を想定して設定した方がよいでしょう。ここでは、テキスト行数の増減に対応できるスタイリングの設定方法を紹介します。

見出し1 テキスト

見出し1 テキストが長くなったとき

見出し1 テキストが長くなったとき

下線が追従できていない

ピックアップ機能

- パディング

目次

1. 素材の準備
2. 「パディング」の活用の考え方
3. h1に「パディング」を設定
4. テキストを編集し、下線の追従を確認

素材の準備

h1要素の「見出しテキスト」「下線」を用意します。

「パディング」活用の考え方

テキストの長さに下線を追従させるには「パディング」を使用します。「パディング」は内側の要素の変形に合わせて可変する特性があるため、これを利用します。
そのためには「テキスト＋下線」を囲った長方形を作成し、この長方形よりも内側の要素（「テキスト＋下線」）が変形したときに、「パディング」で変形が追従するような設定が必要となります。

「line」の下に「長方形」を追加し「line」と「グループ化」、レイヤー名を「style」とします。

h1に「パディング」を設定

「h1」フォルダに「パディング」を設定します。これで「見出しテキスト」が変形しても「下線」が追従するようになりました。

テキストを編集し、下線の追従を確認

実際に確認してみましょう。見出しテキストの内容を変更します。このとき、下線が追従して可変すれば完成です。

このように、「パディング」機能をスタイリングに利用することで、さまざまな状態変化に対応できるパーツを作成可能になります。

5-4-6 オフィスイメージの切り替えインタラクション

限られたスペースでより多くの情報を伝えるには、画像をボタンで切り替えるUIが有効です。ここでは、「オフィスイメージの紹介」を例に、ボタン操作でイメージ画像を切り替えるインタラクションの作成方法を紹介します。

ピックアップ機能

- コンポーネント
- ステート

目次

1. 素材の準備
2. 画像の挿入
3. 画像の状態変化
4. インタラクションの設定
5. プレビューで確認

素材の準備

「イメージ画像」を表示するエリアと、画像を切り替えるサムネイル画像の「ボタン」、選択している画像を示す「カレント表示」を用意しました。

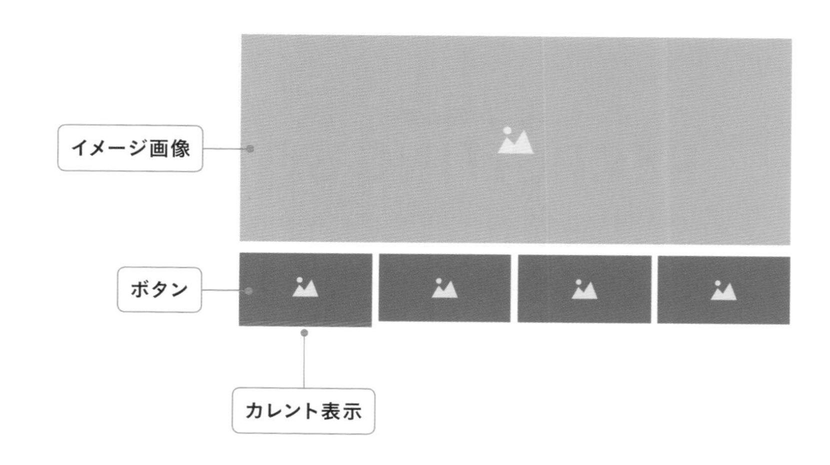

「イメージ画像」「ボタン」「カレント」のすべてを選択し、コンポーネント化します。そのとき、画像マークを削除しておきます。

画像の挿入

「イメージ画像」「ボタン」に画像を入れていきます。
あらかじめ用意しておいた画像をコピーし、アピアランスをペーストして長方形に画像を入れます。

画像の状態変化

画像の切り替わりは、初期設定を含めて4つです。状態変化が4つとなるよう、「ステート」を3つ増やし、各「ステート」の名前を「2枚目」〜「4枚目」と変更します。

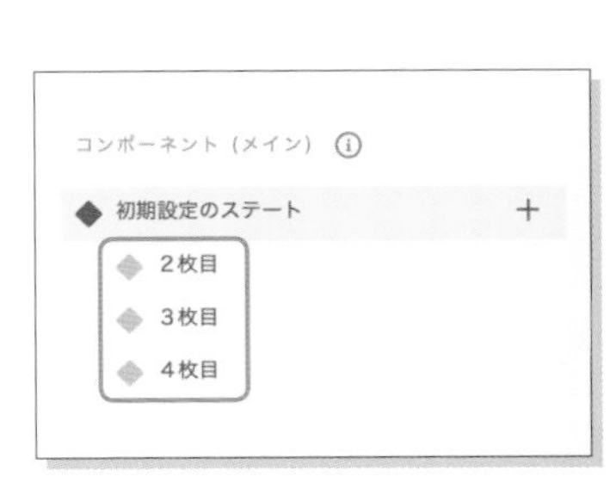

各「ステート」の状態変化を作成します。
まず「ステート」「2枚目」の「イメージ画像」の切り替わりと、「カレント表示」の移動を作成します。

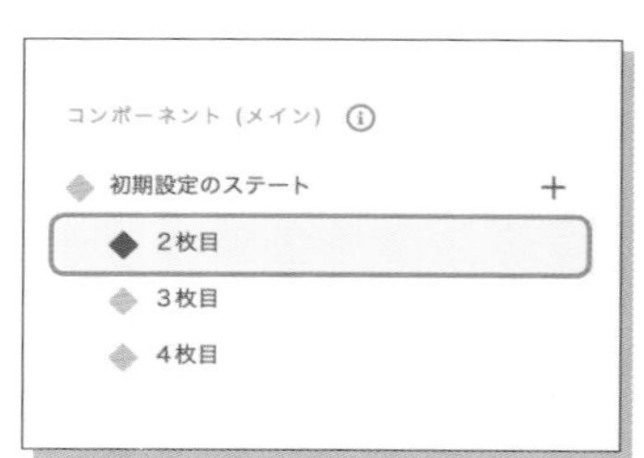

残りの各「ステート」も、状態に合わせて「イメージ画像」の切り替わりと、「カレント表示」移動を作成します。

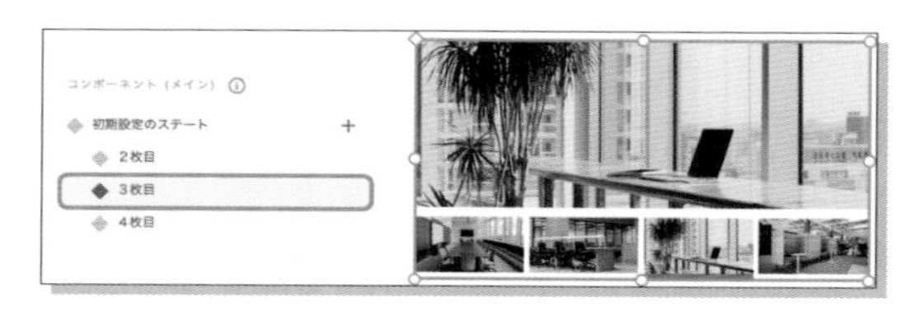

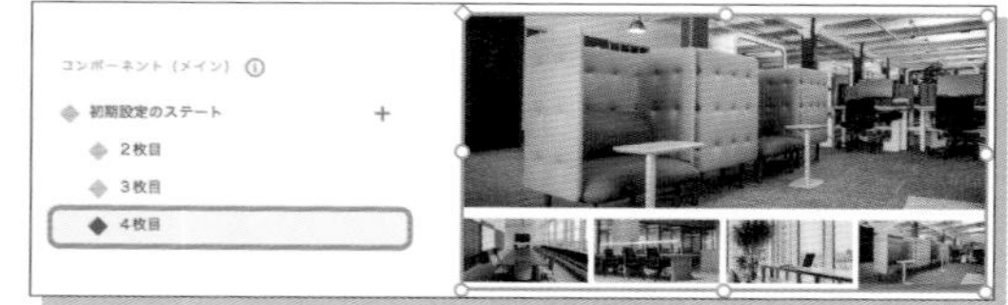

インタラクションの設定

プロトタイプモードに切り替え、ボタンインタラクションを作ります。

まずは「初期設定のステート」の各ボタンにインタラクションを設定します。「btn-2」をタップしたら「ステート：2枚目」に自動アニメーションするようにプロパティを変更します。

残りの「btn-3」「btn-4」も同様に設定をします。

「初期設定のステート」の3つのボタンにトリガーを設定したら、残りのステートのボタンにもトリガーを設定します。

すべてのインタラクションの設定一覧

ステート	ボタン名	トリガー	アクション種類	移動先
初期設定のステート	btn-2	タップ	自動アニメーション	2枚目
	btn-3	タップ	自動アニメーション	3枚目
	btn-4	タップ	自動アニメーション	4枚目
2枚目	btn-1	タップ	自動アニメーション	初期設定のステート
	btn-3	タップ	自動アニメーション	3枚目
	btn-4	タップ	自動アニメーション	4枚目
3枚目	btn-1	タップ	自動アニメーション	初期設定のステート
	btn-2	タップ	自動アニメーション	2枚目
	btn-4	タップ	自動アニメーション	4枚目
4枚目	btn-1	タップ	自動アニメーション	初期設定のステート
	btn-2	タップ	自動アニメーション	2枚目
	btn-3	タップ	自動アニメーション	3枚目

「デスクトッププレビュー」で確認

すべての「ステート」のボタンにトリガーを設定したら、「デスクトッププレビュー」で確認します。すべてのボタンで画像が切り替えられたら完成です。

5-4-7 スプリットスクリーンレイアウトを用いたスクロール演出

スプリットスクリーンレイアウトは画面を大きく分割するレイアウト手法で、要素の対比が強調されたり、レスポンシブデザインと相性が良かったりなどのメリットがあります。ここでは、「社員紹介」ページを例に、スプリットスクリーンレイアウトを用いたときの演出の作り方を紹介します。

ピックアップ機能

●スクロール時に位置を固定

目次

画面の構成要素には「固定」と「スクロール」の２種類を使います。

1.画像のスクロールの固定

2.重なる要素の配置

固定

スクロール

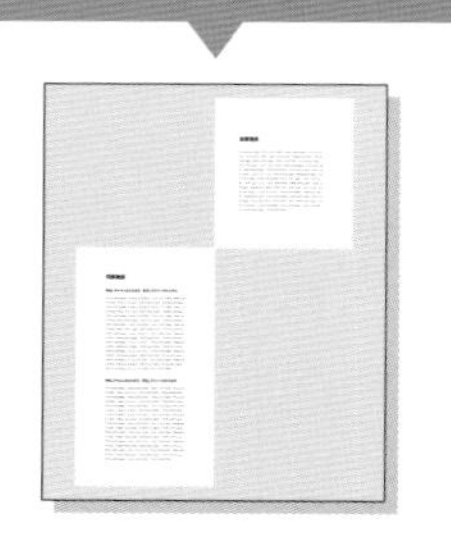

画像のスクロールの固定

固定したい画像に「スクロール時に位置を固定」を適用します。

重なる要素の配置

テキスト要素「text」フォルダを配置します。（このとき、画像は下のレイヤーになる）

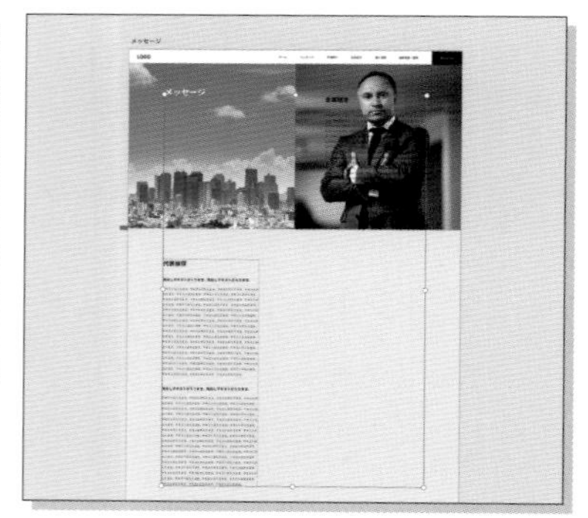

「text」フォルダの下に、画像を隠すための背景：backgroundを敷きます。

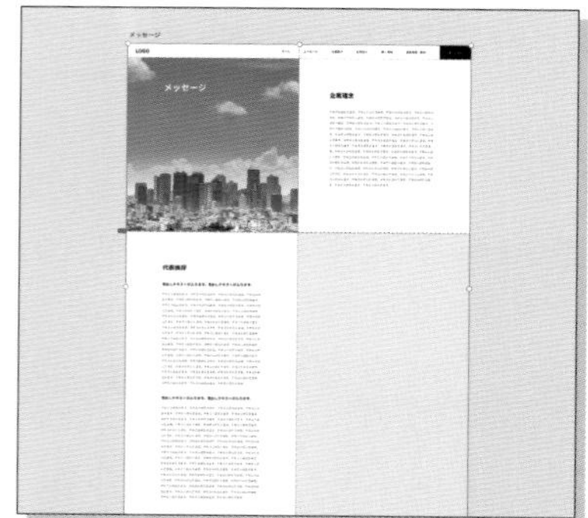

「デスクトッププレビュー」で確認

「デスクトッププレビュー」で確認し、想定したプロトタイプになっていることを確認し、完成です。

第5章

5

キャンペーンサイト（LP）

ここではキャンペーンサイト（LP）の制作方法を解説します。各種アプリケーションとの連携方法も説明します。

QRコードにアクセスして
動画でチェック！

収録範囲
5-5-5

5-5-1 キャンペーンサイト（LP）の特徴

キャンペーンサイト（LP）とは

キャンペーンサイト（LP）とは、新商品や新しいコンテンツ、新サービスに合わせて作成する専用のサイトのことです。新商品をアピールして購入に結びつけることを目的としているため、お得感や特別感を存分に演出し、購買意欲をもってもらうことが重要です。

その中でも、ランディングページ（Landing Page/LP）とは、検索結果や広告などを経由して訪問者が最初にアクセスするページのことです。
広義の意味では、訪問者が最初に着地（Landing）するページはすべてランディングページとなりますが、その中でもとくに購入やお問い合わせなど、訪問者のアクション（コンバージョン）を誘導することに特化した商品・サービスの紹介ページのことを指して「LP」と呼ばれています。
またLPは、縦長の1ページのレイアウトで構成される場合が多いため「1ページで完結したWebサイト＝LP」と思われることがありますが、正しくは「訪問者が最初に着地するページ」を表しています。

キャンペーンサイト（LP）の特徴は、コンバージョンの向上が狙える点にあります。
広告から流入してきたユーザーは、多少なりとも商品・サービスに興味を持った状態でサイトを閲覧しています。共感コンテンツや商品・サービスの概要、価値の訴求、お客様の声といった、購入を決断するのに必要な情報がコンパクトにまとめられているので、Webサイト全体をあちこち探す必要がありません。

また、訴求力を高めるために、商品サイトやサービスサイト、コーポレートサイトとは雰囲気の異なるデザイントンマナで目を引くように作りますので、その点でもコンバージョンの向上が期待できます。

キャンペーンサイト（LP）制作のポイント

- **ターゲットユーザーの設計と、コンバージョン（ゴール）の設計を明確にしておきます。年齢・性別・ニーズ・職業・ライフスタイルなどのペルソナを検討しておくと、どの様な訴求がターゲットに刺さるかなど、デザインフェーズでさまざまな判断をくだすときに役立ちます。**
- **集客・コンバージョン（ゴール）につながりやすいページ構成にします。「問い合わせ」や「商品購入」などの導線は、ユーザーの目に留まるような、目立つ色や配置を検討します。つい、押してしまいたくなるようなキャッチコピーも添えると良いでしょう。**
- **ターゲットユーザーがよく使うデバイスでのアクセスを前提としたデザインを考えます。必ずしもPC/SPで2種類のデザインが必要かというと、そうでもありません。最近では、SPメインで設計されたキャンペーンサイト（LP）も多く見かけます。**

キャンペーンサイト（LP）の制作フロー

1.要件定義
2.情報設計
3.ワイヤーフレーム作成
4.デザイン・プロトタイプ作成
5.素材作成（撮影、原稿など）
6.実データ差し替え
7.コーディング
8.確認・調整
9.公開・運用

本節では上記でハイライトした箇所を取り扱います。

キャンペーンサイト（LP）のサイトマップ例

受託制作：架空のフィットネス系サービスのキャンペーンサイト（LP）依頼とする

ホーム

5-5-2 付属のワイヤーフレームについて

キャンペーンサイト（LP）のワイヤーフレームの特徴

キャンペーンサイト（LP）は、縦長のページの中で上から下へ読み進めることを想定し、大きく7つのブロックに分かれます。

❶キャッチコピー

お客さんの関心事を指摘します。関心事とは、ターゲットユーザーが抱える悩みや課題です。このパートは、メインコピーとサブコピー、写真やイラストなどで構成されます。

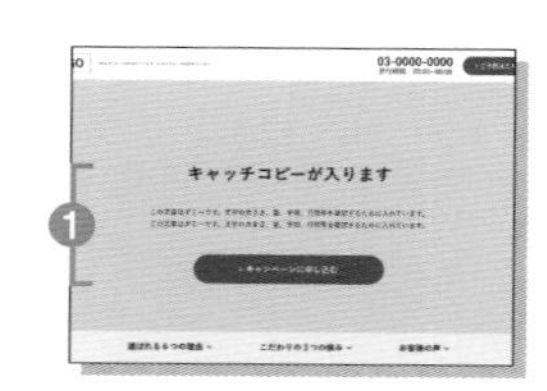

❷共感

ターゲットユーザーの気持ちに寄り添いながら、悩みや関心事を提起します。すると、「そうそう、そうなんだよ」と共感を得られ、以下のパートを自分ごと化して読んでもらえるようになります。

❸価値の訴求

商品を購入した後、どのような結果を得られるかを説明します。ユーザーは、商品を求めているわけではなく、現在の自分よりも素敵な未来にいる自分を求めています。その良い状態を説明します。

❹商品・サービス説明

商品やサービスの特徴を説明します。種別ごとに洗い出し、「特徴6つ」など、数字で見せることができるとアイキャッチのあるコンテンツとなります。

❺競合性

競合と比較したときに、自社が特に優れているポイントを明示します。

❻信頼

商品の購入で良い状態に変わると説明されても、ユーザーは「本当に良い状態に変わるだろうか？」と、心配になります。その心配が杞憂に過ぎないことを、事実をもって説明します。お客様の声のほかに、商品の実証データや使用実績、さらにはマスコミ紹介などでも有効です。

❼コンバージョン（ゴール）

ユーザーに起こしてもらいたいアクション（求める行動）のパートです。お問い合わせや商品購入のボタンや、入力フォームを掲載します。売り上げにつながる導線のため、とても重要なパートです。ついつい押したくなる設計を熟考しましょう。このパートをページの上部や中部に複数入れることも効果的です。

以上が、キャンペーンサイト（LP）の基本的な構成です。

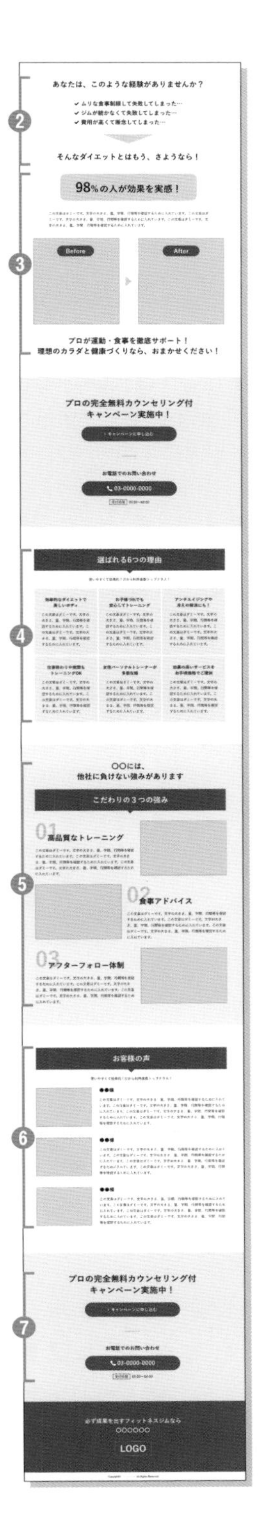

◉ 付属のワイヤーフレームについて

キャンペーンサイト（LP）は、サイト訪問者の興味関心を引きつける必要があるため、比較的自由度の高いデザインになる傾向が多いです。そのため、付属のワイヤーフレームは「編集に強い」機能は最低限にとどめ、自由度の高いデザインを起こしやすいデータとして用意しています。本節では、その一部を元にデータの作成方法を紹介します。

5-5-3 各アプリケーションとの連携（Adobe Illustrator と Adobe Photoshop）

キャンペーンサイト（LP）は、装飾が多めのリッチなデザインが多いので、XDを使用するかどうかを、まずは検討すると良いでしょう。XDは、Illustratorのように複雑なロゴやイラストを描画することを苦手としています。また、Photoshopのように、輪郭をぼかして画像をマスクしたり、画像を切り抜いたり、加工したりすることはできません。そのため、デザインによっては、XDを使わずIllustratorや Photoshopでデザイン制作を行う方が最適な場合もあります。先述の理由から、XDを使用する場合でも、Illustrator や Photoshopなど複数のアプリケーションを行き来しながら作成していくことが多いため、各アプリケーションとの連携方法をご紹介します。

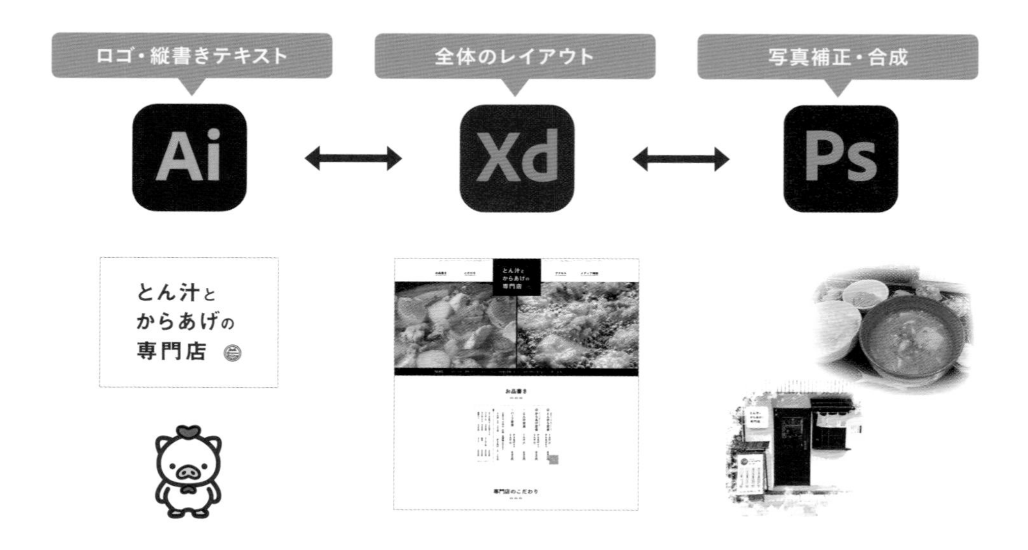

◉ ピックアップ機能

- Creative Cloud ライブラリ（以下、CC ライブラリ）
- 画像の書き出し

目次

1. 画像の修正や差し替えが楽になるCC ライブラリを使った画像管理
2. 従来のローカルデータで行う画像管理
3. まとめ

画像の修正や差し替えが楽になるCC ライブラリを使った画像管理

Illustrator や Photoshopで作成したパーツをCC ライブラリに格納し、同期していく方法を紹介します。

CC ライブラリとは？

CC ライブラリは、画像やベクターデータなどの素材をクラウドに保存しておける機能です。これを使用することで、素材の修正が楽になります。
ライブラリのデータを修正すれば、配置したデータがすべて反映されるため、修正したデータを配置しなおす作業は必要ありません。作業の効率化につながるため、CC ライブラリを選択肢の1つに加えておくことをおすすめします。

手順

登録・配置方法

1. Illustratorで使用するデータを開く
2. 「ウィンドウ＞CC ライブラリ」からCC ライブラリのパネルを開き、 アイコンから、「新規ライブラリ」を作成する

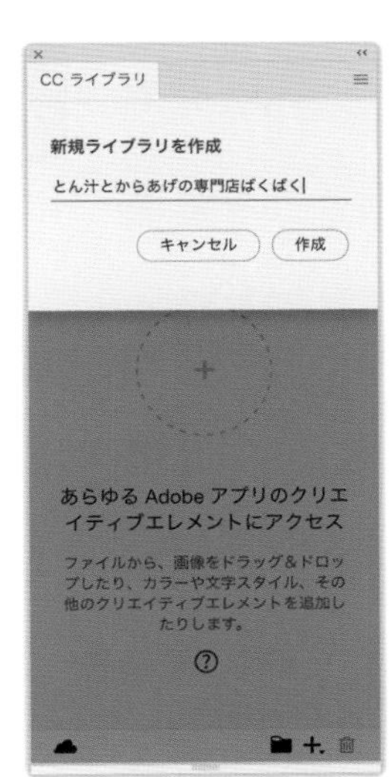

3. 作成したライブラリに、Illustrator や Photoshopで作成した画像を「グラフィック」として登録

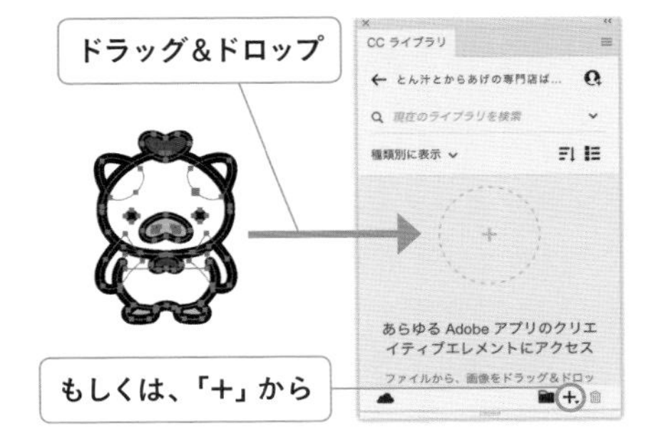

第5章

※psdを登録する場合
Photoshopでファイルを開いた状態で、Finder（Win：エクスプローラー）からドラッグ＆ドロップ

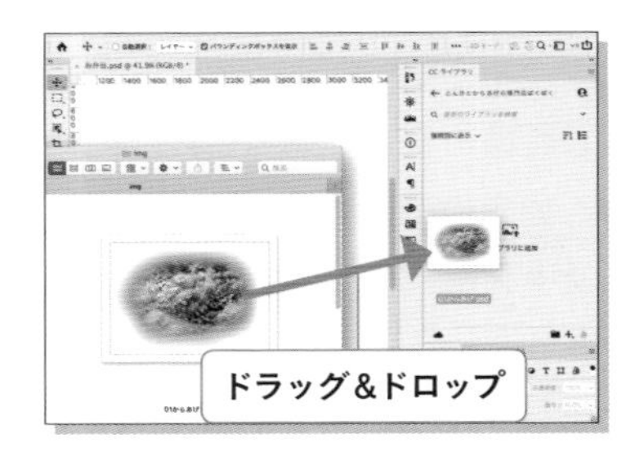

4.XDでCC ライブラリパネルを開き、先ほど登録した画像を配置して使用する

※Illustratorだけでなく、Photoshopやその他のAdobeアプリケーションでも同様に行えます。

修正方法

1.CC ライブラリ内の素材データをダブルクリック
2.Illustrator や Photoshopなど、保存元のアプリケーションが起動するので、修正を行う
3.XDに戻ると、編集した内容が反映されている（反映スピードは、ネット環境やファイル容量に左右される）

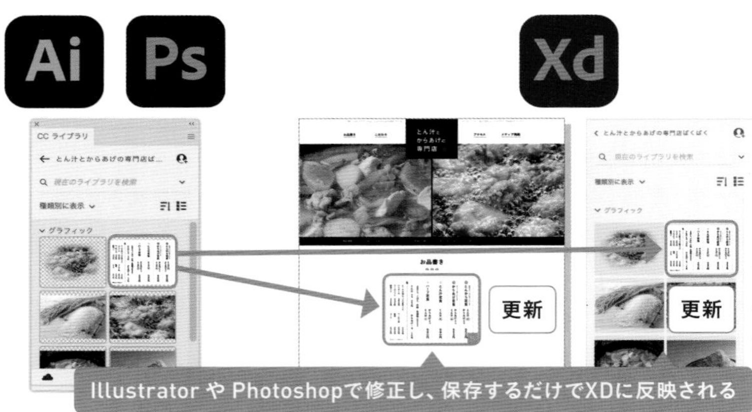

注意点（2021 年 3 月時点）

CC ライブラリを経由してXDに配置する場合、現時点の仕様では少しクセがあるので、以下の点に注意が必要です。

アンカーポイントの位置がずれる

ベクターデータの場合、アンカーポイントの位置がずれる可能性があります。この場合は、CC ライブラリを経由せず、後述の「従来のローカルデータで行う画像管理」で行います。もしくは、XD上のデータはアタリとして扱い、コーディング用の書き出しは元データを開いて（.aiなど）行います。

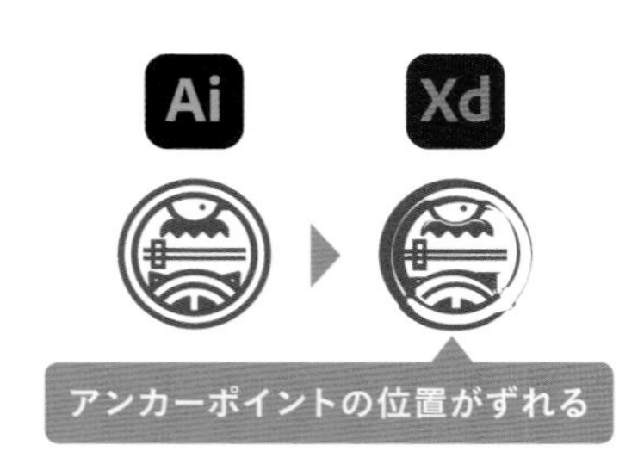

パターンなどがうまく描画されないときは

Illustratorで、パターンなどのXDでサポートされていない機能を使用している場合、うまく描画されない可能性があります。
この場合は、Illustratorで「オブジェクト＞アピアランスの分割」や「オブジェクト＞ラスタライズ」をする必要があります。

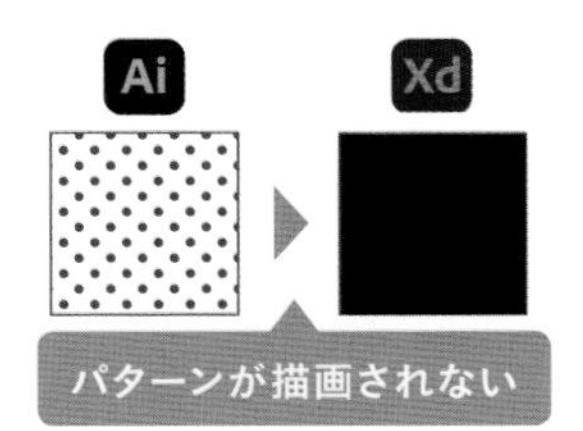

縦書きが崩れる

Illustratorから縦書きテキストを「グラフィック」として登録し、CC ライブラリ経由でXDへ配置した場合、XDで縦書きがサポートされていないため、横書きになってしまうなど、うまく表示されません。
この場合はIllustrator上でアウトラインをかける必要があります。そのときには、Illustratorでレイヤーを複製し一方にアウトラインをかけ、もう一方の未アウトラインのレイヤーは非表示にしておくと、文字修正が入っても編集が容易です。

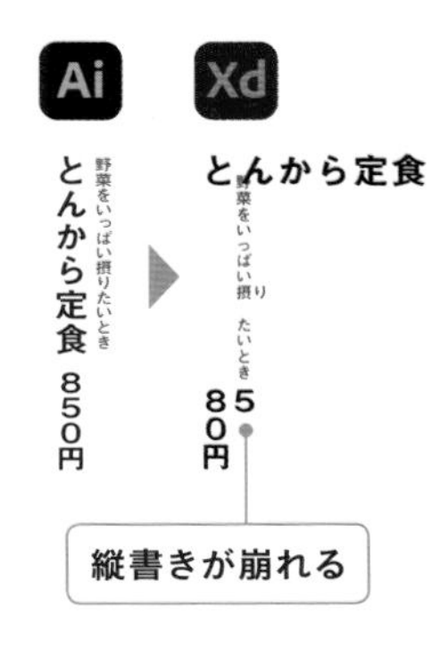

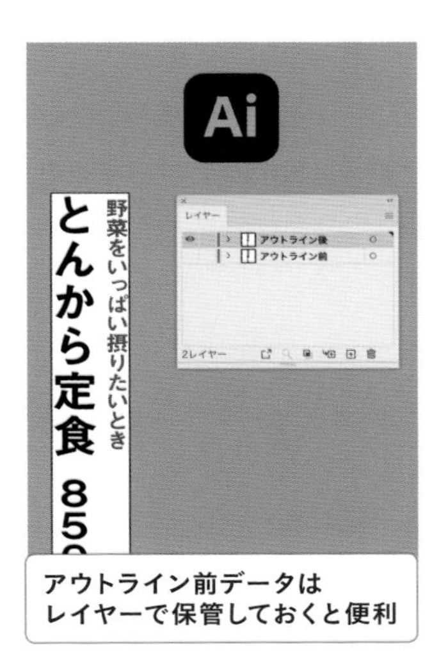

CC ライブラリのくわしい使用方法は、こちらをご覧ください。
https://helpx.adobe.com/jp/illustrator/how-to/edit-data-using-cclibrary.html

従来のローカルデータで行う画像管理

先述した注意点に該当する場合、もしくは修正が頻繁に行われない素材データなどの場合には、従来の方法である、書き出したパーツをローカルデータから直接配置する方法を選ぶと良いでしょう。

2つのアプローチ

- **Illustrator や Photoshopなどのデータをjpgやpngに書き出し、XDに配置する**
- **Illustratorの場合は、コピー＆ペーストでもパスを保持したまま配置できる**

こちらの方法を選択する場合は、再編集できるように必ず元データを取っておくことをおすすめします。

まとめ

「CC ライブラリを使った画像管理」「ローカルデータで行う画像管理」と、2通りの選択肢を紹介しました。CC ライブラリとローカルデータの方法では、それぞれにできること・できないことがあります。今後のアップデートにより、仕様が変更になる可能性もあるため、そのときの状況に合わせて最適な方法を選択して進めていきましょう。

5-5-4 ナビゲーションメニューからのページ内リンク

ページ内リンクは、主にキャンペーンサイト（LP）などの縦長のサイトで利用されます。ヘッダーナビゲーションなどから、特定の位置へユーザーを導くために使用します。

ピックアップ機能

●スクロール先

目次

1.「プロトタイプ」モードでワイヤーをつなぐ
2.固定ヘッダーに重なった場合の対処法

「プロトタイプ」モードで「ワイヤー」をつなぐ

1.まず、「プロトタイプ」モードに切り替えます。ボタンを選択すると、青い矢印のハンドルが表示されます。このハンドルをドラッグして表示される「ワイヤー」で画面遷移の指定を行います。

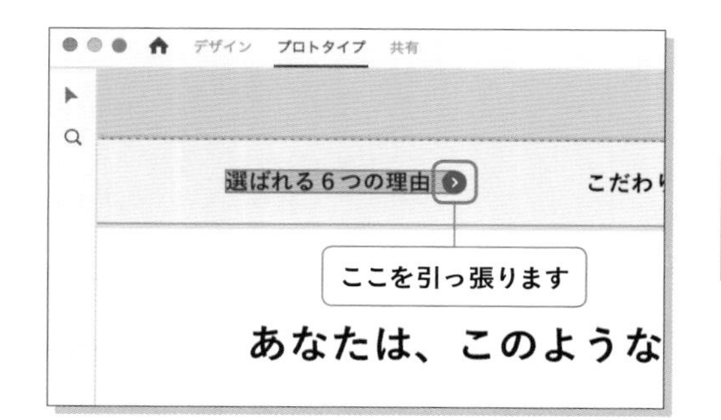

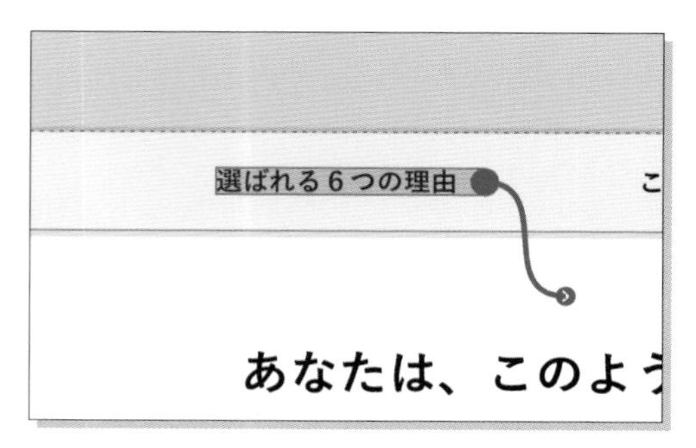

2.スクロール先まで引っ張ると設定完了です。同一ページ内でリンクをつなぐと自動的にアクション「スクロール先」が設定されます。

3.「プレビュー」で確認するとリンクが設定されていることが確認できます。

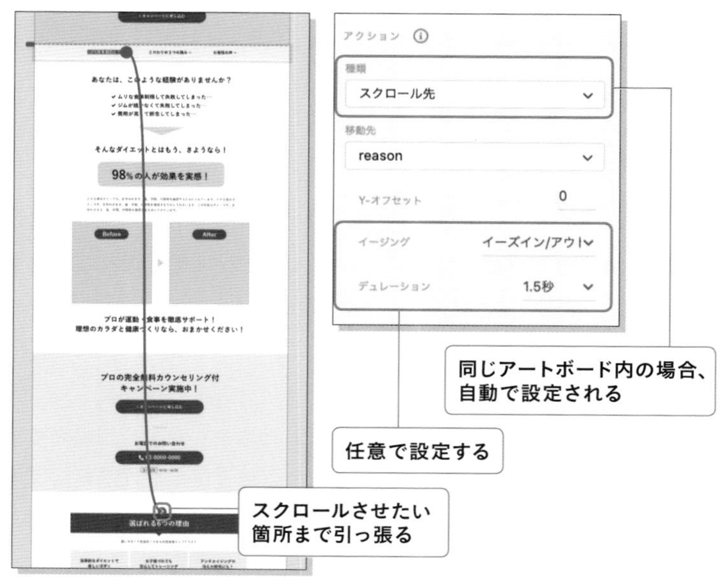

固定ヘッダーに重なった場合の対処法

見出しに対してアンカーリンクしたときは、固定ヘッダーが重なってしまう場合があります。その場合は、アクション内にある項目「Y-オフセット」の数値を変更することで解決できます。

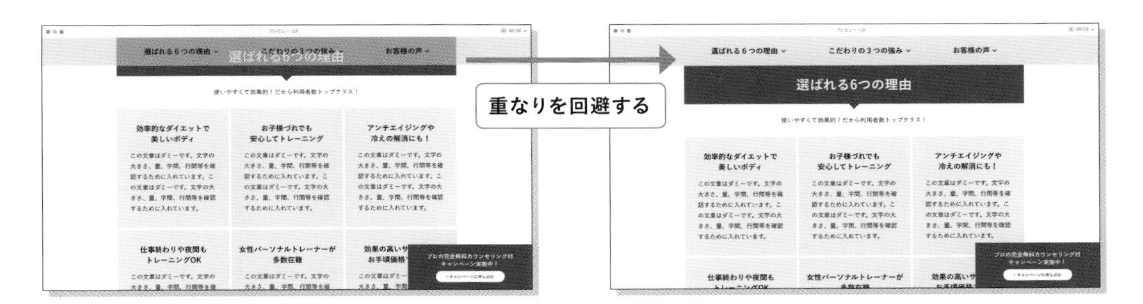

「Y-オフセット」にプラスの値を入力するとスクロール先から数値分下がった位置にスクロールし、マイナスの値を入力するとスクロール先から数値分上がった位置にスクロールします。

今回は、固定ヘッダーの高さが90pxなので、「-90」の値を入力します。

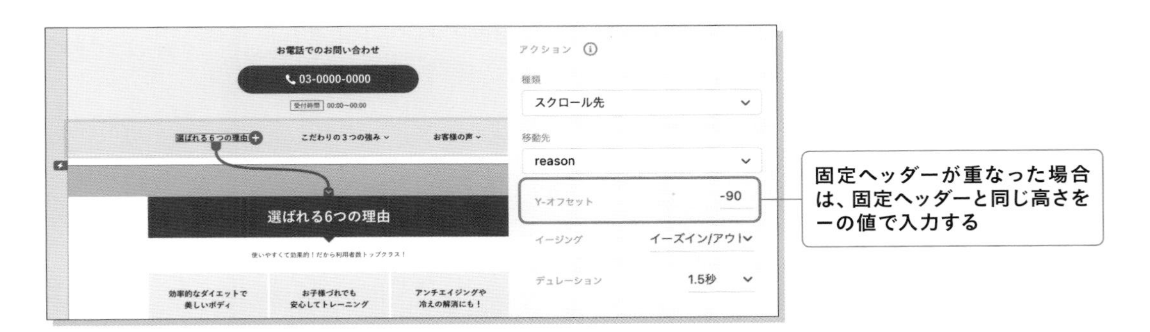

また、数値入力ではなくカミナリアイコンをドラッグすることでも「Y-オフセット」の数値を変更することが可能です。

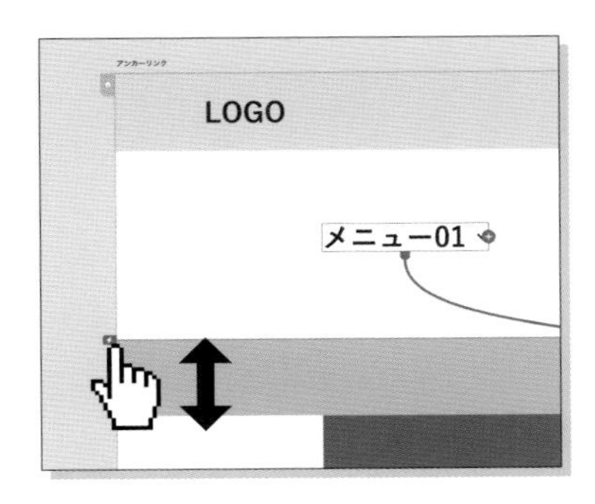

5-5-5 追従するお問い合わせボタンを途中から出現させる

最初は非表示で、少しスクロールしたあたりからお問い合わせエリアが出現し、追従する動きを作成します。1つのアートボードで完結する方法では、要素を途中出現させる方法がないため、少しコツが必要です。

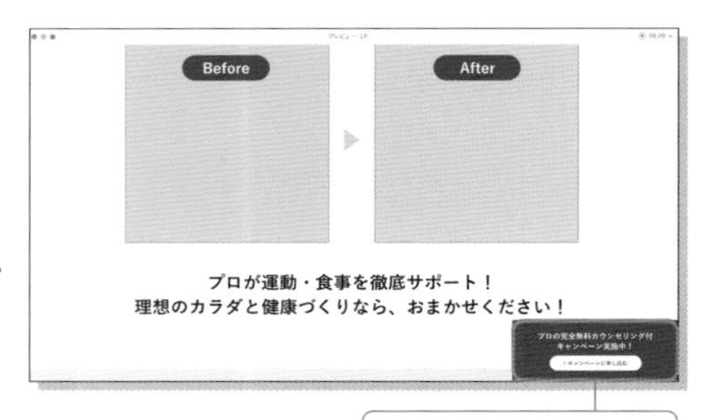

ピックアップ機能

●スクロール時に位置を固定

目次

1. お問い合わせボタンを配置する
2. 前面に目隠し用のオブジェクトを配置する

お問い合わせボタンを配置する

1. まず、お問い合わせボタンを作成します。画面右下に固定させるよう、青い点線（ビューポートの高さ）の位置に合うように配置します。

2. お問い合わせボタンを選択した状態で、プロパティインスペクターの「スクロール時に位置を固定」にチェックを入れます。

3. お問い合わせボタンを最背面へ送ります。

前面に目隠し用のオブジェクトを配置する

隠しておきたいエリアまで、お問い合わせボタンの前面に「白い長方形」を配置し、目隠ししておきます。

1.「Before / After」エリアを過ぎてから表示させたいため、長方形を描画し、色を「#FFFFFF（白）」にします。このオブジェクトのレイヤー名は「bg」とします。

2.「bg」「お問い合わせボタン」「お問い合わせボタンが出現するまでのレイヤー」（今回は「header」～「Before / After」）の順序を右記のようにします。このレイヤーの順序が重要です。

3.プレビューで確認すると、「bg」レイヤーが過ぎる位置からお問い合わせボタンが出現します。出現後は、画面右下に固定します。

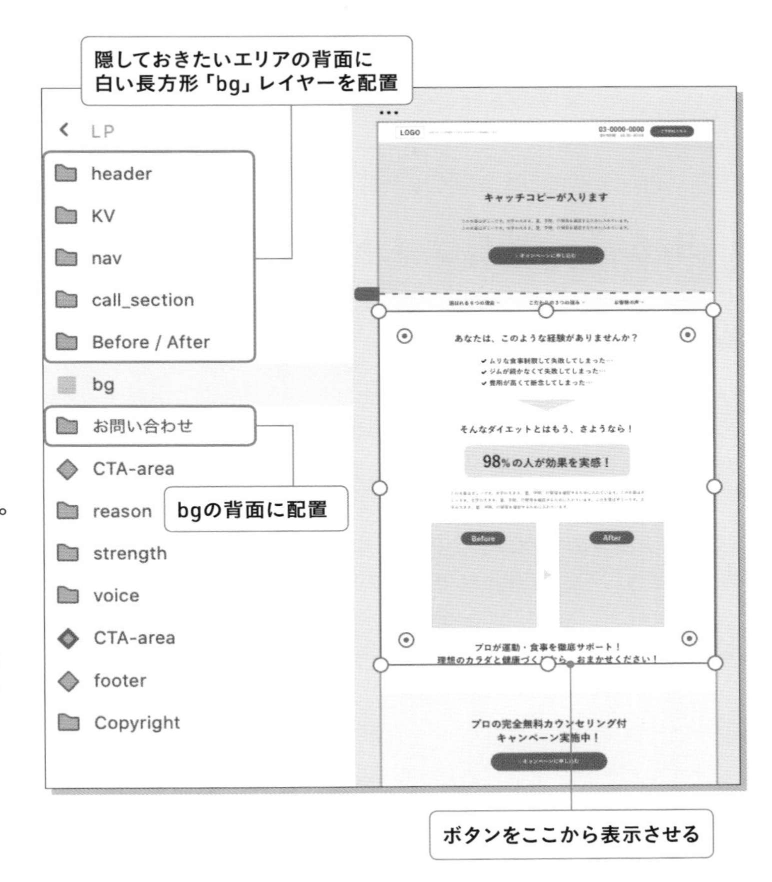

この方法は、固定のヘッダーナビゲーションなどにも応用できます。レイヤーの順序と、ビューポートの高さの中で配置することがポイントです。

第5章

第5章

6 ECサイト

ここではECサイトの制作について解説していきます。ECサイトに求められる要素の作成方法も紹介していきます。

QRコードにアクセスして
動画でチェック!

収録範囲
5-6-6

5-6-1 ECサイトの特徴

ECサイトとは

ECサイトとは、商品やサービスをインターネット上で販売するWebサイトのことです。ネットに商品の情報を載せるだけでなく、多くの場合でユーザーからの受注や郵送処理、決済などを含んだ一連の購買プロセスをオンライン上で完結することができます。

ECサイト制作の特徴は、会員機能や受注管理システムなどのやや複雑な機能が求められることです。そのためサイトの設計段階では、それらの挙動や条件分岐に沿ったページの変化も視野に入れなければなりません。また、商品検索機能や登録フォームなどユーザー自らがアクションを起こす場面も多く、ターゲットに対して適切なインターフェイスデザインも重視されます。

近年は共働き世帯の増加やライフスタイルの変化により、ECの市場規模は右肩上がりになっています。今後はマルチデバイスにおけるレスポンシブ対応はもちろん、外部サービスとの連携やアプリ展開なども広く求められることが予想されています。

ECサイト制作のポイント

- プロジェクトの目標や予算、制作期間を軸に、必要な機能や設計の優先度についてクライアントを含めた共通認識をもっておく。
- サンプルデータと実データに大きな乖離が起こらないよう、実際にサイト内で扱う商材の理解を深め、表示する情報を明確にしておく。
- 商品検索や購入手続きのフェーズでは、なるべくユーザーに負荷がかからないようなインターフェイスを考える。
- マルチデバイスでのアクセスを前提としたレスポンシブデザインを考える。

ECサイトの制作フロー

1. 要件定義
2. 情報設計
3. サイトマップ作成
4. 簡易プロトタイプ作成
5. ワイヤーフレーム作成
6. デザイン・プロトタイプ作成
7 素材作成(商品詳細データなど)
8. 実データ差し替え
9. コーディング
10. 確認・調整
11. 公開・運用

本節では上記でハイライトした箇所を取り扱います。

ECサイトのサイトマップ例

受託制作：家具を販売する架空のECサイトの作成依頼とする

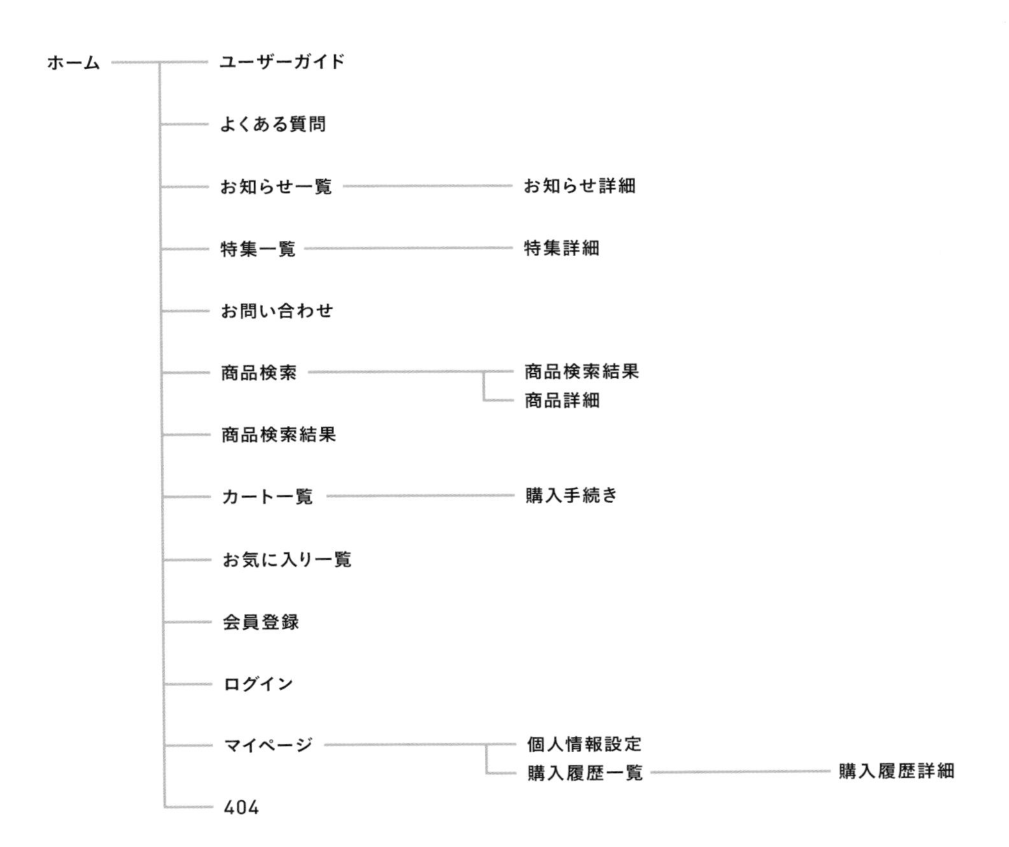

第5章

5-6-2　付属のワイヤーフレームについて

ECサイトは日々の運用の中でコンテンツの入れ替わりが激しく行われるため、ワイヤーフレームにおいても、実際の商材データにおいて可変するコンテンツを見越した設計を意識します。また、在庫切れや入力エラーなどの予想できる変則的な場面において、サイト上の表示やユーザーの体験がどのように変わるかをイメージすることも重要です。取り扱う画像の種類や比率、テキストの最大文字数や折り返しなど、あらゆる実データの多様性と条件分岐を考慮して進めていきましょう。

付属のワイヤーフレームでは、データを置換しやすいリピートグリッドによるパーツを多く取り入れています。また検索やフォームのインターフェイスとして、スライダー、テキストボックス、セレクトボックス、チェックボックスなどさまざまなパーツを揃え、それぞれ可変する表示形式を別途ステートで用意しています。

さらにログイン時・非ログイン時のフォーム項目の変化については、複数のアートボードで条件分岐をしています。特に配送・決済方法の指定などは外部サービスと連携する場合もあり、付属のワイヤーフレーム内ではそのすべてのパターンを網羅しかねるため、使用する案件に合わせて編集しやすいシンプルな形にとどめています。

テンプレートと構成

ワイヤーフレーム内で使用しているインスタンスのメインコンポーネントは、それ自体が最小単位のコンポーネントとなっているものを「コンポーネントパーツ」、セクションの大きな単位で使用するものを「セクションパーツ」として、ステート展開とともに掲載しています。なお、テキストを含むパーツのホバーステートは、作成段階のバージョンにおいてテキストの引き継ぎが無視されるため用意しておりません。

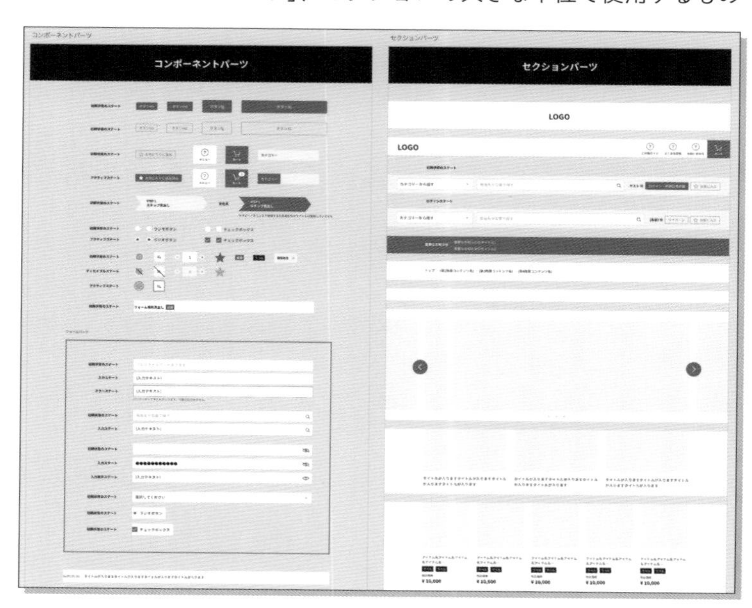

本ワイヤーフレームのパーツをカスタマイズするときには、これらのアートボードに掲載しているメインコンポーネントを対象としてください。とくに一部のネストされたコンポーネントをもつセクションパーツは、関連するコンポーネントパーツの変更を直接引き継ぎます。編集するときは、内包されているコンポーネントの優先度や影響範囲に十分ご注意ください。

◉ カスタマイズについて

各制作ページについては、あらかじめパーツ一連にかけて垂直方向のスタックを適用し、カスタマイズ時の順列を構造化しています。あるページにおいてコンテンツを追加する場合は、対象のセクションパーツをコピーして、入れ込みたい箇所の直前のパーツを選択した状態でペーストをすると、選択箇所の直下に配置できます。

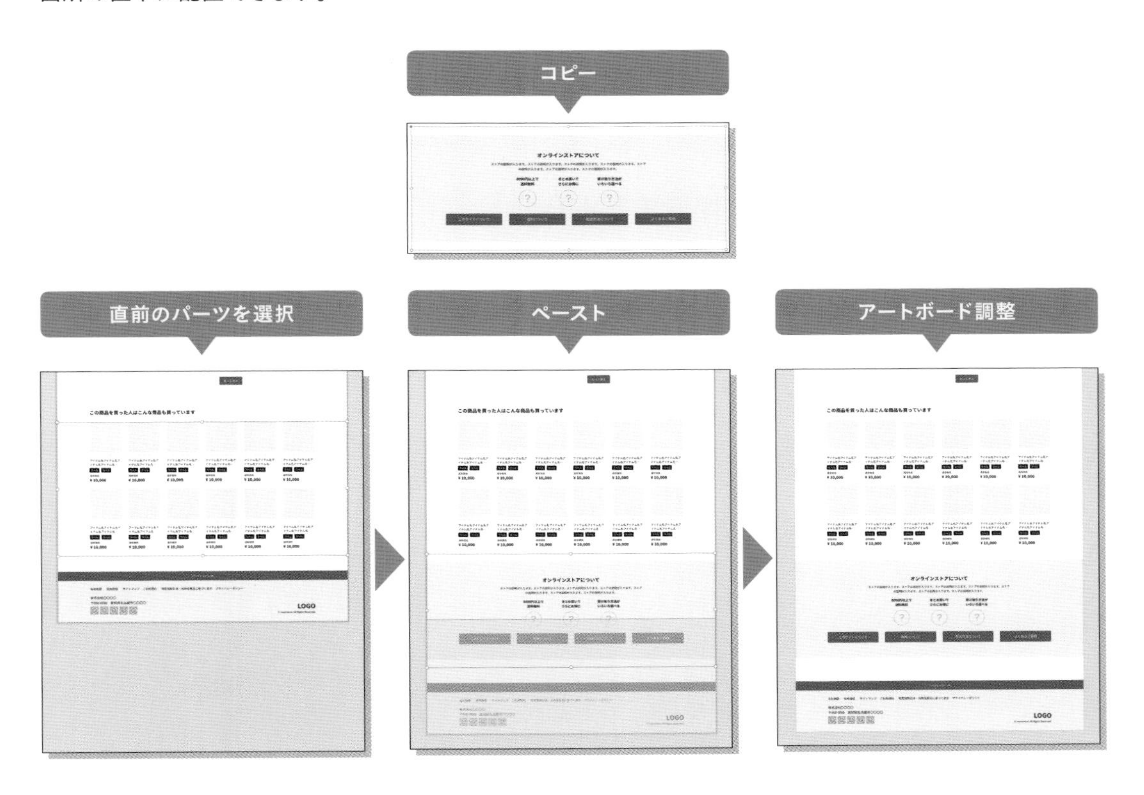

5-6-3　簡易プロトタイプの作り方

簡易プロトタイプとは

ECサイトの制作ではなるべく初期の段階から、サイトにおける制作チームとクライアント間の認識のズレをなくすことが重要です。そのため多くの場合で、要件定義書などを用いて、あらかじめ必要な機能や仕様などを取り決めます。

簡易プロトタイプとは、そのようなテキストベースで決められた仕様について、双方に完成状態のフローイメージをもたらすためのものです。あくまでも共通認識をもつことが目的になるので、ビジュアル面での忠実度は低めに設定しておきます。
本来ならばデザインの確定後に行うことが多いプロトタイプの作成ですが、複雑な機能やページ遷移を含むプロジェクトにおいては、初期段階で作成することで開発段階での後戻りをある程度防止することができます。

簡易プロトタイプをXDで作成するメリット

簡易プロトタイプの作成方法は、主に「ペーパープロトタイプ」と「デジタルプロトタイプ」の２種類があります。

ペーパープロトタイプ	デジタルプロトタイプ
用紙などをベースにしたアナログ的プロトタイプ手法。特徴的なインタラクションやプログラム処理の実現性は低いものの、即座にレイアウトの変更や機能の書き込みができる。	プレゼンテーションツールなどをベースにしたデジタル的プロトタイプ手法。ページ遷移やインタラクションをある程度の忠実度で再現できる。

XDを使った簡易プロトタイプは、後者のデジタルプロトタイプに分類されます。少ない操作で成果物のイメージに近いインタラクションを形にすることはもちろん、共有時にユーザーテストモードを使えば本物さながらのユーザー体験を表現することも可能です。さらに、後工程であるワイヤーフレーム作成への移行が容易なことも大きなメリットになります。

その反面、ペーパープロトタイプライクな利点もあります。XDでは、ユーザーテストで発見したことがあればデザインモードへ素早く切り替え、その場で調整を行うことができます。機能性もデジタルアウトプットに最適化されており、より少ない操作での一括変更が可能です。またグレーの背景に当たるペーストボードや、共有時のコメント機能などを活用すれば、アートボードと別管理で仕様や注意点を整理することもできます。
このようにXDは、簡易プロトタイプに欠かせないスピード感と、目指すべきユーザー体験の再現性を両立します。

ピックアップ機能

- プロトタイプ
- 共有

目次

必要ページを選定する

まずは複雑な機能や条件による遷移の変化が見込まれる部分を中心に、必要ページを洗い出していきます。今回はその中でもとくに「会員登録」を例として、下記のような要件定義を元に展開します。

使用機能の権限

登録会員のみ使用	すべてのユーザーが使用
・購入履歴の表示 ・ポイント機能 ・バースデークーポンの発行 ・メルマガの配信 ・会員限定セール ・会員情報の編集と保存	・商品の閲覧 ・商品の購入 ・お気に入りの登録

会員の区分

	会員条件	特典
一般	――――――	会員登録特典に準ずる
シルバー	過去1年間で購入金額50,000円以上	一般会員特典＋常にポイント2倍
ゴールド	過去1年間で購入金額100,000円以上	一般会員特典＋常にポイント3倍

会員情報

連携するシステム・ツールで必要	・お名前 ・メールアドレス ・パスワード	・フリガナ ・ユーザーID
郵送に必要	・郵便番号 ・市町村 ・電話番号	・都道府県 ・番地・建物名・部屋番号
その他必須項目	・メルマガの配信希望	
その他任意項目	・生年月日（バースデークーポンの発行で使用）	

第5章

登録システム

メールアドレスの存在確認	要検討
空メール受信機能	利用しない
SNSアカウント認証	利用しない
2段階認証	利用しない

この中で最も注目すべき点は、登録システムのメールアドレスの存在確認が「要検討」とされているところです。このようにECサイト制作では、ヒアリング段階で一部の仕様が確定していないケースは珍しくありません。その背景には、クライアントの中でその機能のイメージができていない、または費用対効果が見いだせていないなどの理由が考えられます。

そこで今回の簡易プロトタイプではこの部分に焦点を当てて必要ページを作成し、「2パターンの会員登録のフローを比較検討したのちクリアにする」という目標を設定することにします。

必要ページ

パターンA メールアドレスの存在を確認する	パターンB メールアドレスの存在を確認しない
・(共通) ログイン・新規会員登録ページ	
1.メールアドレス確認ページ 2.送信完了ページ 3.会員情報入力ページ	1.会員情報入力ページ
・(共通) 登録完了ページ	

アセットを利用してトンマナを整える

必要ページを選定したら、事前準備として簡易プロトタイプにおけるフォーマットをドキュメントアセットを使用して整えます。

カラー：

アピアランス：#FFFFFF

文字の色：#333333 もしくは #FFFFFF

塗り：　#F3F3F3

線：#CCCCCC

ボタンの塗り：#666666

テキスト：

メイン：源ノ角ゴシック JP Regular フォントサイズ16px 行間24px

サブ：源ノ角ゴシック JP Bold フォントサイズ12px 行間18px

アセットの登録数は、忠実度をあえて低めにするため、なるべく最小限になるよう意識します。また後工程のワイヤーフレームにおいて、引き継ぎやすい形態であることも重要です。今回は最も扱いやすいとされている明度違いの無彩色と、フォントサイズが12px～16pxのテキストを活用していきます。

必要ページを設計する

アセットの登録が完了したら、早速必要ページ分のアートボードを用意します。今回のような2パターン以上で比較するようなケースは、最初にボタンなどページ遷移のトリガーとなるパーツを配置して、あらかじめプロトタイプモードでページを遷移しておくと作り手としても区別がしやすいです。

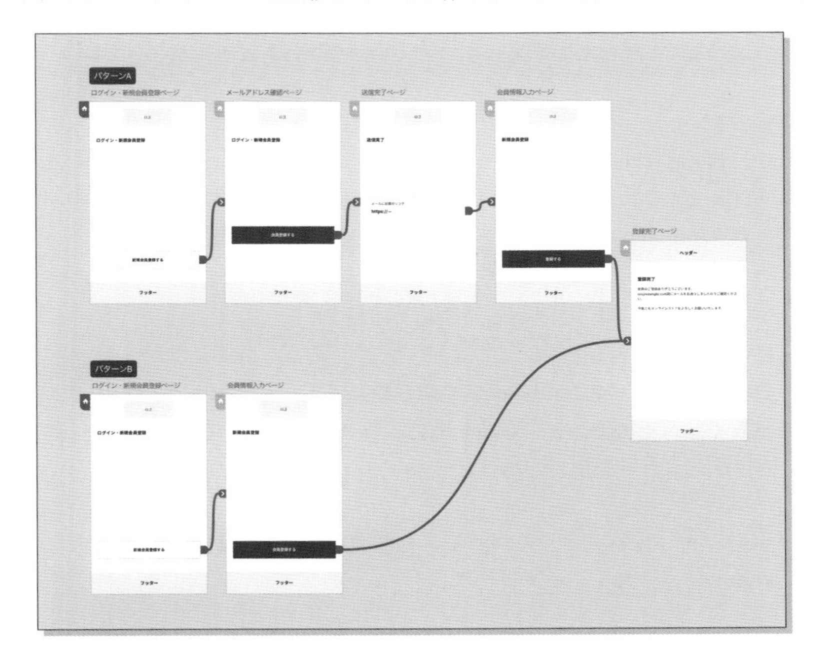

また、この時点で予定していた必要ページの構成に不都合が生じることがあれば、より適切な形になるようページ数を増減しても構いません。下の図の例では会員登録前の文脈として予想されるカート一覧ページを新たに追加して、郵送・決済入力ページに戻るまでのストーリーとして再定義しています。

またフォームの項目数やページあたりの振り分けは、前後のページとの関係性を大きく左右する重要な要素になります。詳細部分はワイヤーフレームで作り込むとしても、開発時の骨組みに関わる部分はなるべく簡易プロトタイプの段階で再現するよう心がけましょう。ユーザーに負担がかからないインターフェイスを考慮するために、下記のような項目を検討するのも効果的です。

- **ユーザーIDはメールアドレスの@以前を使用してはどうか？**
- **郵便番号から住所を検索できるようにしてはどうか？**
- **パスワードの確認はアイコンで表示/非表示を切り替える形にしてはどうか？**
- **住所は注文時に入力し、その後はデフォルトのアドレスとして使用できるようにしてはどうか？**
- **パスワードの強度チェッカーを用意してはどうか？**

今回の例ではユーザーIDとメールアドレスの統一、郵送に必要な情報における入力ページの見直しを行い、スクロール量を削減しています。

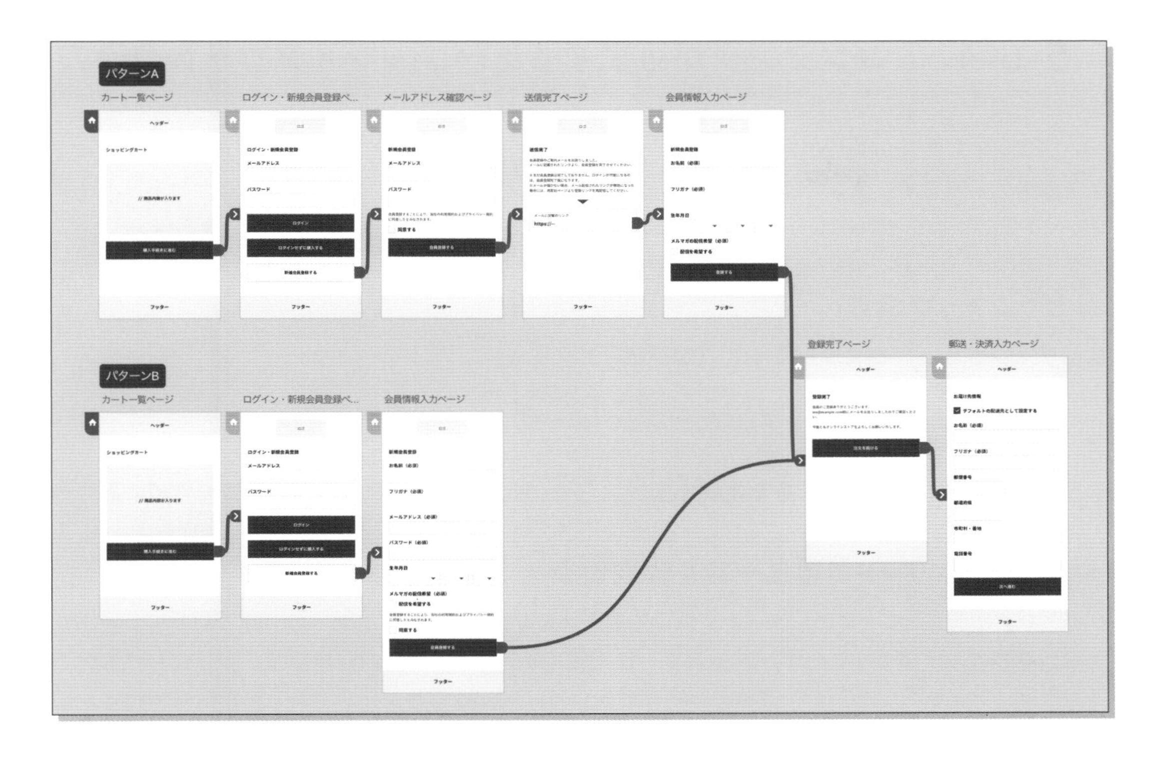

プロジェクトチームに共有する

簡易プロトタイプが完成したら、要件定義との矛盾がないか、実現可能なシステムになっているかなどを確認するため、プロジェクトチーム内で共有します。このときに共有モードの表示設定を「プレゼンテーション」にすると、ホットスポットのヒントやナビゲーション制御などが使用できるため、口頭説明のサポートとしてより操作しやすくなります。

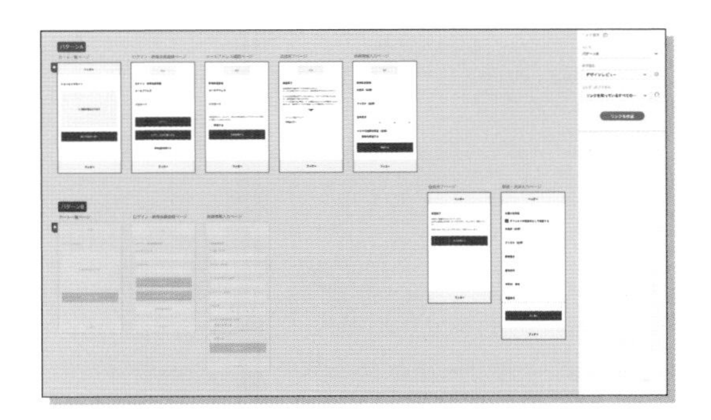

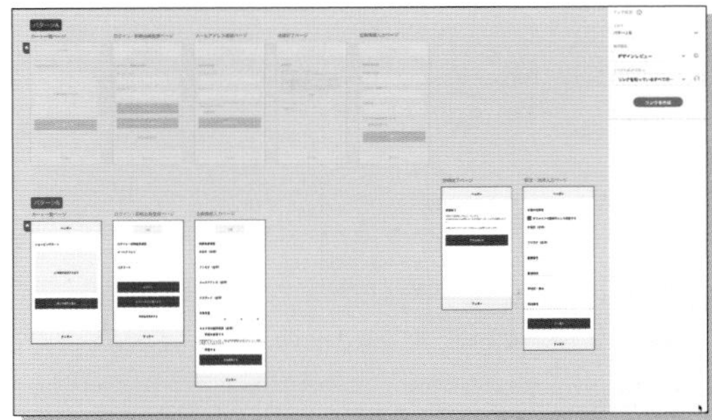

またリンクだけでなくXDのデザインモードの画面ごと共有することで、フィードバックで出た意見を適宜書き込んだり、パーツの一部を編集して即時反映することもできます。議事録代わりに使用して、後から振り返ってもわかりやすくするなど、チーム全体で管理しやすい方法を工夫してみてください。

5-6-4 コンテンツが可変するテーブルレイアウトの作り方

テーブルレイアウトの作成では、主にリピートグリッドを使用する方法とスタックを使用する方法の2種類が考えられます。ここではご注文内容の表示形式を例に、テーブルレイアウトにおけるリピートグリッドとスタックそれぞれの使い分けや活用方法についてご紹介します。

ピックアップ機能

●パディング　●スタック　●リピートグリッド

目次

1. リピートグリッドで製品一覧を作成する　**2. スタックで合計表示の部分を作成する**

リピートグリッドで製品一覧を作成する

リピートグリッドはすべてのパターンにおける高さ判定を統一しているため、繰り返すパターンは高さ固定の場合のみが望ましいです。アートボード「購入ステップ②入力内容確認ページ」における製品一覧では、アイテム名の部分に省略のルールを設けて、繰り返すパターンである商品情報の高さを固定しています。
それでは、このテーブルレイアウトをリピートグリッドで作成してみましょう。

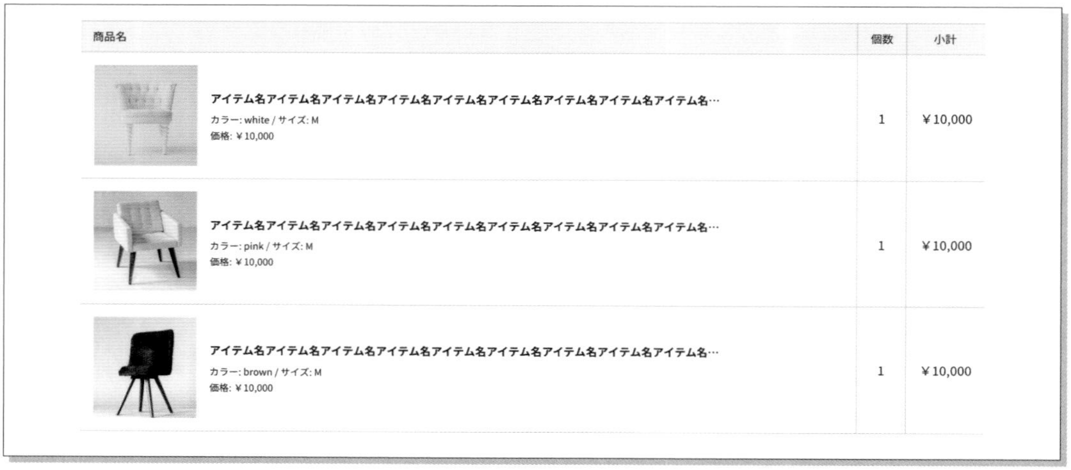

商品名	個数	小計
アイテム名アイテム名アイテム名アイテム名アイテム名アイテム名アイテム名アイテム名アイテム名… カラー: white / サイズ: M 価格: ¥10,000	1	¥10,000
アイテム名アイテム名アイテム名アイテム名アイテム名アイテム名アイテム名アイテム名アイテム名… カラー: pink / サイズ: M 価格: ¥10,000	1	¥10,000
アイテム名アイテム名アイテム名アイテム名アイテム名アイテム名アイテム名アイテム名アイテム名… カラー: brown / サイズ: M 価格: ¥10,000	1	¥10,000

まずは「3-3 縦横に繰り返すカードパネル」の要領で、パターンとなるテーブルのセルを垂直方向に繰り返します。このとき、リピートグリッドの間隔はテーブルのボーダー幅にします。また、必要に応じて別途テーブルヘッダーを作成し、リピートグリッドの上部にボーダー幅分の間隔を空けて配置します。

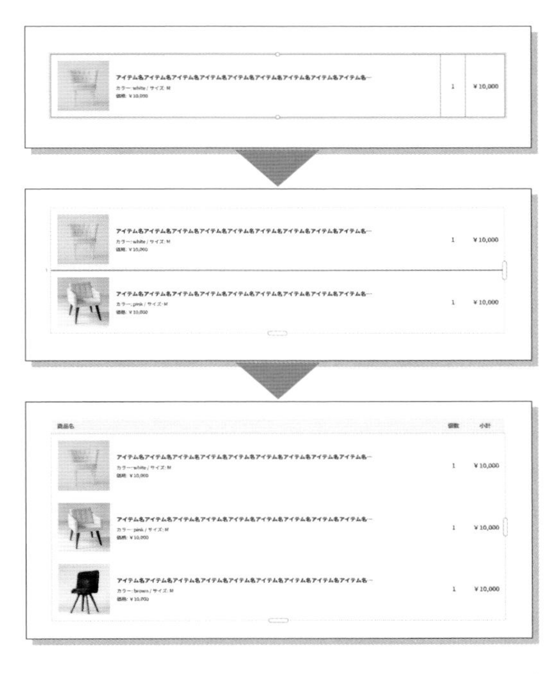

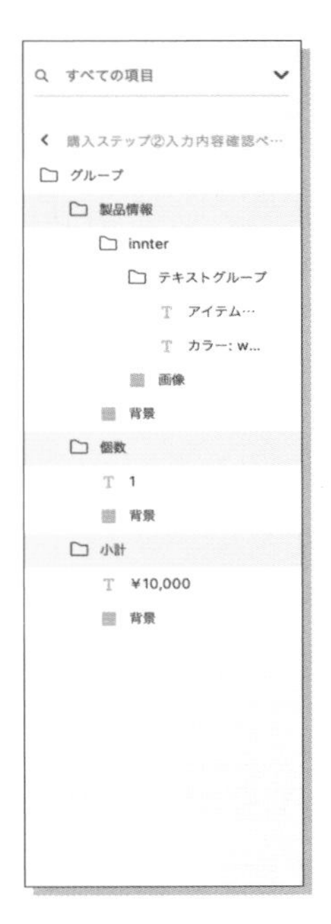

この状態で任意の長方形をリピートグリッドの背面に配置して塗りを指定すると、リピートグリッドの間隔に長方形が透けて、実質的にボーダーが引かれたような表現になります。これを活用して、リピートグリッドと長方形の間にもボーダー幅分のパディングを設定し、テーブル全体を囲うボーダーも作成します。

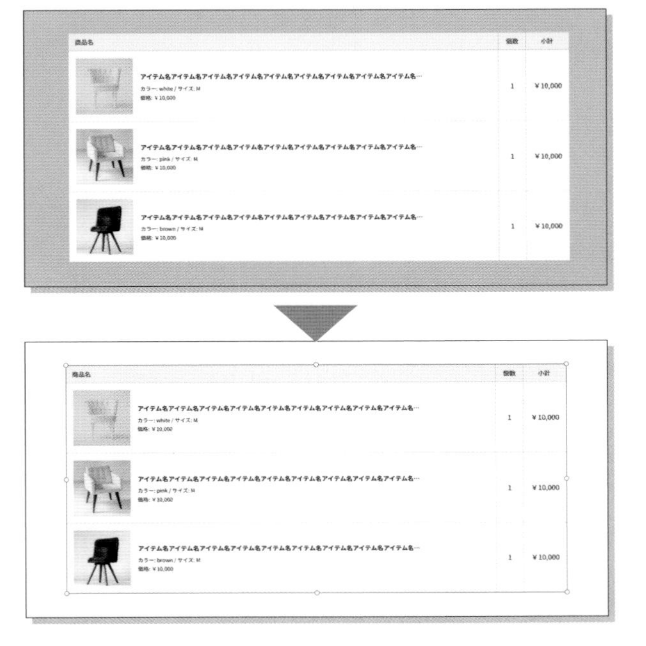

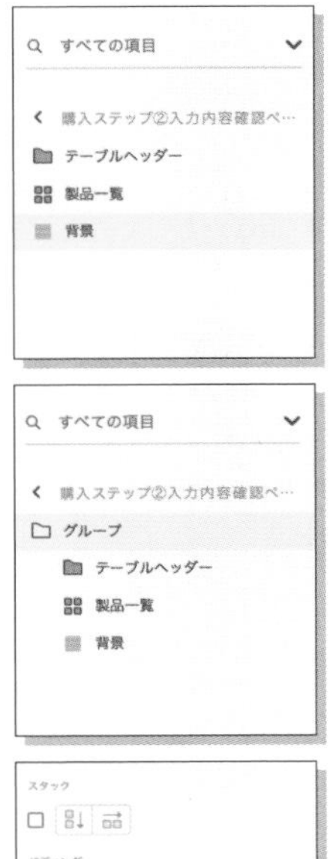

今回の製品一覧のようにテーブルの左右のみボーダーを削除したいときは、隠したい辺のパディングを概念上「0」に設定すればよいのですが、ディスプレイの解像度によってはうっすらと線が見えてしまいます。そのような場合はパディングを「－1」などに変更し、デザインに影響のない範囲で背景に完全に隠すと綺麗です。
付属のワイヤーフレーム上では、どの環境下においても見え方が変わらないようこの対策を施していますが、このようにデザイン側の都合でレイアウトの微調整をしている箇所については、実装前に必ずエンジニアに一言伝えるようにしましょう。

また、繰り返すパターンの高さが増減する場合は、リピートグリッド部分をスタックに変更すれば同じような手法で作成できます。ただし、リピートグリッドを解除するとセルごとのスタイリングを一括して管理することができなくなるため、解除前に繰り返すパターンをコンポーネントとして登録しておくことが必要です。
付属のワイヤーフレームでは、会員登録や購入手続きのフォーム部分がこの作成形式にあたります。

スタックで合計表示の部分を作成する

ご注文内容の表示の中には、製品一覧だけではなく合計表示部分など製品情報以外のパーツも必要です。このような箇所はリピートグリッドをスタックで内包すると、整列状態を崩さないまま簡単に配置することができます。

商品名	個数	小計
アイテム名アイテム名アイテム名アイテム名アイテム名アイテム名アイテム名アイテム名アイテム名… カラー: white / サイズ: M 価格: ¥10,000	1	¥10,000
アイテム名アイテム名アイテム名アイテム名アイテム名アイテム名アイテム名アイテム名アイテム名… カラー: pink / サイズ: M 価格: ¥10,000	1	¥10,000
アイテム名アイテム名アイテム名アイテム名アイテム名アイテム名アイテム名アイテム名アイテム名… カラー: brown / サイズ: M 価格: ¥10,000	1	¥10,000
	商品合計	¥30,000
	送料	¥0
	小計	¥30,000
	合計（税込）	**¥30,000**

事前準備として、アートボード上の任意の場所で、テーブルセルに入れ込む合計表示部分を別途作成します。オブジェクトの全体幅は、リピートグリッドで繰り返されている表示エリアに揃えておくと安心です。合計表示部分が作成できたら、オブジェクトをコピーしておきましょう。

その後、先ほど作成したパディングを指定している製品一覧のテーブルにおいて、垂直方向のスタックを有効にし、間隔をテーブルのボーダー幅にします。そのままリピートグリッドを選択した状態で合計表示部分をペーストすると、合計表示部分をテーブルの中の製品一覧に続く形で入れ込むことができます。スタックの中で配置がずれたら、スタック要素すべてを選択し、整列パネルなどを使って調節します。

以上でコンテンツが可変するテーブルレイアウトの完成です。カスタマイズするときは、リピートグリッドを使用している製品一覧のコンテンツを増減し、それに伴って再配置される合計表示部分を書き換えてください。

リピートグリッドとスタックを併用するメリットは、リピートグリッドのドラッグのみで合計表示部分を含むすべてのレイアウト調整が自動化される点にあります。また、ECサイトのように膨大なサンプルデータを扱う場合は、画像やテキストの流し込みにも便利です。

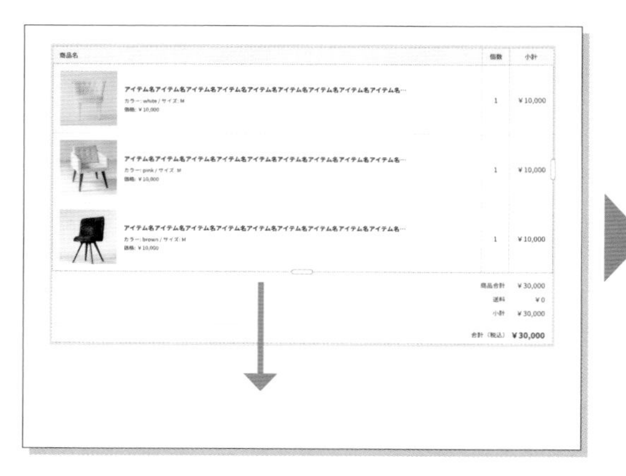

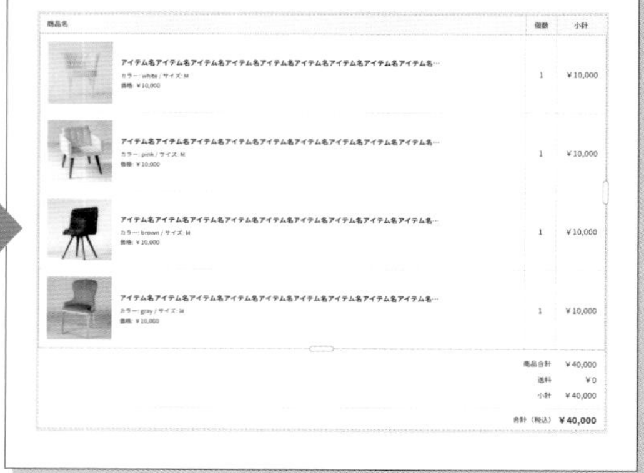

5-6-5　コンポーネントを活用したフォームの作り方

データ型やデータ量の変更が多く見込まれるフォーム部分は、コンポーネントとスタックを使って単調なブロック状に設計することで、編集作業を簡略化できます。
ここではテーブルとフォームパーツの２種類のスタイリングを例に、コンポーネントの活用方法をご紹介します。

ピックアップ機能

- ネストコンポーネント
- スタック

目次

1. 余白の情報を含めたコンポーネントを作成する
2. ２種類のコンポーネントの情報を掛け合わせる

余白の情報を含めたコンポーネントを作成する

アートボード「登録ステップ①メールアドレス確認ページ」のフォーム部分は、項目見出しやテキストボックスを垂直方向のスタックでレイアウトしています。また、それぞれのフォームパーツはコンポーネント化しています。

インスタンス × スタック

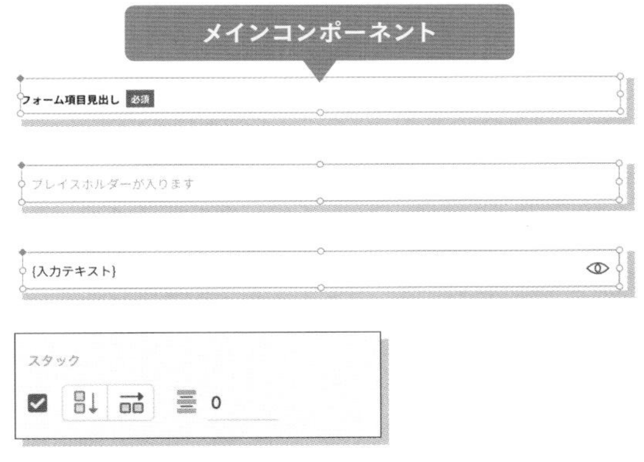

スタックを使うと各パーツごとに配置の間隔を指定することもできますが、フォームパーツなど同一のファイルで複数回の使用が見込まれるパーツについては、コンポーネントの中でパーツごとの余白の情報を設定することも1つの方法です。上の図ではフォーム項目見出しが一例になります。

コンポーネントで余白を管理するメリットは、スタック側で指定する間隔をすべて0で単純化して、個別に微調整する手間を省くことができる点です。また、同コンポーネントを使用している複数のページに渡って、余白の情報を一括管理することもできます。

余白を含めたパーツの作成方法は、主に2種類考えられます。
1つ目は、背景となる長方形のオブジェクトを用意する方法です。

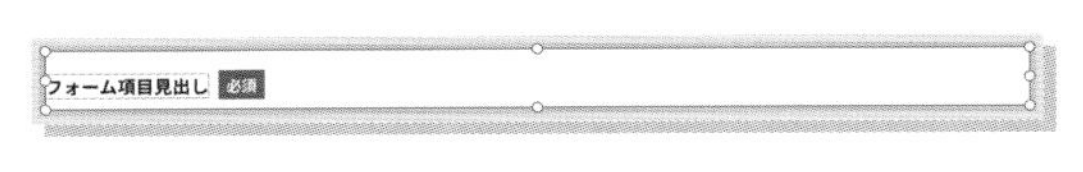

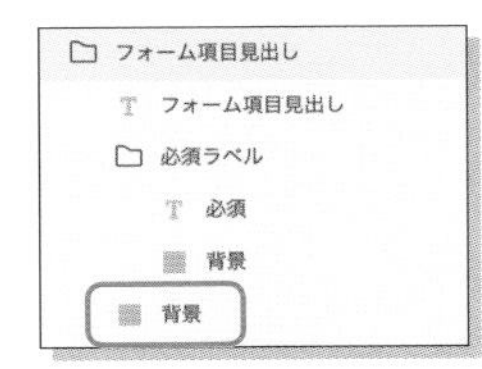

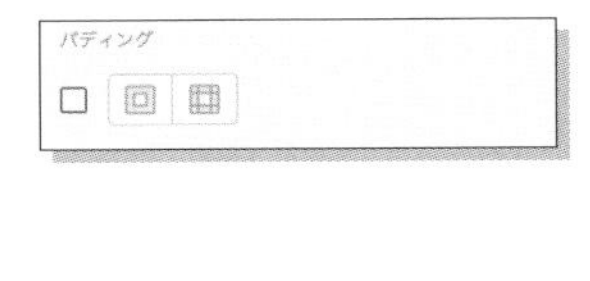

付属のワイヤーフレーム内では、フォーム項目見出しのコンポーネントをはじめ、セクションパーツもすべてこの設計で作成しています。
この方法の最大のメリットは、コンポーネントを解除または削除してもレイアウトの崩れが起きないことです。付属のワイヤーフレームでは、セクションエリアを認知しやすいよう背景をあえて塗りにしていますが、実践で作成するときは塗り・線ともに無効化するとアートボードのアピアランスに作用されなくなります。

2つ目は、パディングを使って対象グループの外側へ直接余白を指定する方法です。

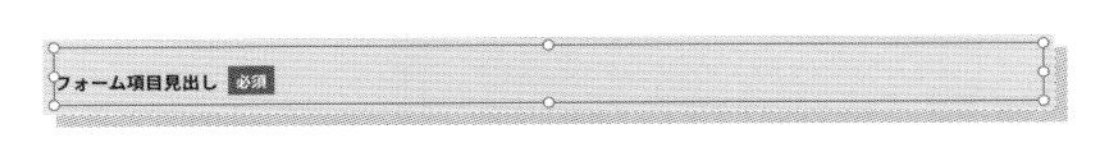

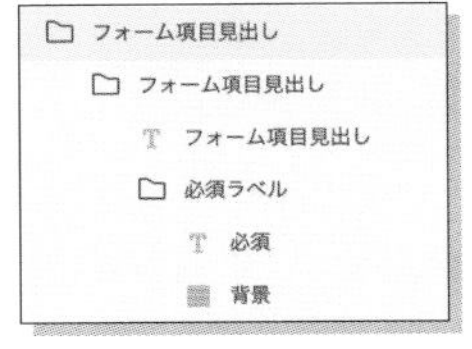

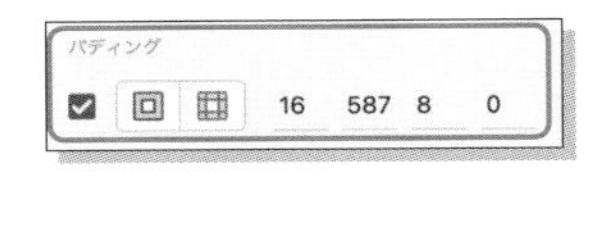

本来XDのパディングは対象グループの内側に余白を指定する機能ですが、パディング値が0のグループに数値を指定すると、グループの外側に広がるマージンのような余白を設定することができます。
この方法のメリットは、先程の背景を用意する方法より比較的素早く設定ができ、かつレイヤー構造としても調整用のオブジェクトをもたないフラットな設計になることです。
しかし、コンポーネントに直接パディング値を指定することにより、コンポーネントを解除または削除したときに、背景としていたエリアの情報がなくなるという注意点もあります。そのため、付属のワイヤーフレームでは、コンポーネントに登録していないパーツのみにこの方法を適用しています。
もしコンポーネント内でパディングのみによる余白設定をする場合は、パディング値を設定したグループをコンポーネントに内包するなどして、レイアウト崩れを防止する対策をしておきましょう。

2種類のコンポーネントの情報を掛け合わせる

アートボード「登録ステップ③会員情報入力ページ」では、スタックを使ったテーブルレイアウトでフォーム部分を作成しています。先述の製品一覧のようにリピートグリッドを使用していない理由は、それぞれのセルの高さが必ずしも固定になるとは限らないためです。

お名前	必須	山田太郎
フリガナ	必須	ヤマダタロウ
郵便番号		000-0000
都道府県		選択してください
市町村・番地		名古屋市〇〇〇〇
電話番号		000-0000-0000
生年月日		---- / -- / --
メルマガの配信希望	必須	配信を希望する

では、このテーブルセルにおけるコンポーネント設計を考えてみましょう。
このテーブルセルには、テキストボックスだけでなく、テキストエリアやチェックボックス、セレクトボックスなど、さまざまなフォームパーツが内包される可能性があります。しかし、そのすべてのパターンをそれぞれ単独のコンポーネントとして用意しようとすると、作成に時間がかかるだけでなく、編集を見越した管理性も優れません。可能であればテーブルはテーブル独自にスタイリングを管理し、フォームパーツはそれぞれの既存のコンポーネントを活用するのが望ましいです。

そこで、コンポーネントの特徴の1つであるアセットパネルからの置換機能を利用します。

まず共通で使用するテーブルセルのコンポーネントを作成し、コンテンツの入れ替えが行われるエリアには長方形でプレイスホルダーを用意します。このプレイスホルダーは、のちに置き換えられるフォームパーツのコンポーネントに可能な限り高さや幅を揃えておきます。

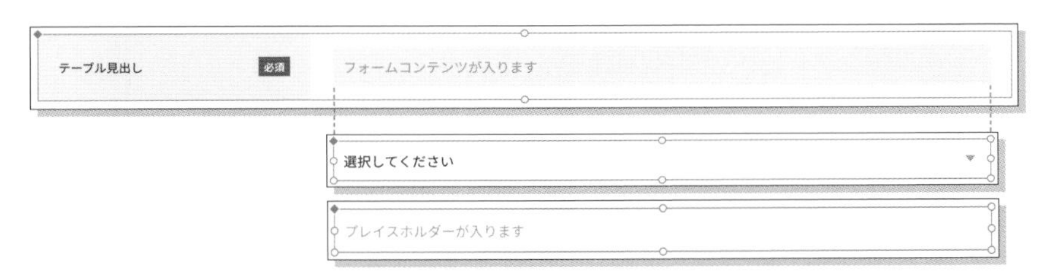

また、セルの背景とプレイスホルダー間のパディングを有効にすると、インスタンスでパディングを無効にできずに調整が難しくなるので、マスターコンポーネント側でのパディングは無効にしておきましょう。

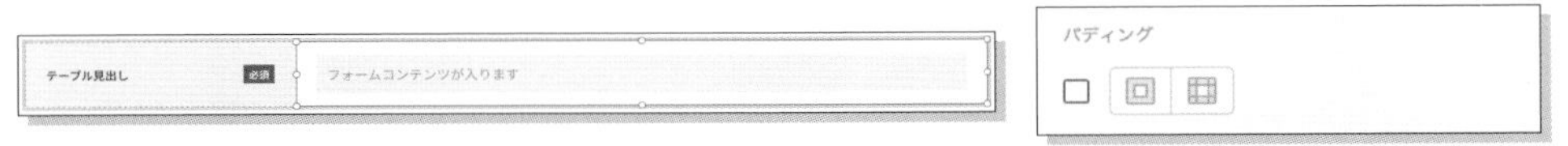

次にこのプレイスホルダーを単独でコンポーネント化して、テーブルコンポーネントにネストされたインスタンスの状態にします。

以上でコンポーネントの設計は完了です。フォーム部分ではこれを必要な数だけ複製し、垂直方向のスタックを使用して全体のレイアウトを作成します。

その後任意のプレイスホルダーを選択した状態で、アセットパネルから適用したいフォームパーツをドラッグ＆ドロップします。このようにすると、プレイスホルダーとアセットパネル側のコンポーネントが左上を基点として実寸大で置き換わります。

このとき、もし誤って意図しないパーツに置換してしまった場合でも、それぞれの対象がコンポーネント同士の状態であれば何度でも別のコンポーネントに入れ替えられます。

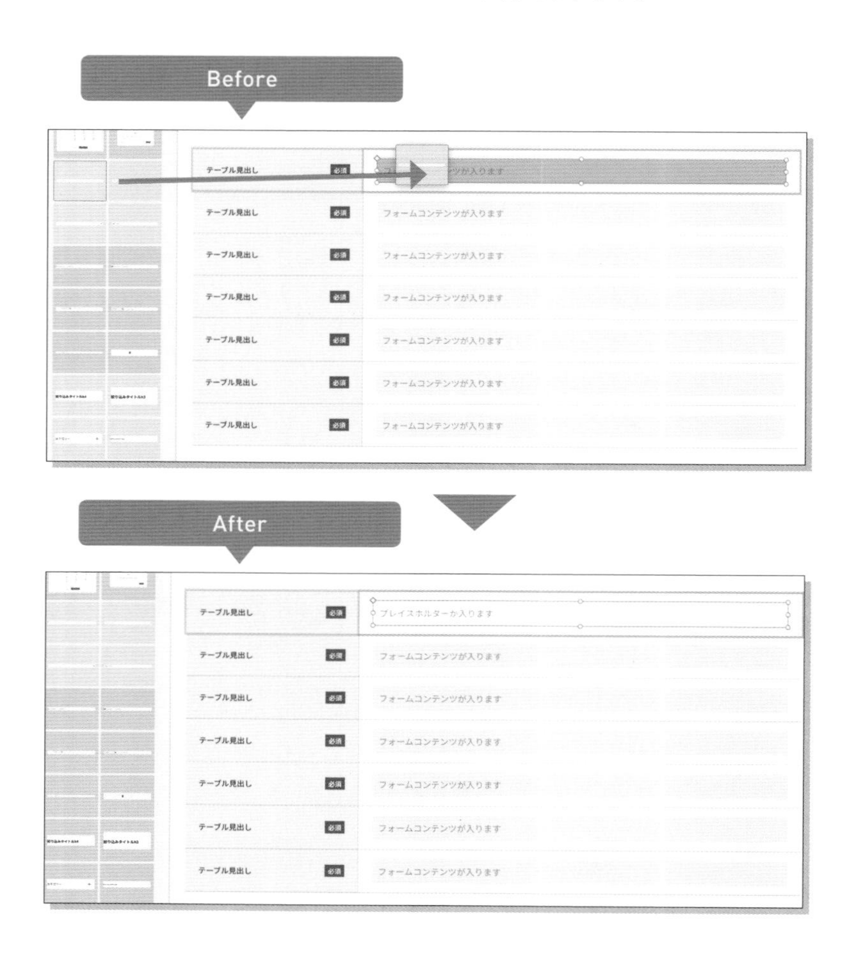

本ワイヤーフレームでは、アートボード「コンポーネントパーツ」内「フォームパーツ」に、このテーブルフォームの置換に使用できるコンポーネントをまとめています。

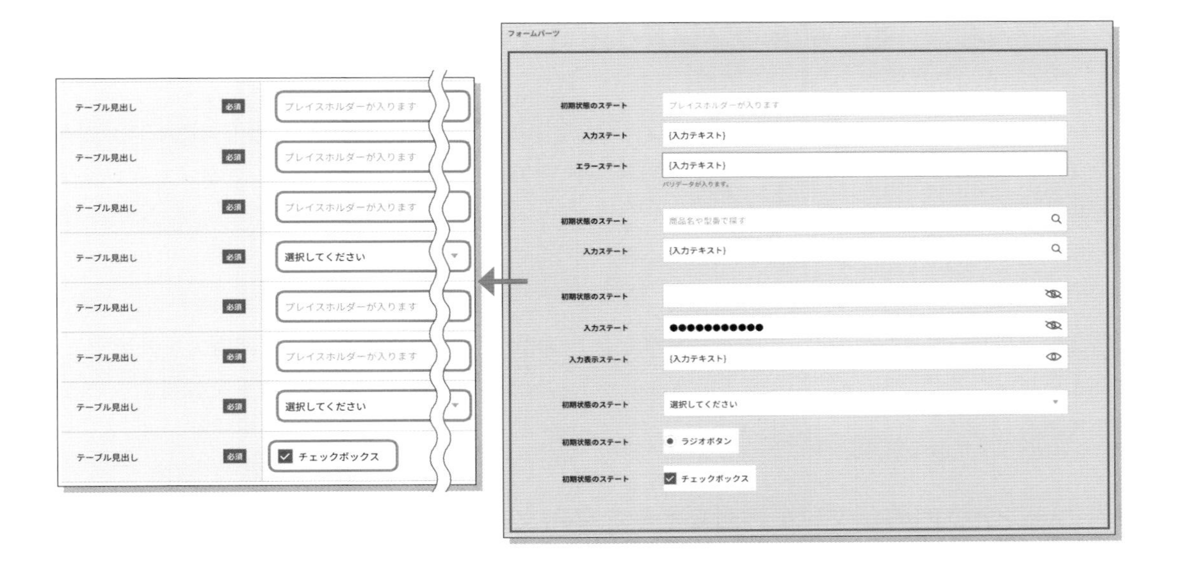

最後にテキスト部分を実データに差し替え、フォームパーツの表示が意図的でない箇所について調整します。
「郵便番号」や「都道府県」のようにパーツのサイズが不適切な箇所は、対象のインスタンスの幅を変更します。また、入力が任意の項目の必須ラベルは不透明度を0%にして残しておくと、後に仕様変更が起こったときにも安心です。
「生年月日」などフォームパーツが1つでない場合は、最初にパーツのサイズを整え、セルの中で水平方向にスタックをかけて複製をするとスムーズです。

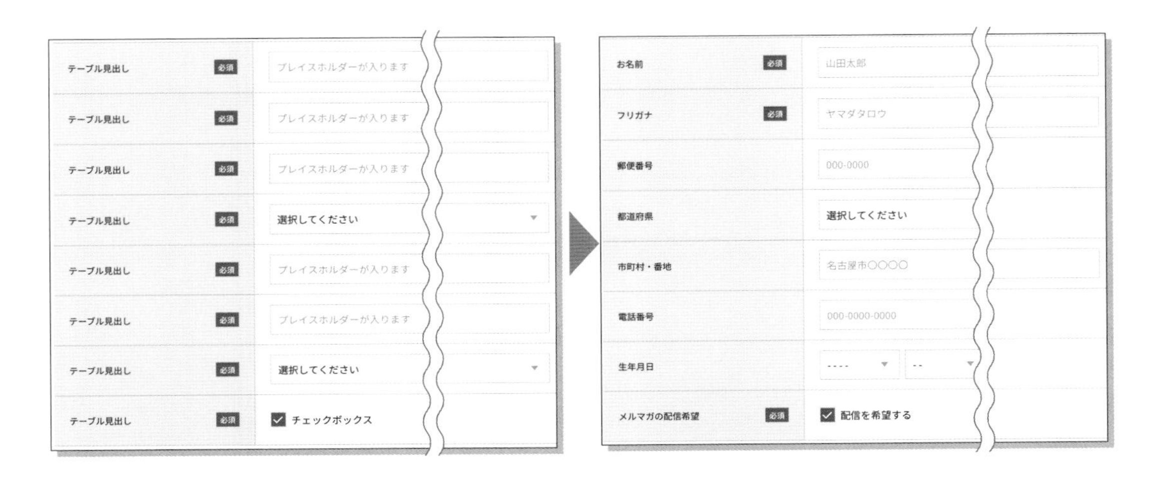

以上でテーブルレイアウトによるフォームは完成です。テーブルとすべてのフォームパーツについて、それぞれのコンポーネントでの編集内容が反映されることを確認してみてください。

5-6-6 モーダルウィンドウ内でプロトタイプ遷移を表現する方法

モーダルウィンドウとは、画面に映るページに対して重なるように出現する、何かしらのインタラクションを含んだ表示のことです。ポップアップと違い、指定された操作をユーザーが終了しない限り画面遷移ができない仕様になっています。

ピックアップ機能

- 自動アニメーション
- オーバーレイ
- ステート

目次

ウィンドウ内のボタンを押したときに案内文を表示する

ECサイトでは、絞り込み検索やカート追加時・お気に入りに追加時のインタラクションとして、たびたびモーダルウィンドウが使われます。ウィンドウ内で表示が切り替わるものも珍しくはありませんが、XDのプロトタイプモードでオーバーレイからオーバーレイへと遷移させると、意図しない切り替えのフラッシュが入ってしまいます。

そこで今回はステート同士のプロトタイプによって、商品検索モーダルの中の「この条件で検索する」ボタンをクリックしたときに「検索結果が見つかりませんでした」という案内文を表示する挙動を再現していきます。

まずは新規でアートボードを追加し、高さをビューポートに揃えます。続けて、エラー時に表示する案内部分を含んだ任意のモーダルウィンドウを作成し、アートボードの中央に配置します。このモーダルウィンドウはコンポーネントとして登録しておきます。

このとき、遷移元になるボタンが単独でコンポーネント化されていると、のちにモーダルウィンドウのステートを遷移対象にできないため、注意が必要です。コンポーネントは解除して、モーダルウィンドウのコンポーネントでスタイリングを管理する形式に切り替えましょう。

次に、インスペクターから「エラーステート」を追加します。初期設定のステートではエラー時に表示する案内部分の不透明度を0%に、エラーステートでは不透明度を100%にそれぞれ調整します。このようにエラーステートのみ表示する部分についても初期設定のステートに情報を残しておくことで、後からスタイリングなどを編集しやすくできます。

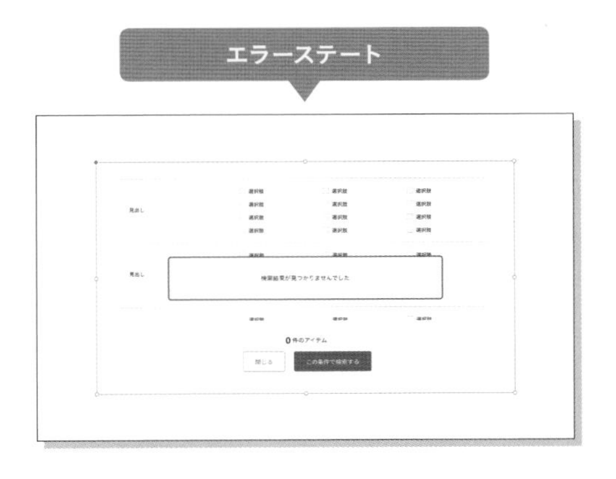

モーダルウィンドウの用意ができたらプロトタイプモードへ切り替え、画面遷移のきっかけとなるボタンからモーダルウィンドウのアートボードへ遷移をつなぎます。このとき、アクションの種類はオーバーレイに指定します。オーバーレイに指定した瞬間アートボードのアピアランスが自動的に無効化されますが、こちらはあとから調整可能なため、現時点ではこのままで大丈夫です。遷移時のアニメーションなどは任意の設定で構いません。

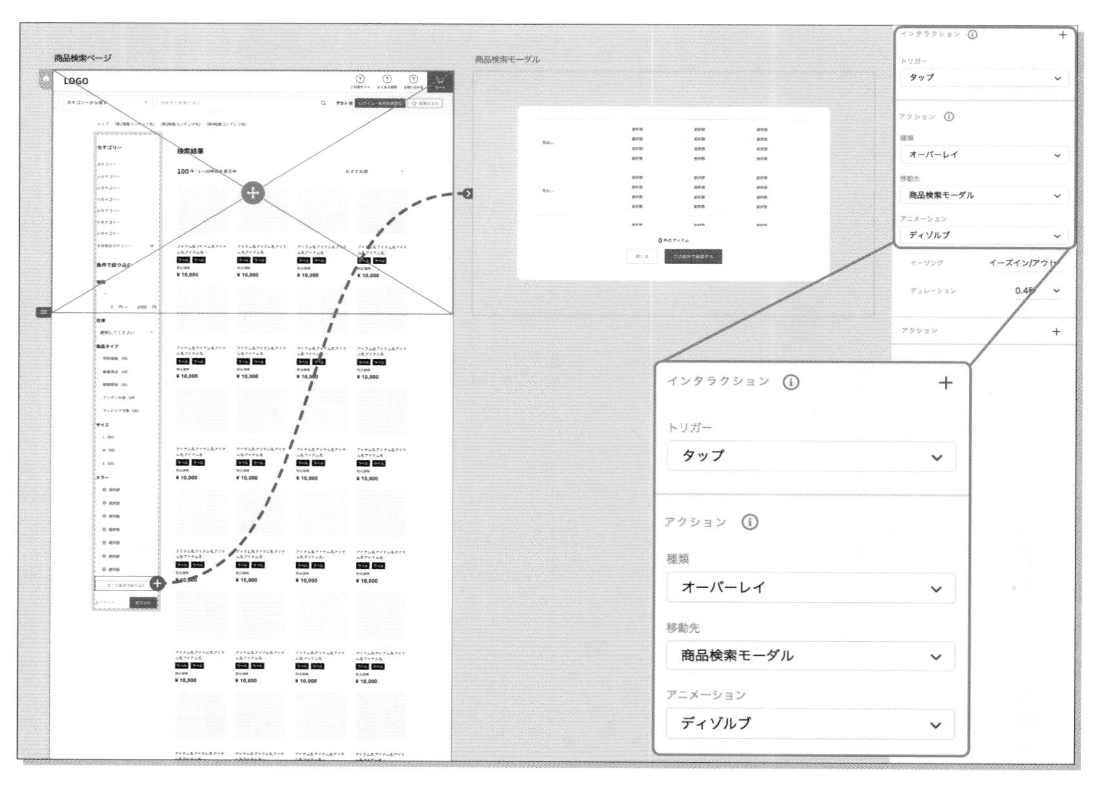

さらに初期設定のステートに含まれるボタンにおいて、移動先がエラーステートになるよう自動アニメーションをつなぎます。エラーステートから初期設定ステートへの切り替えはウィンドウ全体のタップなどをトリガーとして仮想的に指定します。

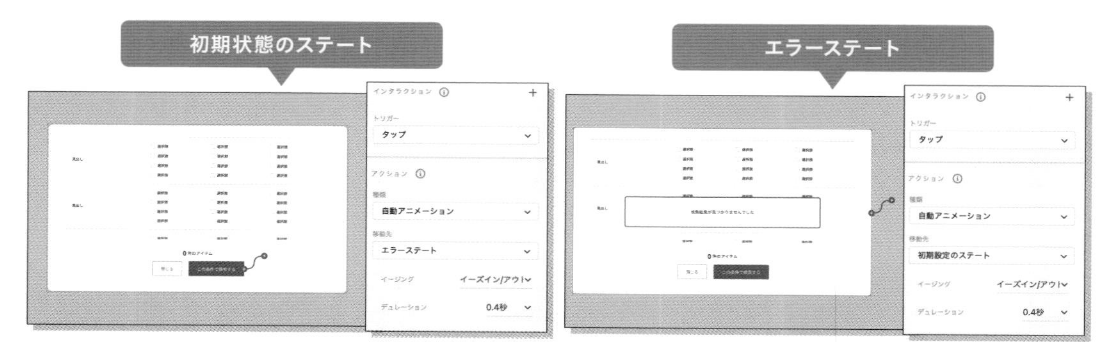

双方の遷移が完了したら、プレビュー起動時を見越してモーダルウィンドウを初期設定のステートに戻します。

最後に再度デザインモードへ切り替え、オーバーレイ指定時に無効化されたアートボードのアピアランスを有効化します。このとき、透明度を無彩色に指定すると、よりモーダルの雰囲気が演出できます。

初期状態のステート

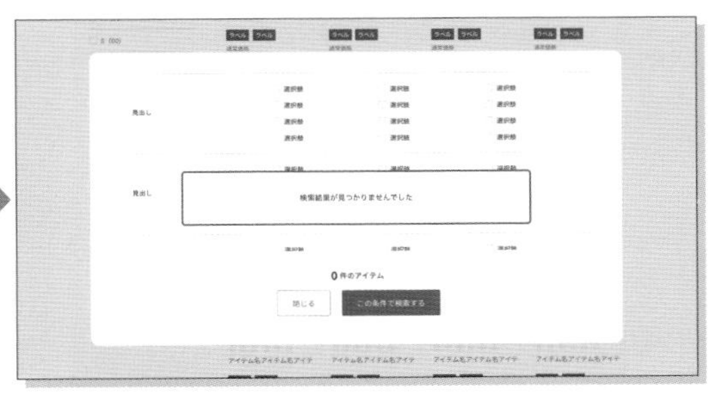

以上でプロトタイプが設定できました。プレビューでトリガー対象のボタンをクリックして、ウィンドウ内で表示が切り替わる挙動を確認してみてください。

モーダルウィンドウ出現時のエフェクトを表現する

ステート間のトリガーは時間による設定ができないため、時間を必要とするエフェクトはその他の限られた方法のみで再現を目指します。ここでは商品をカートに追加したときに出現する商品詳細モーダルについて、ウィンドウがふわっと浮き上がるエフェクトを表現します。

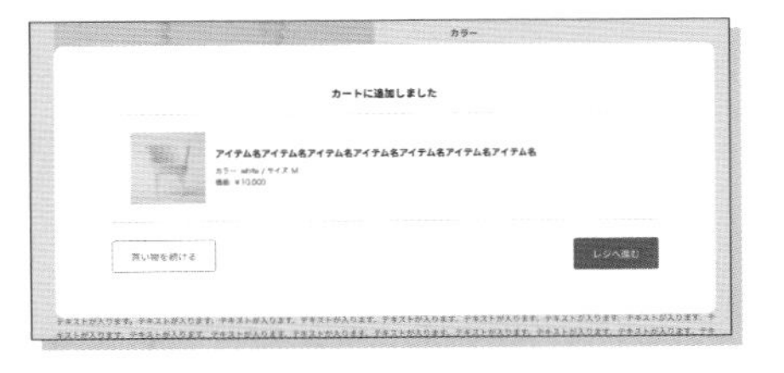

まずは先述の案内文の表示で作成したモーダルウィンドウと同じ手順で、アートボードとモーダルウィンドウのオブジェクトを用意します。その後アートボードと同一サイズの長方形を作成し、これを背景としてモーダルウィンドウとともにコンポーネント化します。長方形は塗り・線ともに無効化して、アートボードのアピアランスに作用しないように調整をしておきます。
ちなみに今回はボタンをステートへのトリガー対象としないので、ボタンが単独でコンポーネント化されていても問題はありません。

次に非表示ステートを作成し、モーダルウィンドウ全体のY座標を10px分マイナスに指定します。また、すべてのオブジェクトの不透明度を0%に変更します。

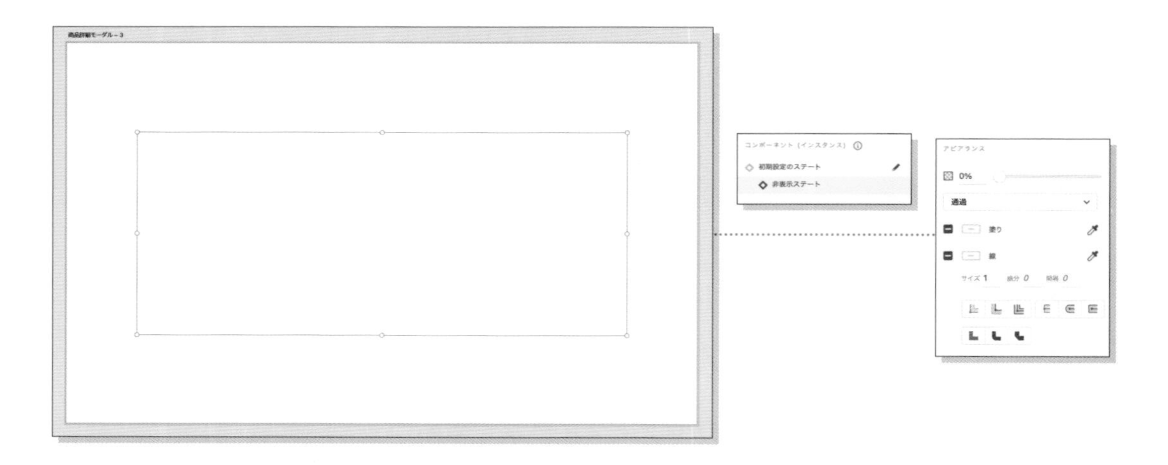

続けて、非表示ステートのままプロトタイプモードへ切り替え、画面遷移のきっかけとなるボタンからアートボードへオーバーレイのプロトタイプをつなぎます。このとき無効化されたアートボードのアピアランスは、また後ほど任意のタイミングで有効にしておきましょう。

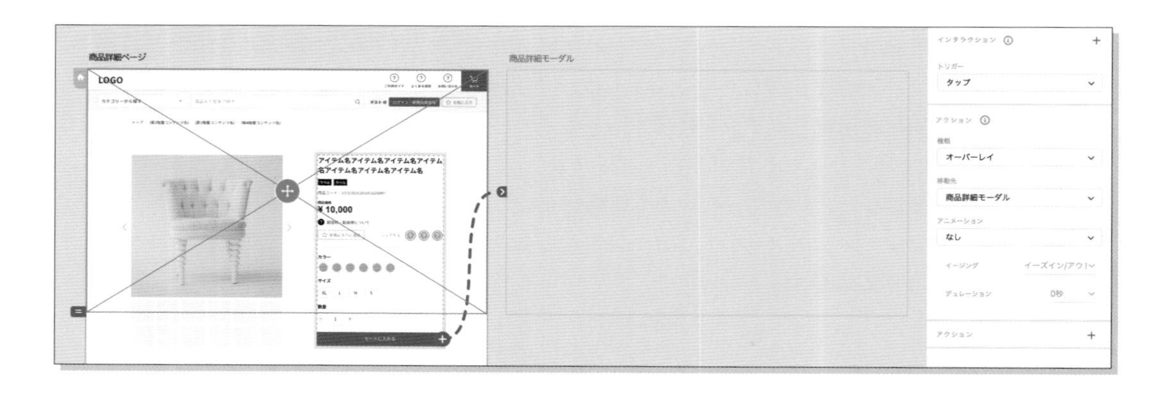

さらにモーダルウィンドウの非表示ステート全体をトリガーの対象として、初期状態のステートへの自動アニメーションをつなぎます。このときトリガーにホバーを指定すると、非表示ステートが画面に表示された時点でアニメーションが開始されるようになります。最後にイージングやデュレーションを指定して、任意のエフェクトを演出します。

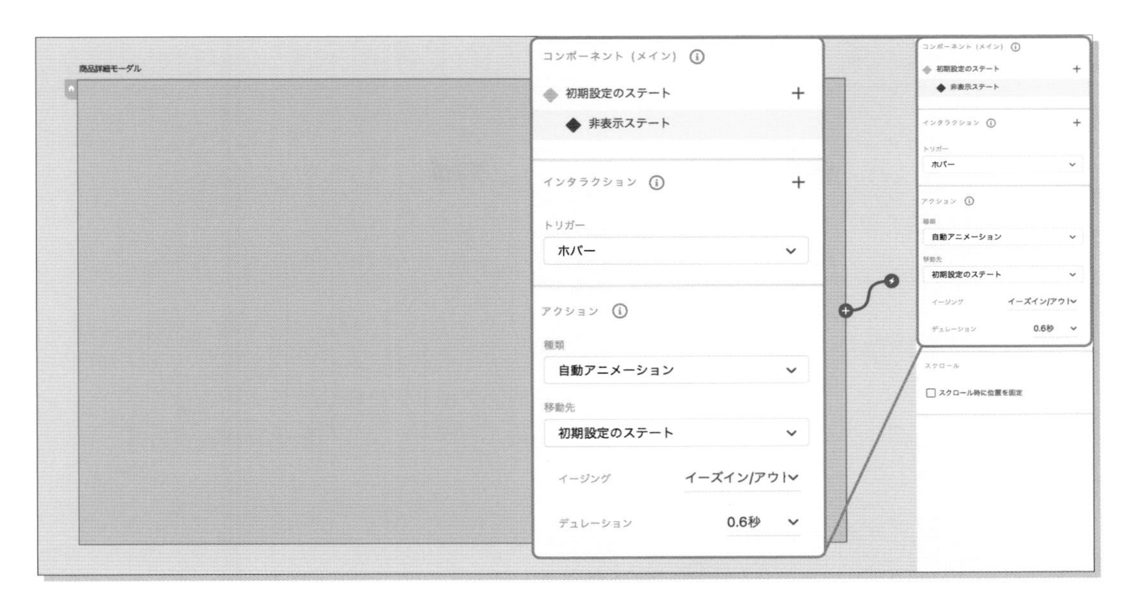

今回はモーダルウィンドウが表示されてしまえば非表示ステートに戻る必要はないため、初期設定のステートからは通常通り任意のページへ遷移をつなげます。

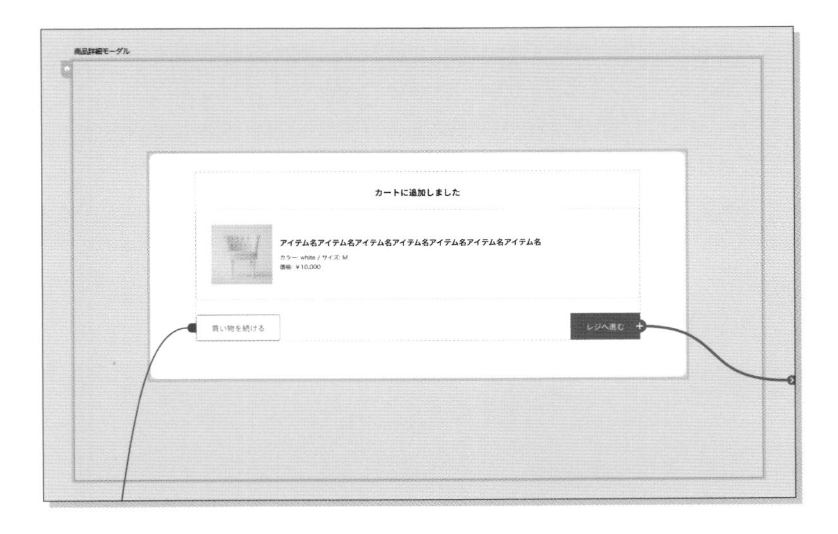

それぞれの遷移が完了したら、非表示ステートへ切り替えてプレビューで挙動を確認しましょう。モーダルウィンドウのきっかけとなるボタンをタップしたとき、ウィンドウがふわっと浮き上がるように出現したら成功です。

5-6-7 ページ内で遷移するプロトタイプの方法

XDのプロトタイプモードでは自動アニメーションやステート切り替えの操作がたびたび扱われますが、設定を工夫することにより、ページ内の遷移や表示コンテンツの切り替えなども表現できます。
ここではページ内で遷移するページトップボタンと、スクロール位置を保持するプロトタイプの方法を紹介します。

ピックアップ機能

- スクロール先
- トランジション

目次

ページトップボタンを作成する

付属のワイヤーフレームではフッター上部に「ページトップへ」というクリックエリアを設置しています。トップページのプレビューでこの部分をクリックしたときの挙動が再現できるよう、プロトタイプの設定を最適化していきましょう。

クリック時の遷移先をページトップにするには、プロトタイプの遷移先をページ内のヘッダーに設定します。しかし、付属のワイヤーフレームのようにページ内のすべてのパーツを1つのグループでまとめている場合は、同一ページに配置されている特定のパーツを遷移先として指定することはできません。そのため、ここではヘッダーが所属しているグループを遷移先とします。
同時にアクションの種類が自動的に「スクロール先」に変更されるため、そのままイージングを「イーズイン/アウト」、デュレーションを任意の秒数に指定します。

また、スクロールしたときにヘッダーを含むページトップではなく、検索ボックス以降を表示したい場合は、「Y-オフセット」に無視したいエリアの高さを記入します。今回の場合であれば、入力値はヘッダーの高さである「80」になります。

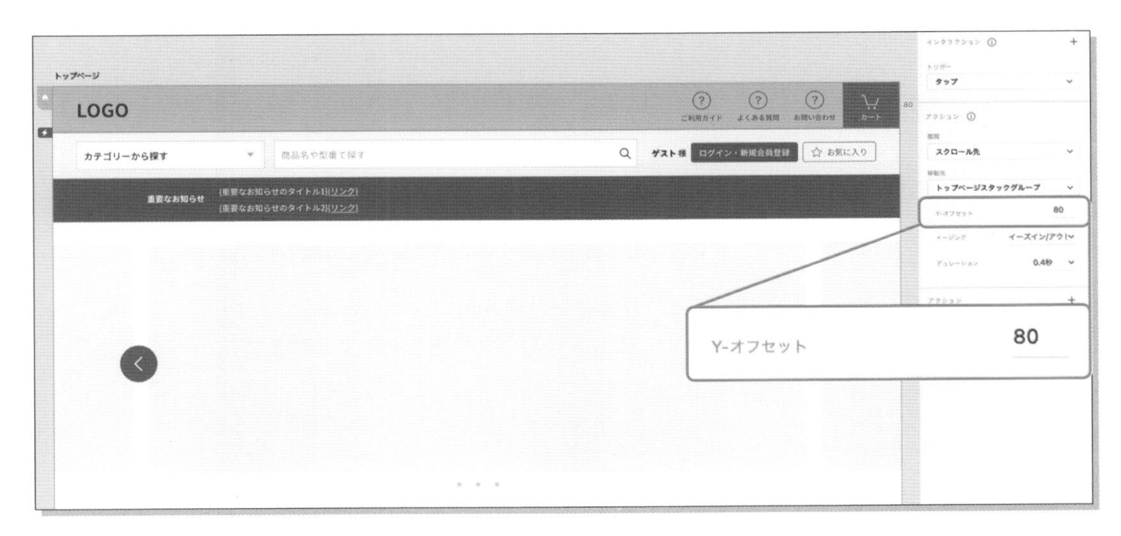

この状態でプレビューから対象エリアをクリックすると、自然にページのトップに遷移されることが確認できます。

◉ 単一のページでコンテンツの切り替えを行う

アートボード「購入ステップ①郵送・決済入力ページ：非ログイン時（1）」では、お届け先情報の内容がお客様情報の内容と一致しないときに操作するチェックボタンを設置しています。ここでは、チェックを外したときにお届け先情報の入力フォームが出現するプロトタイプを作成します。

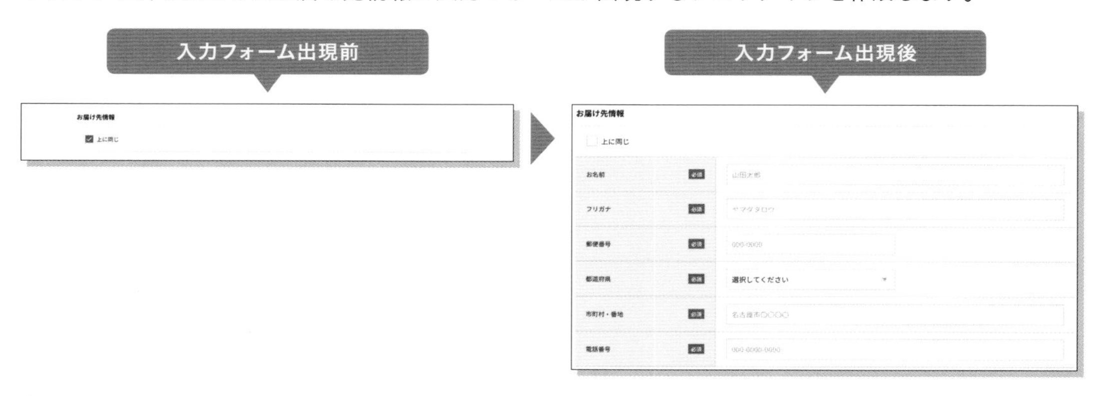

単一のページでのコンテンツの表示切り替えですが、アートボードは表示前と表示後の２種類を用意します。付属のワイヤーフレームではアートボード名の末端に（1）と（2）を表記してそれらを区別しています。

アートボードを用意したらプロトタイプモードに切り替え、チェックボックスからそれぞれのページに遷移をつなぎます。このとき、種類は「トランジション」にします。

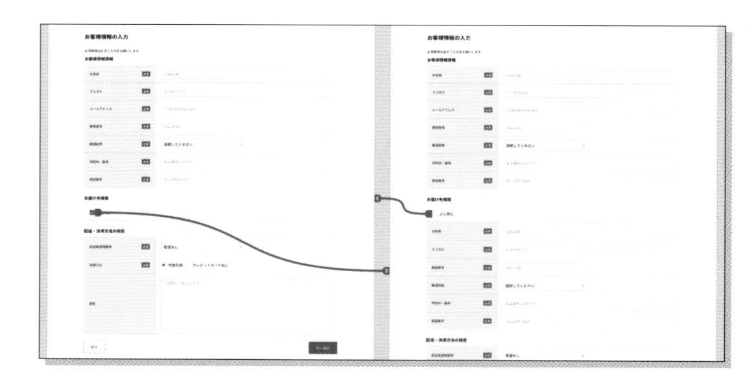

この状態で一度プレビューを確認すると、双方の切り替え時にファーストビューのエリアが表示されてしまい、単一ページであることがイメージしにくくなっていることがわかります。

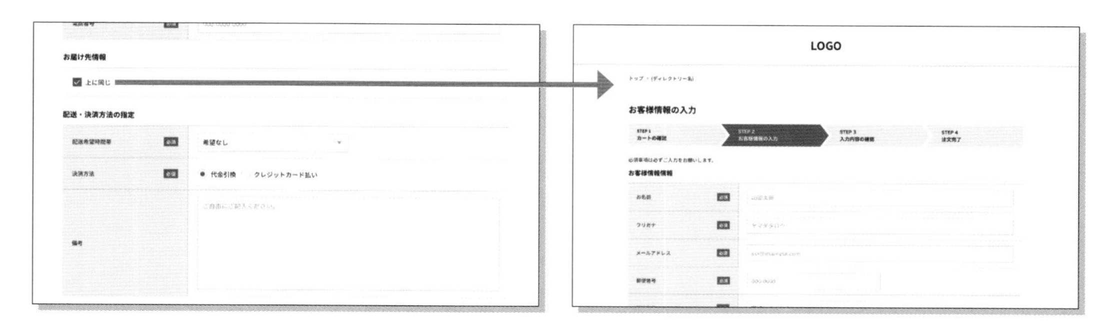

そこで、プロトタイプモードのインスペクターから、「トランジション」の直下にある「スクロール位置を保持」の設定を有効にします。またイージングは「なし」とし、デュレーションは「0」に指定します。

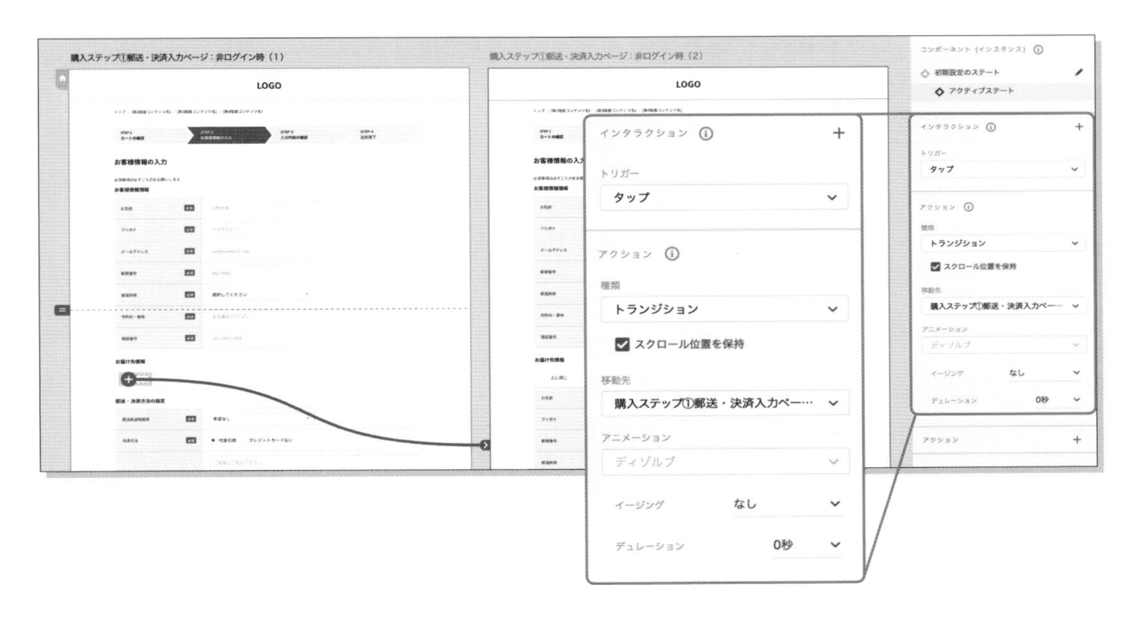

再びプレビューで確認すると、チェックを打った瞬間に同一の表示エリアでプロトタイプが展開されるようになります。以上で表示コンテンツの切り替えを含むプロトタイプは完了です。

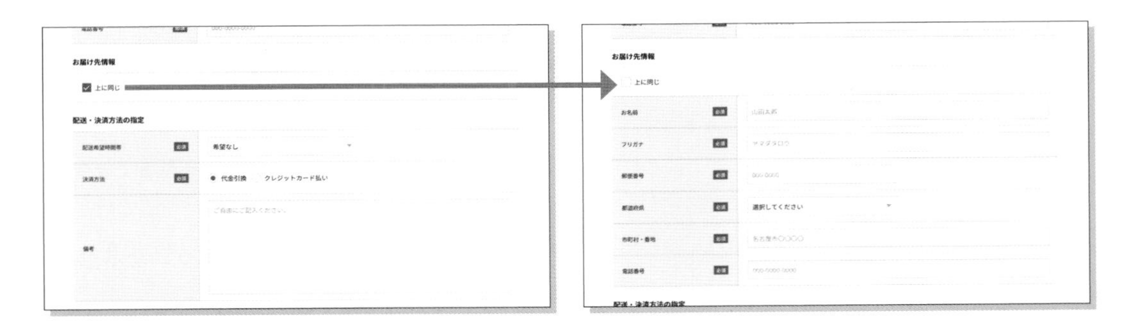

第5章 7

メディア・ブログサイト

ニュースや専門記事などのコンテンツで構成されたメディア・ブログサイトの制作を解説します。

5-7-1 メディア・ブログサイトの特徴

メディア・ブログサイトとは

メディア・ブログサイトとは、ニュースや専門記事などのコンテンツで構成されたサイトです。文字ベースで設計されたUI（ユーザーインターフェース）が特徴です。ブランドの認知や育成のための1つの施策として、このメディア・ブログサイト運営が取り入れられることも多く、より多くのユーザーに来訪してもらうことを目標にする場合が多いです。

メディア・ブログサイト制作のポイント

- ユーザーにとって役立つ、興味・関心のあるコンテンツを発信し、何らかの態度変容を起こしてもらうためのサイトです。
- 運営するメディア・ブログサイトの対象読者が、どのような目的でサイトに訪問し、どのようなシーンで記事を読むのでしょうか？一連のストーリーを考えて設計します。
- コンテンツそのものの見せ方や、その周囲にあるロゴやカラーのトーンから、メディアのブランドを感じさせることが1つの価値となります。
- コンテンツの周りに、ユーザーに起こしてもらいたい行動を促すためのさまざまな動線を配置します。
- ターゲットユーザーの使用頻度の高いデバイスを想定してデザインを考えます。
- 公開後は、解析ツールなどを使用し、評判の良い記事を分析し、改善していくと望ましいです。

メディア・ブログサイトの制作フロー

1. 要件定義
2. 情報設計
3. サイトマップ作成
4. ワイヤーフレーム作成
5. デザイン・プロトタイプ作成
7. 実データ差し替え
8. コーディング
9. 確認・調整
10. 公開・運用

本節では左記でハイライトした箇所を取り扱います。

メディア・ブログサイトのサイトマップ例

自社事業制作：架空の新規メディアサイト立ち上げとする

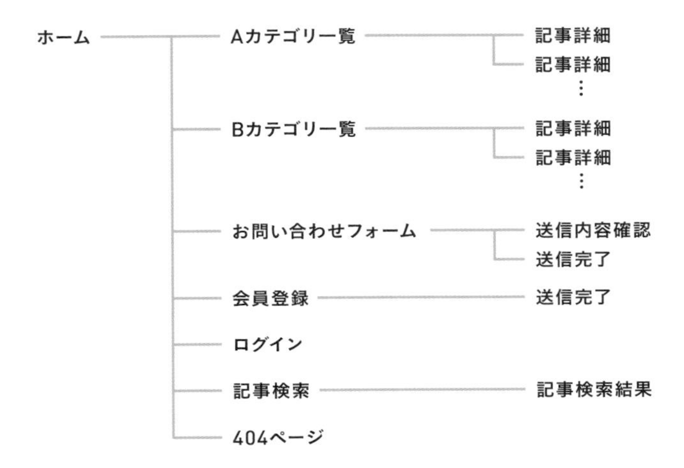

5-7-2 付属のワイヤーフレームについて

メディア・ブログサイトのワイヤーフレームの特徴

メディア・ブログサイトには、ニュース系、テック系、ファッション系など、さまざまなジャンルがあります。その目的に応じた見せ方を検討することが重要です。例えば、アート系のサイトであれば、魅力的なビジュアルが効果的かもしれません。その場合はサムネイルを大きく見せた方が魅力的です。またエンジニア向けの技術ブログであれば、ソースコードが見やすく、画像がなくても単調にならないデザインを考える必要があります。

メディア・ブログサイトでコンバージョンを獲得するためには、まず流入してきたユーザーがどのような属性で、どのようなキーワードで流入してきたかを知る必要があります。
コンバージョンするキーワードは、そのWebサイトによって傾向があります。もしコンバージョンするキーワードが見つかれば、そのキーワードをカテゴリー化してコンテンツを量産していき、コンバージョンを増やすことが定石です。

メディア・ブログサイトのワイヤーフレームのポイント

- 文字間隔の設計はとても重要です。文字間隔は1行40文字以内を目安に、ユーザーが読みやすいように文字数や行間を設計しましょう。
- 行間隔の設計も重要です。余白が少なければ、権威性があり情報が詰まった印象をもたれやすいです。余白が多い行間隔であれば、ゆったりとした印象をもたれるでしょう。
- メディア・ブログサイトでユーザーを回遊させることを目的とする場合も多いため、興味を引くランキングや関連記事を表示しましょう。サイト内検索をしないユーザーを対象とした設計が必要です。

付属のワイヤーフレームについて

メディア・ブログサイト特徴は、記事がカード型にパネルのように並んでいたり、文章メインのページデザインだったりという点が挙げられるかと思います。付属のワイヤーフレームは、カードパネルの状態の変化や文字量の変化に柔軟に対応できるよう、スタック機能やリピートグリッド機能を使い、直しに強いデータとして用意されています。

5-7-3 文字量に応じて余白が増減するアクセスランキング

同じ要素を繰り返す場合、リピートグリッドが便利です。しかし、行数が内容によって増減するなど、高さが変わるときはリピートグリッドではうまくいかない場合があります。そのようなときは、コンポーネントとスタックを組み合わせて可変に対応します。

✕スタック機能ナシ

〇スタック機能アリ

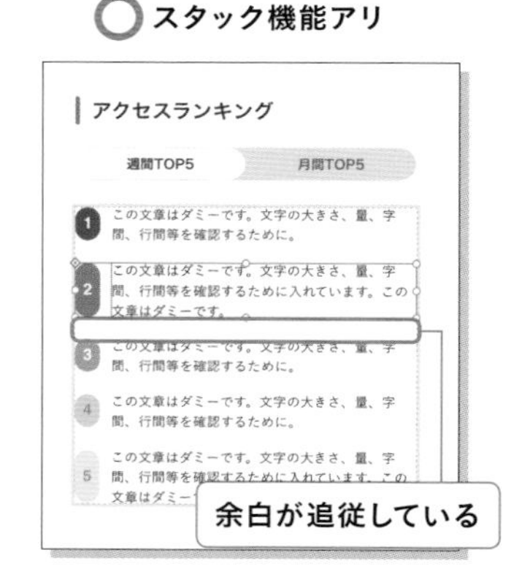

ピックアップ機能

- パディング
- コンポーネント
- スタック

目次

1. 繰り返す要素をコンポーネントに登録する
2. インスタンスを複製し、グループ化
3. スタックにチェックを入れる

繰り返す要素をコンポーネントに登録する

まずは、繰り返す要素を選択し、「右クリック＞コンポーネントにする」を選択します。

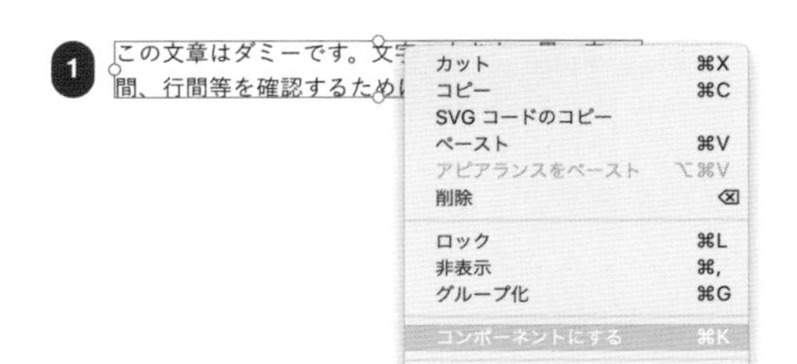

※テキストボックスは、必ず「高さの自動調整」にしておく必要があります。

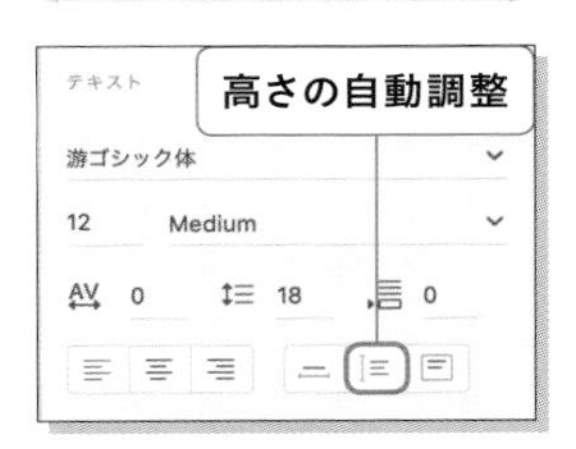

コンポーネントを複製し、グループ化

登録したコンポーネントを下に複製して、並べていきます。並べたら、5つの要素をすべて選択し、「右クリック＞グループ化」でグループ化します。

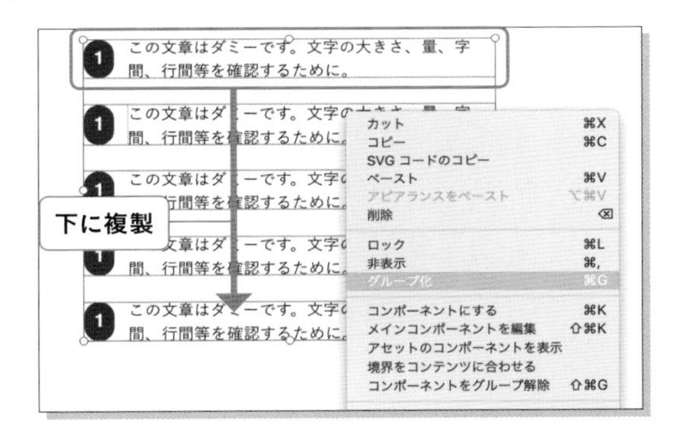

スタックにチェックを入れる

スタックにチェックを入れれば設定完了です。現在の余白が自動で設定され、3行分のテキストを挿入しても、それに応じて余白も自動可変します。
※左の数字アイコンの高さは個別に調整してあげる必要があります。

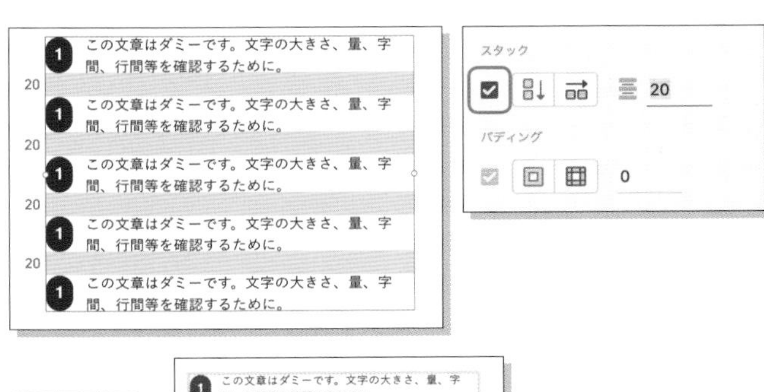

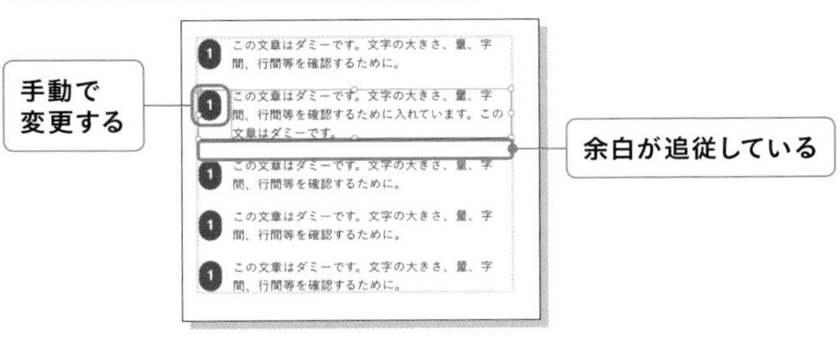

第5章

5-7-4 カードごとに違った状態を表現する

リピートグリッドの中でコンポーネント、パディング、スタックの機能を使えば、カードごとに異なる状態を表現できます。タグにステートを使うと、色違いのタグに1ステップで切り替えられるようになります。

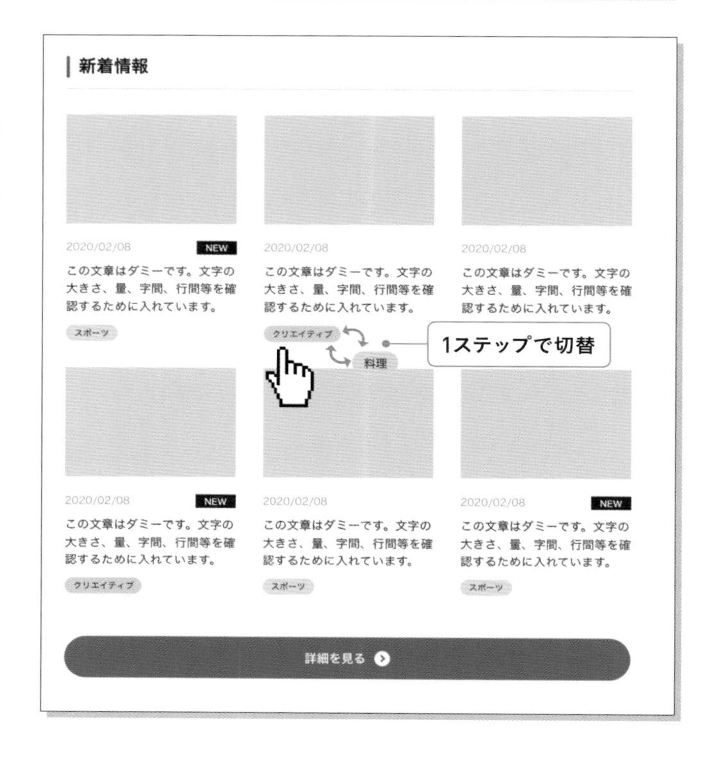

ピックアップ機能

- リピートグリッド
- コンポーネント
- ステート
- パディング

目次

1. タグをコンポーネントに登録する
2. ステートを作成する
3. 繰り返す要素をコンポーネントに登録する
4. コンポーネントをリピートグリッドに設定する

タグをコンポーネントに登録する

タグの要素をすべて選択し、プロパティインスペクターの「コンポーネント」の「+」を押して登録します。

※背景のオブジェクトも文字量に応じて変化させたいので、パディングにチェックを入れておきます。

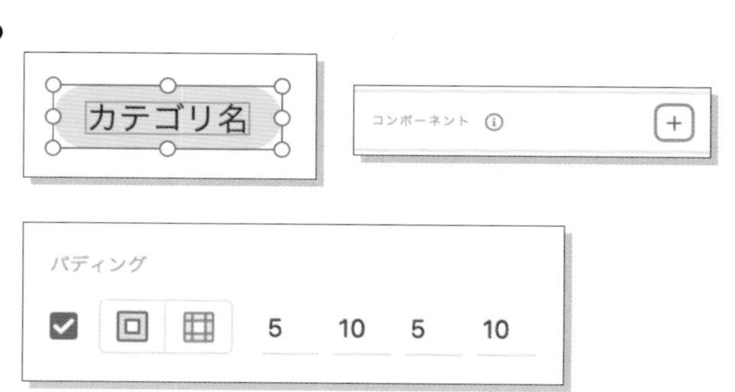

ステートを作成する

1.「初期設定のステート」の右横にある「+」を押し❶、「新規ステート」をクリックします❷。

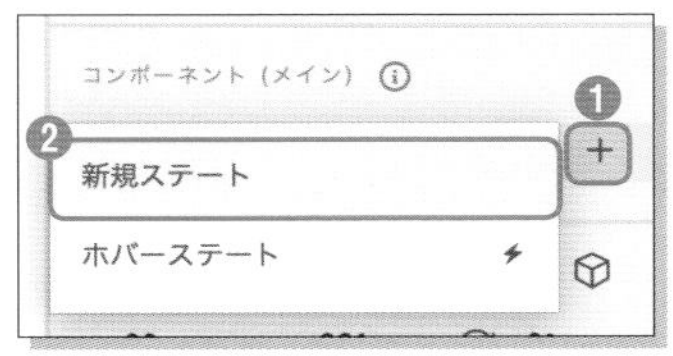

2. プロパティインスペクターのテキストフィールドに「スポーツ」と入力します。
タグ内のテキストも「スポーツ」に変更します。

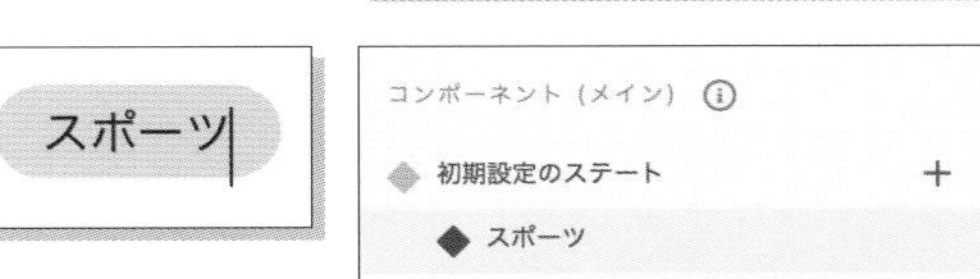

3. 同様の手順で、ステートを追加していきます。

4. カテゴリの色分けを行いたい場合は、背景のオブジェクトを選択し、色を変更します。

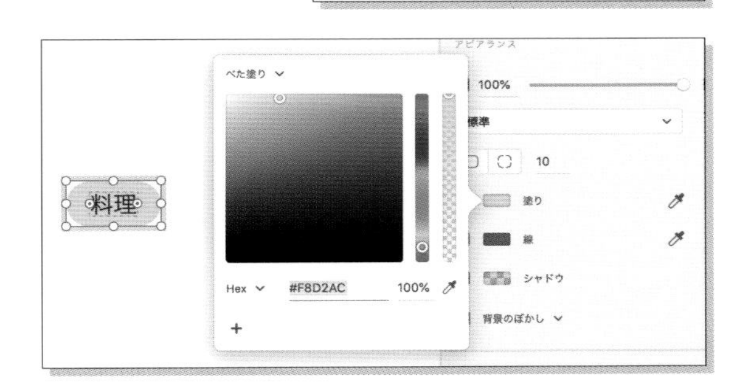

5. ステートにより、1ステップでカテゴリタグを切り替えられるようになりました。

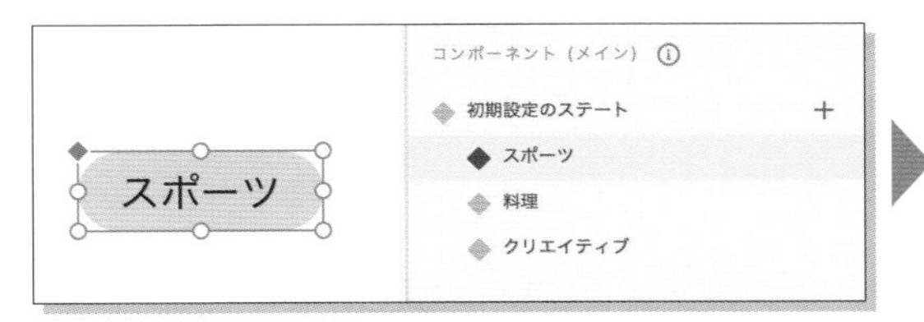

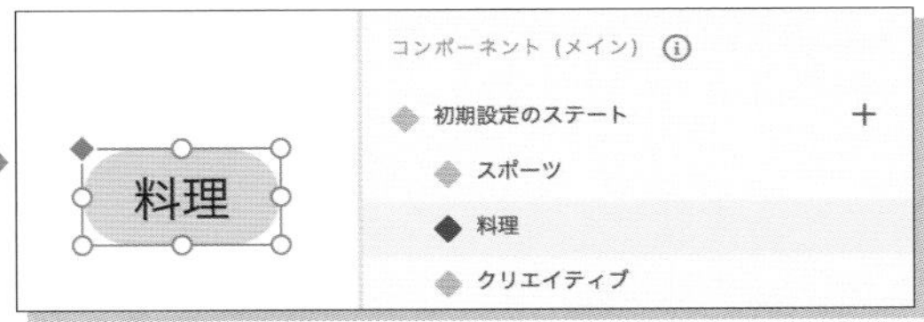

繰り返す要素をコンポーネントに登録する

ステート機能をもったタグが作成できたため、カードパネルをコンポーネントに登録します。カードパネルとして繰り返す要素をすべて選択し、「右クリック＞コンポーネントにする」を選択します。

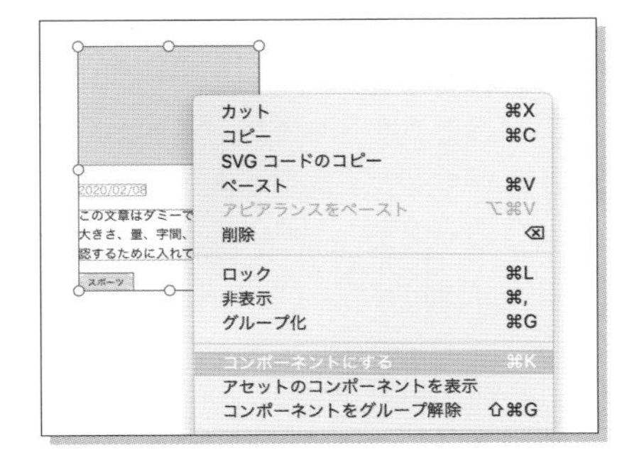

コンポーネントをリピートグリッドに設定する

先ほどコンポーネント化した要素を選択し、リピートグリッド化します。ハンドルを所定の位置まで広げて、余白を調整したら完成です。

NEWSアイコンを削除したり、タグをステートで切り替えたりすることができます。さらに、リピートグリッド機能が効いているため、余白の調整や数の増減がしやすいカードパネルとなります。

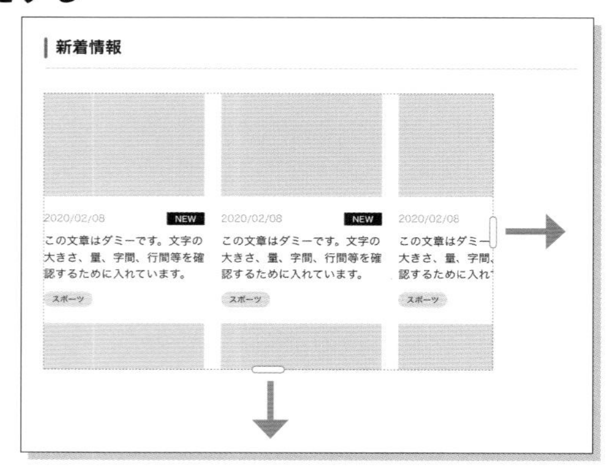

5-7-5 マルチスクリーンに展開する

レスポンシブサイズ変更を使用して、PCからスマホサイズに変更します。

ピックアップ機能

レスポンシブサイズ変更

目次

1. 要素を選択
2. スマホサイズへ変更

要素を選択

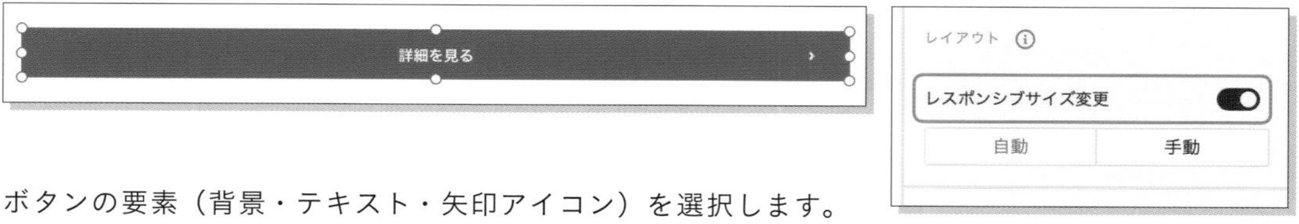

ボタンの要素（背景・テキスト・矢印アイコン）を選択します。
このとき、「レスポンシブサイズ変更」がオンになっていることを確認します。

スマホサイズへ変更

先ほどの要素をスマホのアートボードへコピーします。オブジェクトをスマホサイズへ縮めても、テキストは中央位置を保持し、矢印アイコンは右から30pxの位置を保持したまま、縮めることができます。

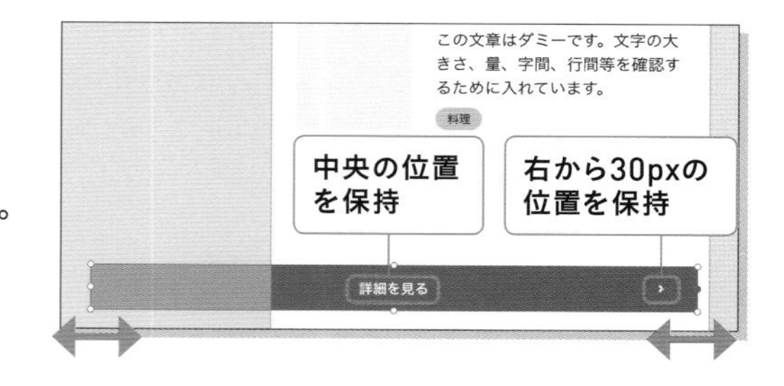

6
章

思考の整理シーンでの活用方法

本章ではAdobe XDを利用する思考の整理方法を解説します。ほかのツールが適しているものもありますが、ここではXDを使うことのメリットに焦点を当てて紹介します。業務の参考になれば幸いです。

第6章

1

オンライン ディスカッション

ここではオンラインディスカッション時の利用方法を紹介します。思考を整理して素早く具現化する手法を解説します。

新しいプロジェクトがスタートしたときや、方向性を見直すときなどは、メンバー間でさまざまな議論が生じることがあります。そのような場面では、ただお互いに会話するだけではなく、多くのアイデアを俯瞰して眺めたり、カテゴリごとに分類したり、概念図を書いたり、といった「思考を整理して素早く具現化する」ということが必要になります。

そこで、第4章で説明した、クラウドドキュメントの共同編集機能を用いることで、1つのXDファイルに複数のユーザーが同時にアクセスして、リアルタイムに編集を行うことができます。メールやチャットでは、言葉やイメージを伝えたり、それを理解してフィードバックしたりするにはどうしてもタイムラグが発生しますが、共同編集機能を使えば、それらの情報伝達をリアルタイムに行い、コミュニケーションを加速させることができます。

これは、対面はもちろん、お互いに離れた場所にいるユーザーが、オンラインでのディスカッションをするときに、自由に書き込んで画面を共有できる巨大なカンバスとして機能します。

6-1-1 Whiteboardのインストール

共同編集機能を使って、オンライン上の参加者が0ベースでアートボードに書き込んでいくこともできますが、Adobe XD公式が提供しているプラグイン「Whiteboard」を使うことで、まさに目の前のホワイトボードに付箋を貼っていく感覚で、ブレインストーミングやディスカッションを効率的に進められます。

まずは、プラグイン>プラグインを参照、で「Whiteboard」を検索してインストールしましょう。

Whiteboardプラグインを実行すると、プラグインエリア内に「テンプレート」「オブジェクト」「スケッチ」というタブメニューと、ディスカッションでよく使う素材が一覧表示されます。

6-1-2 テンプレート

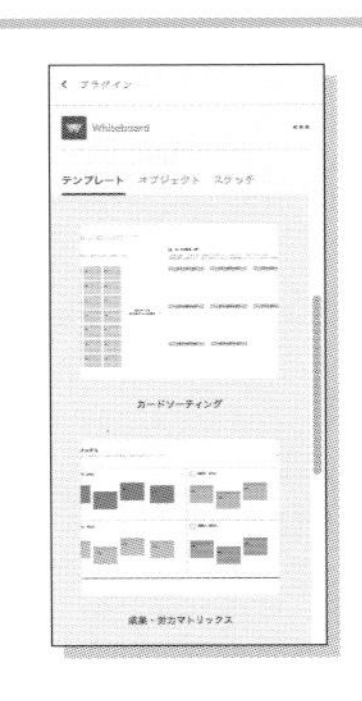

Whiteboardの「テンプレート」では、トピックを分類するためのカードソーティング、ユーザーの行動を分析する共感マップ、ユーザーに対しての認識を統一するカスタマージャーニーマップなど、ブレインストーミングでよく扱う議題のサンプルレイアウトが並んでいます。

これらのサンプルを選択すると、新規アートボードとして生成されます。

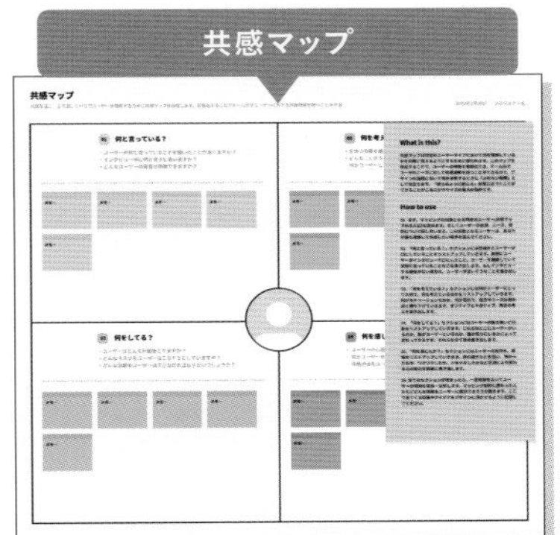

サンプルにはHow to useも記載されているので、議題に合わせて適切なサンプルを生成し、共同編集のベースにすることで、ブレインストーミングを効率的に始められます。

6-1-3 オブジェクト

Whiteboardの「オブジェクト」は、テンプレートの各議題レイアウトで使用されているポストイットやアイコン、フローチャートエレメントなどを、単一のグループオブジェクトとして画面に配置できます。

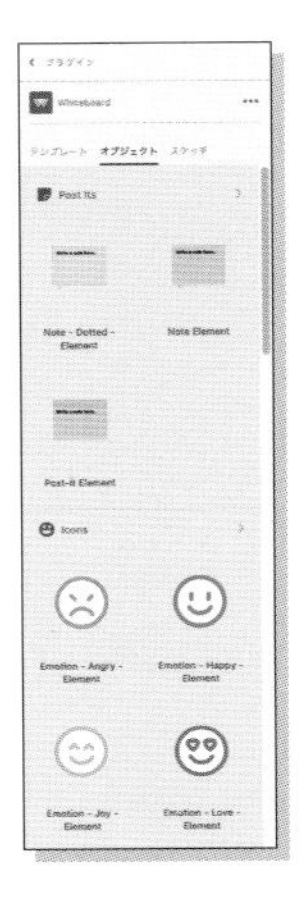

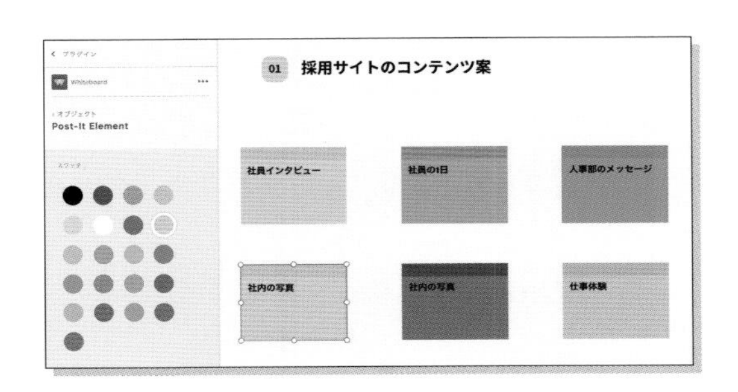

配置後のオブジェクトを選択すると、配色を変えることもできるので、あらかじめ自分の色を決めておくのも良いでしょう。

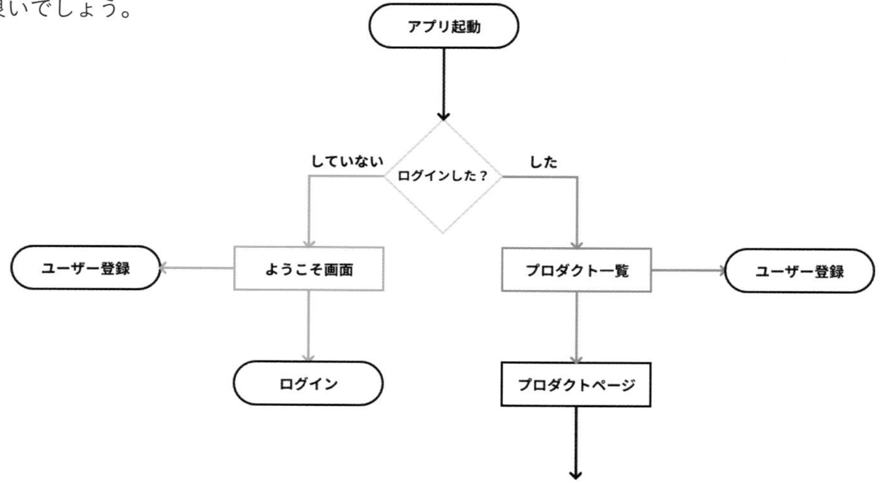

共同編集者の一人が議長となって、議題に適したオブジェクトを指定することで、アートボードを乱雑にすることなく、整理されたビジュアルでディスカッションを進めることができます。

6-1-4 スケッチ

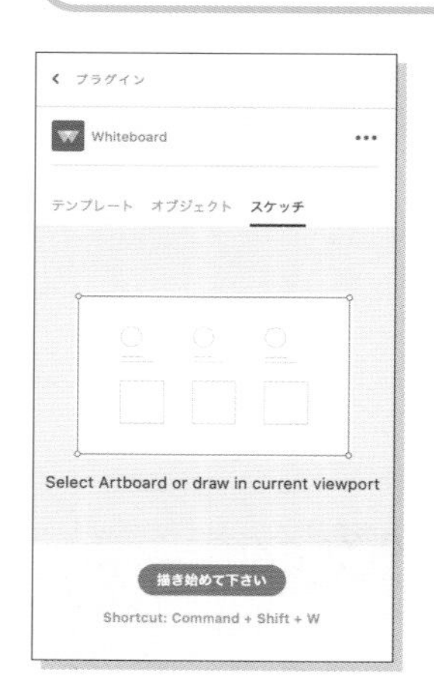

Whiteboardの「スケッチ」は、現状のXDにはないドローイングツールの代替えとして、フリーハンドの文字や絵を描くことができます。

スケッチを描きたいアートボード、もしくはオブジェクトを選択した状態で、スケッチの「描き始めて下さい」をクリックすると、カンバスウィンドウが表示されて、線の太さと色を選んで自由に手書きをすることができます。

終了をクリックすると、描いたオブジェクトはパスとして挿入されます。マウスだけでなく、タッチパネル対応のディスプレイや、iPadを外部ディスプレイとして使用することで、よりスムーズに手書きできます。

Whiteboardの３つのモードを活用して、オンラインディスカッションをさらに加速させましょう。

第6章

2 プレゼンテーション

ここでは、プレゼンテーションへの利用方法を解説します。既存のプレゼンツールでは表現できない手法を中心に紹介します。

XDのアートボードをプレゼンテーション用のスライドと見立てて、プロトタイプのデスクトッププレビューをプレゼンに応用することもできます。

XDの各種機能を活用した、既存のプレゼンツールではできない表現や、効率的な運用をご紹介します。

6-2-1 XDでプレゼンを行うための基本

まずは、XDでプレゼンを行うための基本を押さえておきましょう。

●アートボードサイズは1920 × 1080推奨
●アートボードは左から右、上から下に向かって配置する
●キーボードとマウスカーソルの扱いに注意
●無理に使わない

アートボードサイズは1920 × 1080推奨

XDのアートボードをプレゼンスライドとして作成する場合、XDのデスクトッププレビューはフルスクリーン表示でもアートボードサイズ以上には拡大できないため、例えば1280 × 720で作成したアートボードをフルHD解像度のモニターでフルスクリーンプレビューすると、右図のように周りに空白が空いてしまいます。

したがって、多くのモニター解像度に対応できるように、アートボードを1920 × 1080のサイズで作成することを推奨します。

アートボードは左から右、上から下に向かって配置する

XDのプロトタイププレビューでは、(意図的なトリガーが割り振られていない限り) キーボードの左右キーでアートボードの送り戻しができます。このとき、アートボードが表示される順番は右図のように左から右、上から下に向かう順番となります。

これはアートボードをPDF書き出しするときと同じ順番になるため、最も早くスライドを作成し、PDF書き出しも考慮するならば、この配置順番を意識しておきましょう。

キーボードとマウスカーソルの扱いに注意

アートボードの配置順で述べたように、プレビューではデフォルトでキーボードの左右キーによるスライドの送り戻しに対応していますが、一般的なプレゼンツールと異なり、エンターキーでの送りには対応していません。また、別途プロトタイプモードで、アートボード間に個別のトランジションやアニメーションを設定する場合、各種キーやタップなどのトリガーを登録する必要があります。

そして、デスクトッププレビューでもマウスカーソルは常に表示された状態となるため、トリガーにタップを使わない場合は、プレゼンの邪魔にならないように忘れずに画面外に移動しておきましょう。

無理に使わない

大前提として、XDでは、PowerPointやKeynoteなどの一般的なプレゼンツールのような、スライドの自由な入れ替えや、階層構造、発表者ノート、タイマー表示などの便利な機能は使えません。XDならではの表現や、共有モードを活用しない場合は、無理にXDを使わず、素直に一般的なプレゼンツールを使うことを検討しましょう。

6-2-2 インタラクティブなプレゼン

プロトタイピングツールでもあるXDならではの見せ方として、3章で取り上げた多くのプロトタイプサンプルのように、XDのプロトタイプモードおよび自動アニメーションを活用することで、スライド間のトランジションだけではなく、タブによるコンテンツの切り替えや、カルーセルのようなインタラクティブな表現をスライドに取り入れられます。

しかし、昨今のオンラインを主体としたセミナーでのプレゼンでは、回線速度やビデオ会議ツールのフレームレートに依存するため、滑らかなアニメーションを表示できない場合があります。そのため、アニメーションを使った表現の必要性や使いどころはよく検討しましょう。

また、プレゼンを見ている人の反応によって、効果的にプレゼンの流れを変える、という手法があります。

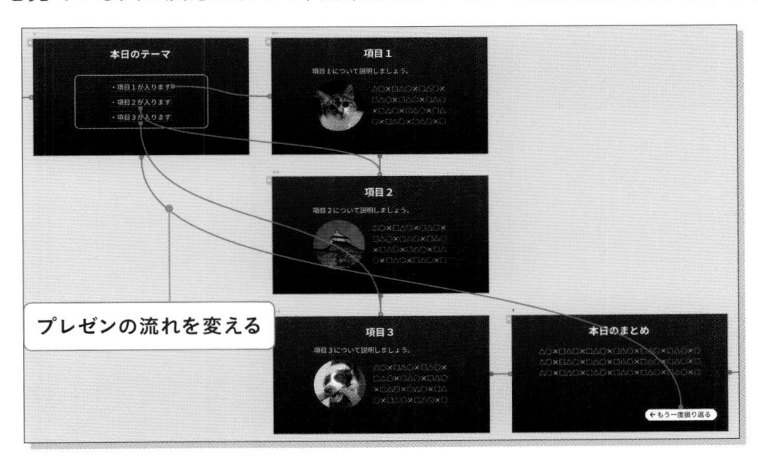

例えば、最初に話す内容を目次にしたスライドを提示し、まとめのスライドに入ったタイミングで、視聴者に発表内容の振り返りを問います。視聴者の理解度が足りない場合、スライドを一覧表示することなく、「もう一度振り返る」ボタンをタップすることで目次のスライドに戻り、さらにそこから各ページにダイレクトに遷移し、再度まとめのスライドに入ったときに、今度は次のスライドに進む、ということができます。

このような、同一ドキュメント内の別のスライドへのリンクは、PowerPointやKeynoteなどのプレゼンツールでもハイパーリンクとして可能な機能ですが、XDではさらにスライド間の移動をより自由に、効率的に設定することができます。

例えば、目次スライドに戻るためのリンクボタンをほかのスライドにも配置したい場合は、プロトタイプモードで、先ほどのまとめのスライド（アートボード）の「もう一度振り返る」ボタンを選択してコピー（Command（Ctrl）＋C）します。

次に、同じくプロトタイプモードで、配置したいアートボードを複数選択した状態でペースト（Command（Ctrl）＋V）すると、目次スライドへの遷移を維持したまま、まとめて複製配置することができます。

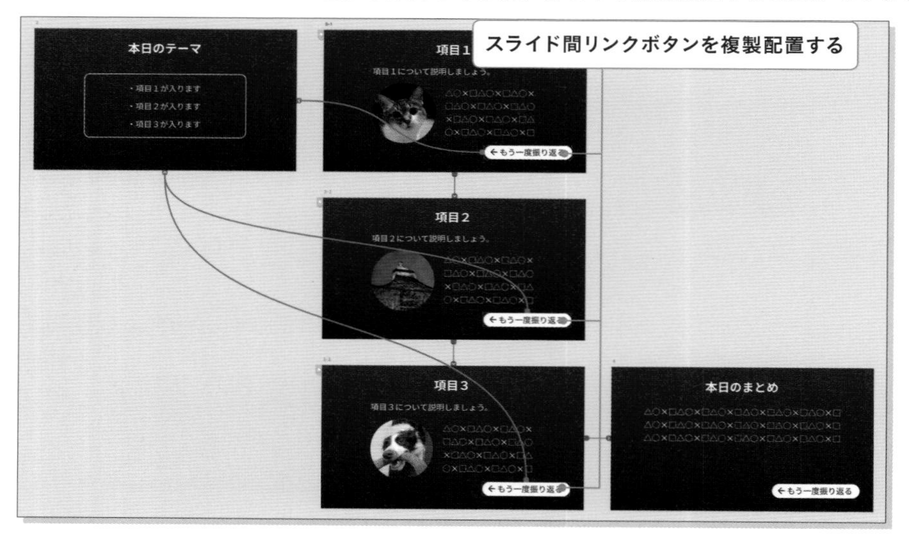

また、このようにスライド間リンクボタンを見える形で置く必要がなく、プレゼン中に自分だけが制御できればよい場合は、リンクボタンのトリガーに「タップ」ではなく、「キーとゲームパッド」を選択して、任意のキーを登録します。「Topに戻る」ボタンなら「T」など、自分で覚えやすいように登録すると良いでしょう。

そして、キーボードトリガーを設定したボタンを、デザインモードで選択して不透明度を0%にすることで、透明なキーボードトリガーボタンを作成することができます。

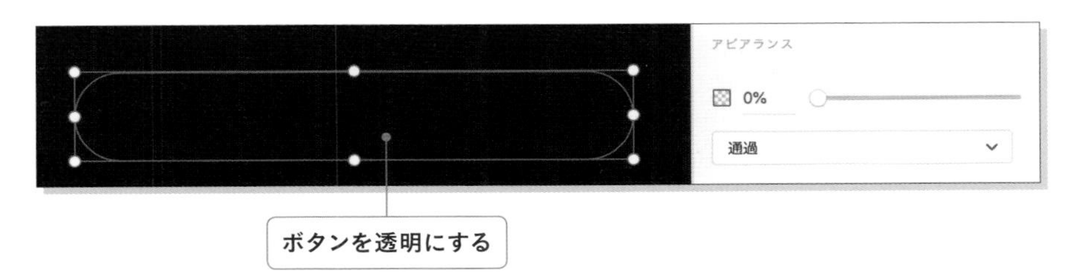

あとは、先程と同じように、プロトタイプモードで任意のアートボードにコピー＆ペーストして透明キーボードトリガーボタンを複製配置します。

これで、各スライドをプレビューしているときに、設定したキーを入力すると、目次スライドにジャンプすることができます。ボタンを生成することが手間であれば、まとめて設定することはできませんが、アートボード自体にキーボードトリガーを登録するという手法も可能です。

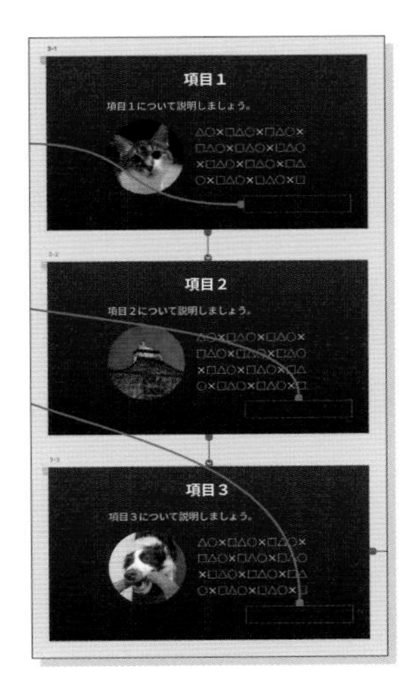

このようなスライド間リンクを応用することで、ボタンタップやキーボード、ゲームパッドなどの幅広い操作方法で、いつでも内容を振り返ったり、まとめにジャンプしたり、異なるストーリーに分岐させたり、というような、視聴者との双方向コミュニケーションを取り入れた印象に残るプレゼンを行うこともできます。

また、XDのプレビュー画面は、デザインモードやプロトタイプモードでの編集をリアルタイムに反映できるので、視聴者のフィードバックをその場でスライドに取り入れるワークショップのような形式にも向いています。

6-2-3 共有モードでスライドを共有する

第4章で説明した共有モードを使って、プレゼンスライド一式をAdobe Creative Cloudにアップロードして共有リンクを発行することができます。視聴者は共有されたリンクにアクセスすることで、ブラウザ上で各種トリガーを使ったインタラクションを自分で実行しつつ、プレゼンスライドを閲覧することができます。

PDFなどのローカルで閲覧できるプレゼン資料が求められる場合は、スライドの順番と不要なアニメーション用のアートボードに注意しながら、XDからすべてのアートボードのPDF書き出しを行いましょう。

このように、XDの機能をうまく活用することで、XDだけでインタラクティブなプレゼンと資料配布を完結させることができます。既存のプレゼンツールと完全に置き換えるものではありませんが、一味違うXDのプレゼンでアイデアを整理して伝えてみましょう。

7
章

将来を見据えた機能

本章ではAdobe XDを利用するWeb以外のプロトタイピングを紹介します。ここでは、音声で操作する架空のカーオーディオの作成方法を解説します。Adobe XDの可能性を感じてもらえたら幸いです。

第7章 1

架空のカーオーディオの作成

ここではこれから先に実現されるであろう「ちょっと未来のデバイス」を想定したプロトタイピングを紹介します。Adobe XDの可能性に触れてみてください。

QRコードにアクセスして
動画でチェック！

収録範囲
7-1-3〜
7-1-7

7-1-1 プロトタイピングが求められるシーンの広がり

2021年現在、私たちが日常の中でUIに触れるシーンはPCやスマートフォンだけではありません。ARやVR、ウェアラブルデバイス、スマートスピーカーなど、IoTの進化により、UIの活用シーンは多様化が進んでいます。ここでは、そういった「ちょっと未来のデバイス」を想定し、音声で操作する架空のカーオーディオ：PROTO（プロト）の作成方法を紹介します。

7-1-2 Voice UIに適した機能

XDのプロトタイプは、タップやドラッグのほかに、「音声」をトリガーにできます。また、アニメーションなどの視覚的なアクション以外に、「オーディオファイルの再生」や入力したテキストを音声で読み上げる「音声を再生」もできます。

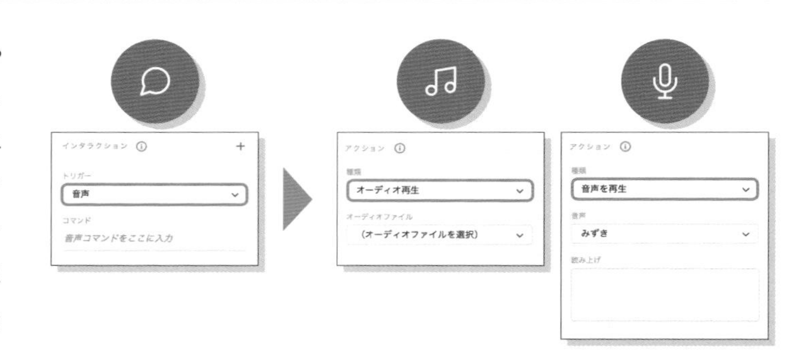

ピックアップ機能

- ●音声コマンド
- ●オーディオ再生
- ●3D変形

目次

1. PROTOを音声で操作する
2. 音声で音楽の再生をリクエストする
3. 音声でプレイリストを決定する
4. 音楽再生を開始する
5. 3D変形でHUDのパースを調整する

実際に作りながら詳しく解説していきます。

7-1-3 PROTOを音声で操作する

「ねぇ PROTO（プロト）」と話しかけたら、PROTOが反応するインタラクションを設定します。音声コマンドを使うには、トリガーに「音声」を選択し、コマンドに「音声コマンド」を入力します。

プロパティ

音声	デバイスのマイク入力を使用し、発声をトリガーとします。
コマンド	トリガーとなる音声コマンドを、テキストで入力します。デスクトッププレビュー時に「スペースキー」を押しながら発声することで、トリガーが発動します※1。

※1 各プレビュー環境の音声コマンドの操作方法
音声コマンドのトリガー操作は、プレビュー環境によって異なります。

PC	「スペースキー」を押しながら音声コマンドを発声
モバイルアプリ	「画面上」を長押ししながら音声コマンドを発声
モバイルブラウザ	「マイクボタン」を押しながら音声コマンドを発声

PROTOに話しかける

PROTOに話しかけたら「アートボード：PROTO-2」へアクションする設定をします。「アートボード：PROTO-1」のアートボードに対して下記プロパティを入力します。

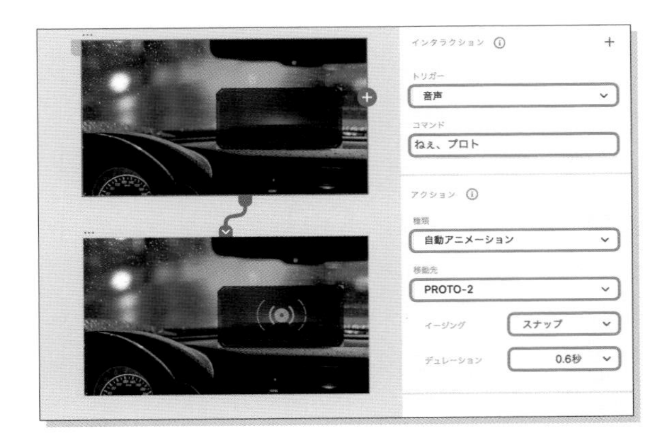

- **トリガー：音声**
- **コマンド：ねぇ、プロト**
- **アクション：自動アニメーション**
- **移動先：PROTO-2**
- **イージング：スナップ**
- **デュレーション：0.6秒**

第7章

PROTOがリアクションを返す

PROTOに話しかけたリアクションとして「HUD（Head-Up Display）にリアクションマークを表示し、オーディオを鳴らす」アクションを設定します。リアクションマークは拡大するサンプルをファイルに入れてありますので、オーディオの設定をします。

●トリガー：時間
●ディレイ：0秒
●アクション種類：オーディオ再生
●オーディオファイル：Jingle.wav※2

※2 オーディオファイルは「.wav」「.mp3」が利用可能です

このインタラクションを「インタラクション：A」とします。

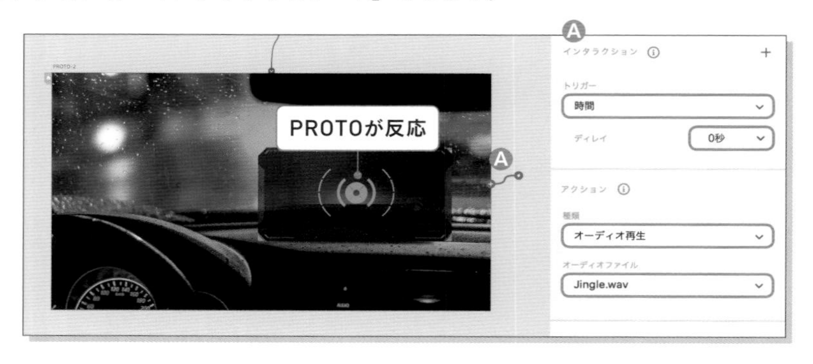

7-1-4 音声で音楽の再生をリクエストする

先ほどの「アートボード：PROTO-2」にもう1つアクションを追加し、音声コマンドでプレイリストをリクエストする「インタラクション：B」を設定します。

どんな曲をかけるか音声でリクエストし、次へ進む

●トリガー：音声
●コマンド：ドライブ用の曲をかけて
●アクション：自動アニメーション
●移動先：PROTO-3
●イージング：イーズアウト
●デュレーション：0.3秒

7-1-5 音声でプレイリストを決定する

プレイリストの候補が表示された「アートボード：PROTO-3」へ遷移してきました。ここからは、再生するプレイリストの決定を設定します。

プレイリストの候補から、どれを再生するか尋ねられる

複数のプレイリストの中から番号で選ぶよう、PROTOが質問するインタラクションを設定します。

- **トリガー：時間**
- **ディレイ：0秒**
- **アクション種類：音声を再生**
- **音声：みずき／たくみ（どちらでも可）**
- **読み上げ：プレイリストの候補が4つあります。何番を再生しますか？**

何番を再生するか答え、音楽の再生へ進む

どのプレイリストを再生するか音声コマンドで答える設定をします。「アートボード：PROTO-3」にもう1つアクションを追加し、音声コマンドで次のアートボードへ進み、音楽を再生する「アートボード：PROTO-4」へ移動します。

- **トリガー：音声**
- **コマンド：1番を再生**
- **アクション：自動アニメーション**
- **移動先：PROTO-4**
- **イージング：イーズアウト**
- **デュレーション：0.3秒**

第7章

7-1-6 音楽再生を開始する

「アートボード：PROTO-4」を表示したら音楽が再生されるように設定します。

●トリガー：時間
●ディレイ：0秒
●アクション種類：オーディオ再生
●オーディオファイル：Audio_Sample.wav

7-1-7 3D変形でHUDのパースを調整する

最後に見た目の調整として、HUDの角度を「3D変形」で調整します。「3D変形」をオンにし、すべてのアートボードのHUDオブジェクトを「3D変形」で回転します。

●X回転：10°
●Y回転：－20°

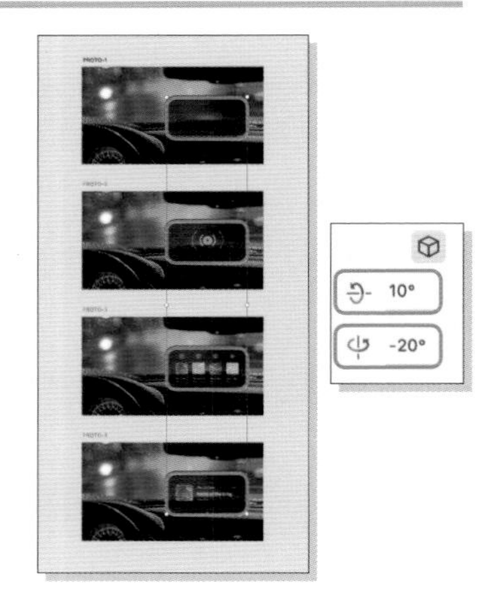

このときの注意点は、ディスプレイとのその表示内容全てを「グループ化」してから「3D変形」することです。個別に「3D変形」すると、オブジェクト別に異なるパースで変形してしまいます。

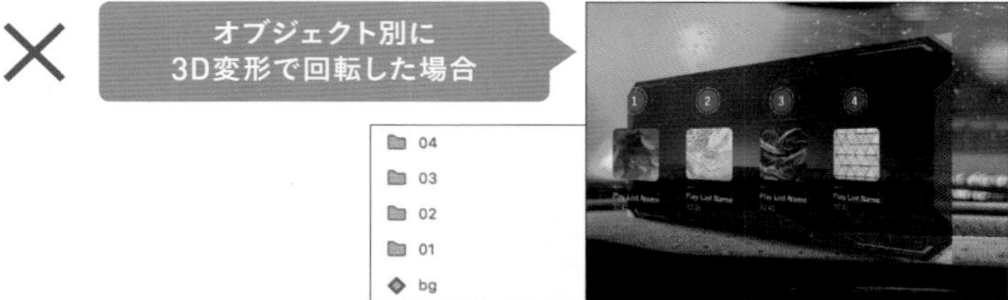

以上で、架空のカーオーディオ：PROTOのプロトタイプは完成です。

豊富な作例で学ぶ
Adobe XD Webデザイン入門

2021年3月22日　初版第1刷発行

著　者：池原健治、井斉花織、佐々木雄平、佐藤修、田中由花、古堂あゆ美、緑間なつみ
監修者：井水大輔
発行者：滝口直樹
発行所：株式会社 マイナビ出版
〒101-0003　東京都千代田区一ツ橋2-6-3　一ツ橋ビル 2F
TEL：0480-38-6872（注文専用ダイヤル）
TEL：03-3556-2731（販売部）
TEL：03-3556-2736（編集部）
編集部問い合わせ先：pc-books@mynavi.jp
URL：https://book.mynavi.jp

ブックデザイン：霜崎綾子
カバーイラスト：玉利樹貴
DTP：富宗治
担 当：畠山龍次

印刷・製本：シナノ印刷株式会社

ISBN：978-4-8399-7535-7